西方哲学研究丛书

自然科学现象学

——先验主体间性现象学视野中的科学

张昌盛　著

中国社会科学出版社

图书在版编目（CIP）数据

自然科学现象学／张昌盛著 . —北京：中国社会科学出版社，
2015.4
　ISBN 978-7-5161-5893-7

　Ⅰ.①自…　Ⅱ.①张…　Ⅲ.①自然科学—现象学
Ⅳ.①B81-06

　中国版本图书馆 CIP 数据核字（2015）第 069674 号

出 版 人	赵剑英
责任编辑	冯春凤
责任校对	张爱华
责任印制	张雪娇

出　　　版	中国社会科学出版社
社　　　址	北京鼓楼西大街甲 158 号
邮　　　编	100720
网　　　址	http：//www.csspw.cn
发 行 部	010-84083685
门 市 部	010-84029450
经　　　销	新华书店及其他书店

印　　　刷	北京君升印刷有限公司
装　　　订	廊坊市广阳区广增装订厂
版　　　次	2015 年 4 月第 1 版
印　　　次	2015 年 4 月第 1 次印刷

开　　　本	710×1000　1/16
印　　　张	19
插　　　页	2
字　　　数	310 千字
定　　　价	68.00 元

凡购买中国社会科学出版社图书，如有质量问题请与本社营销中心联系调换
电话：010-84083683

目　录

导　论

　　这本书的标题是《自然科学现象学——先验主体间性现象学视野中的科学》，这本书的研究是基于对胡塞尔的先验现象学的重新理解而对自然科学的现象学研究。笔者希望这项研究能够成为对这个现象学研究的全新领域的先期开拓和探索。

　　自然科学现象学是一种关于科学领域的意识、认知和经验的现象学研究。这个名称来源于对近年来兴起的自然化现象学研究思潮的反思，即这里是基于现象学立场而对自然科学领域的研究，而非立足于自然主义立场的经验科学研究，更非对现象学的自然主义化的阐释。具体而言，此项自然科学现象学的研究是基于胡塞尔晚年对科学的现象学思考而对科学的重要哲学主题的进一步深化的探索，也是对先验现象学的理论趋向的一种思考。

　　提到现象学与科学的关系，很多人的印象停留在胡塞尔早年对自然主义的批判以及晚年对欧洲科学危机的论述，以为现象学和科学是对立的。但这完全是对胡塞尔的一种误解。胡塞尔虽然批判自然主义、科学主义，但他同时认为科学是基于生活世界的主体性的意识生活的伟大成就，科学与自然主义立场并没有本质关系，而只是很多科学家的哲学立场。对于胡塞尔风格的现象学的研究而言，对自然主义以及科学主义的批判只是一种对自然科学的现象学阐明的预备性、导论性的论述，最终还是要回到以现象学的方法对意识的本质结构以及发生构成机制的系统分析及对于先验起源问题的深入阐明。

　　胡塞尔在其晚年关于先验主体间性、"欧洲科学的危机"和生活世界等现象学主题的深入思考和阐述，表明胡塞尔努力建立一种先验主体间性的、历史的现象学，即所谓让现象学下降到历史的经验性的领域，这是对他的先验现象学的进一步发展和彻底化先验哲学进路的努力。胡塞尔晚年的这些研究，大多都是围绕着科学问题展开的，不仅出于对近现代科学传统以及自然主义的彻底反思的意图，更多的是为科学的奠基以及对科学的经验中所蕴含的先验发生构成机制的阐明，例如在《欧洲科学的危机与先验现象学》中，有对科学的历史发生构成的先验机制的阐述，以及对历史的、先验的现象学的构想。或者说，出于对于近代以来科学的奠基问题以及对自然主义的批判的需要，才推动他在其晚年去系统地深化对生活世界、先验主体间性、具身性、历史发生构成等问题的现象学思考，并调整其先验现象学的理论框架和重点主题。因为只有先验的、历史的、主体间性的现象学才能胜任对于科学的合理性的阐明和对于欧洲科学危机以及人类精神生活危机的克服的重任。

传统的哲学对于科学的哲学反思，往往是基于自然主义立场的第三人称视角的分析，如立足于自然主义的经验主义的科学哲学，对于科学的辩护标准、历史发展等问题进行了深入的反思，但却并不能超越于自然主义的预设立场，因此无法认识到科学认识所蕴含的先验维度和本质机制，也无法彻底反思科学的本体论和真理等问题。自然主义的立场也无法反思和革新我们关于自然的朴素的自然主义的观念和经验。

虽然胡塞尔和梅洛—庞蒂等经典现象学家对科学领域以及自然领域的现象学研究的重要性以及主要思路做了大量的阐述，而且胡塞尔对现象学心理学的研究，以及梅洛—庞蒂在知觉现象学的研究中结合对心理学的理论和案例的批判性分析和对现象学的分析和观点阐明，都提供了现象学与经验科学的对话性研究的范例，但要想进一步以现象学的视角对自然科学领域展开真正系统的研究仍然是非常艰难的事情。其中一个很主要的原因在于科学研究的领域、科学认知的特点以及科学理论本身都与日常生活世界的认知方式和经验领域具有巨大的差别，而对于这些难题的克服需要重新理解并扩展现象学的基本理论和思路，甚至明见性的原则也需要视研究领域而重新地理解。

近年来随着认知的跨学科研究的兴起，出现了结合现象学与认知科学、神经生物学、生态学等经验科学的综合性的研究。这种所谓自然化现象学的研究被设想为现象学与经验性的科学的对话，自然科学不仅获得现象学的理论的启发和指导，也获得现象学对于重要主题的第一人称视角的分析和直观经验的报告等辅助。对于现象学而言，也尝试从这些经验科学的事实发现和理论分析中寻求对现象学的具体分析的改进。但这种自然化现象学是围绕经验科学对认知问题的研究展开的，现象学的相关分析被纳入了自然主义的解释框架中。因此，现象学在这种综合性研究中有被自然主义化而成为经验性科学的"一章"的危险。

从现象学研究的角度看，自然化现象学也从对立面启示我们，现象学与自然科学的综合性研究并非不可行，应该立足于现象学的基本原则、方法论和基本概念框架，结合科学的研究所提供的关于自然的经验和认知，来展开一门关于自然科学以及自然的哲学问题的系统性的研究，这门研究不应该再称为自然化现象学，而应该是一门作为现象学的分支学科，可以称之为自然科学现象学。

为了基于胡塞尔晚年的探索和思想的整体框架去进行自然科学现象学的研究，这里需要对这个理论分析的概念框架进行重新理解。本书的基本设想是基于对近些年来出版的及未出版的胡塞尔生前的研究手稿的一些相关部分以及关于这些手稿的一些重要的解读的著作的解读，重新理解并阐述关于胡塞尔所设想的先验的、历史的现象学的一些基本理论框架和重要主题。因此，这本书的前面部分的工作主要是简要地阐述这种奠基性的理论基础和分析的概念框架。

在现时代，自然科学是研究自然的最为主要且具有重要意义的方式，因此自然科学现象学的研究也属于对于自然的现象学研究的一部分。至于自然现象学的研究，有待于将来进一步展开。

本书的主题是基于先验现象学立场对于自然科学相关的哲学问题的现象学研究，因此命名为自然科学现象学。由于这本书是对于这个主题的初步的探索性研究，面临很多艰难的问题，因此只能算是一种初步的导论性的尝试。

*

本书的阐述的主要顺序是，围绕本书的自然科学现象学的主题，首先，一般性地概要论证自然科学现象学的研究纲领。其次，论证并阐明自然科学现象学的理论基础和分析的概念框架。最后，对自然科学现象学的几个重要问题展开论述。

　　本书的研究的主要分为三个部分：第一部分（第一章）是基于先验现象学及经典现象学家的工作，对于自然科学现象学的研究纲领的论证和阐明。这一部分一方面是借助于胡塞尔和梅洛—庞蒂等人的现象学对科学和自然问题的阐述，论证自然科学现象学是现象学彻底化其研究纲领和深化现象学对自然研究的必由之路。另一方面是从对科学认知的意向性意识的本质结构的分析来论证科学的现象和经验如何成为现象学的研究领域。

　　第二部分（第二、三、四章）是通过先验还原和对先验自我意识、主体间性以及生活世界等问题的先验阐明，为自然科学现象学提供理论奠基和分析问题的理论概念框架。这一部分主要是基于对胡塞尔的现象学的全貌的重新理解，在坚持先验现象学的方法和原则的基础上，论证了先验现象学也是先验主体间性的、历史性发生构成的现象学。立足于先验的视角，从内在时间意识的先验结构分析开始，通过对主体间性、生活世界等问题的先验阐明，初步勾勒了先验主体间性现象学的基本观念，并为自然科学现象学的研究奠定了理论基础。

　　第三部分（第五、六、七、八章）是在意向性理论的意识结构分析框架内，对科学理论的意向构成形式以及作为意向相关项的科学理论的本体论、意义以及真理等方面的问题的论述。这一部分的重点是对作为意向行为的科学理论的构成的论述，分析了其中的历史发生构成和先验逻辑构成的内在本质机制和形式。在此基础上，对作为意向相关项的科学理论的本体论、意义与真理等主题展开论述。

　　下面概略介绍一下各章的主要内容。

　　第一章，从对自然科学现象学的概念分析切入，通过对作为问题背景的自然化现象学以及作为范例的神经现象学分析，批判了自然化现象学的自然主义的立场，并回顾现象学关于自然主义和欧洲科学危机的批判，论证立足于先验现象学的立场去重新建立对自然科学以及自然的研究的基本框架的必要性。接着从现象学的经典论述和先验现象学的基本理论出发，论证了自然科学现象学研究的合理性。再从对科学的经验的现象学的理解，论证了自然科学的研究及其经验可以纳入先验现象学的意识的意向性结构的分析框架进行研究。最后论述了自然科学现象学的理论基础、分析框架和重要的主题。

　　第二章，首先通过对科学理念的世界的反思，批判了科学的理念外衣遮蔽了生活世界的本来面目，论述了如何从科学的理念世界的抽象世界回溯到它在生活世界中的奠基及其主体性的意义起源。然后通过对生活世界的本体论问题的分析引入先验主体间性的主题，借助于胡塞尔对于主体间性问题的三种主要阐述，通过回溯性的分析，最终回溯到先验主体性之中寻求对先验主体间性问题的解决。这种朝向先验自我意识的回溯分析，在某种意义上是从科学的理念世界还原到生活世界、再从生活世界开始的到先验自我意识的先验还原之途。

第三章，继上一章的先验还原的终点先验自我意识，本章主要从对先验主体性的原初给予的意识的内在时间意识的先验形式开始，分析先验自我意识的本质结构以及先验自我的自我构成的机制。在此基础上论述了具身性的先验主体性的构成形式，然后分析了对他者的超越性的经验如何奠基于具身性的先验主体的自我构成形式而历史地发生构成的。接着论述了主体对于超越性的世间对象是原初的以先验主体间性的形式运作的。最后阐述先验主体间性如何在先验的、历史的过程中被发生构成的普遍性机制。

第四章，立足于前述的先验分析的视角，首先对奠基于先验主体间性的生活世界的形态学的本质结构以及其历史的、先验的发生构成的普遍机制进行阐述。在此基础上，接着是对于现代科学时代的渗透着科学与技术的综合性的生活世界的本质结构和先验的发生构成的功能的分析，科学与技术也是生活世界的先验构成机制的本质性因素和主要驱动力量。最后对作为生活世界的最为原初层面的自然世界进行了概略的论述，阐述了科学研究意义上的自然概念与前科学的自然概念的根本区别以及现象学对于自然科学及其通过观察实验对主体的显现的视域意向性结构。

第五章，奠基于前述的对于先验的、历史的主体间性现象学的理论框架，主要是从科学在生活世界中的历史发生构成的角度和发生逻辑学的角度对于科学理论的意向构成机制的阐明。第一部分包括第一、二节，是从胡塞尔对几何学的起源问题和近代以来自然科学的数学化构成的阐述为范例来分析科学的历史的、发生现象学的研究路径如何普遍化的问题。在此基础上，由对科学理论的历史的、发生现象学的研究扩展到论证先验现象学如何下降到历史的、发生的经验性领域以及普遍性的历史的、发生现象学如何可能的问题。第三、四节阐述科学理论的意向构成的普遍视域结构、意向性构成的普遍性机制以及科学理论如何奠基于科学的观察实验、科学背景知识而以理念化的形式被构成的本质形式。

第六章，本章是关于科学理论的本体论问题的思考，主要是论证了科学理论对象的特征和性质、科学理论框架的整体性和科学中基本范畴相对于理论框架的独立性问题。科学理论作为一种对对象领域的抽象的整体性把握，是一种纯粹的观念性的对象，却并不是关于对象领域的本体论范畴或本质规律，而是一种纯粹自由构成的意指性对象；它的整体性使得我们无法孤立地理解和把握它的概念和参数，但我们也必须把它放在科学的整体背景视域中才能使其获得直观充实的意义，它的理论概念也有可能因为直观充实而具有本体论意义。

第七章，本章是关于科学理论的意义问题。首先分析了科学理论的构成所依据的观察实验的经验、直观经验以及背景知识在科学的构成中的基础性作用以及对科学理论的意义的部分充实，然后讨论科学理论构成之后经由观察与实验检验的过程，如何使科学的抽象理论通过中间的知识链条而与直观的经验关联起来，这也是对科学理论的充实的过程。最后，科学的理论在其实践的应用之中，被赋予更多的经验性的充实，其理论概念以及定律等的意义也逐渐获得某种阐明。

第八章，科学理论的真理问题。首先分析了现象学的明见性概念。因为现象学的真理概念是建立在直观明见性概念的基础上。而直观明见性则是现象学的真理标准，接下来是对现象学的真理性问题的阐述。最后，对于科学理论的真理性问题结合科学理论的直观充实的明见性、常态性的标准进行了一般性的分析和阐明。

自然科学现象学的研究与胡塞尔所设想的先验的、历史的现象学研究，是一种两种不同视角的相互映照、相互阐明的关系。一方面，对于科学的现象学研究，是基于科学领域的主题以及相应的视角，去探索所涉及的现象学的普遍问题，而且自然科学现象学可以看作是胡塞尔所构想的先验的历史的现象学的一部分，因为科学作为生活世界的主体间性地构成的意识生活的成就，本身就是生活世界的历史的、经验性的最为重要而具有基础性地位的部分之一，因此将来对于自然科学现象学的深入、系统的研究也可能为先验的、历史的现象学的系统研究提供方法论的范例和内容上的启示。另一方面，对于自然科学现象学的基本主题的阐明，是从现象学的一般性的理论的视角去分析科学领域的哲学问题，需要一种先验的、历史的现象学的分析框架为理论前提。本书的研究之中，常常是基于这两种视角的反复切换，对于现象学的重新理解和对于科学主题的现象学分析也是相互参照、相互阐明的关系。

*

本书所参考的文献主要基于胡塞尔已出版的关于先验现象学的著作以及一些重要的未出版的手稿。另外一种重要的参考资料是研究者们基于对胡塞尔的大量手稿的深度的解读而做的研究。事实上，胡塞尔的大量重要的思考和工作成果保留在其手稿中，对于同一个问题，胡塞尔往往以科学家式的严谨精神，从各种角度进行阐述，提供多种版本的解决方案，很多成果因为对于细节的反复修改，而没有能最后定稿及出版，但这些材料有助于我们基于对胡塞尔的全面研究的掌握而去理解他的思想的全貌和主线，以克服那些基于对其生前已出版的少量著作的解读而造成的不可避免的对于胡塞尔思想的盲人摸象式的描述。

本书预设读者对于胡塞尔的先验现象学有基本的背景知识，因为基于本书的主题及篇幅，文中并没有以大量的篇幅投入对胡塞尔的基本理论的全面的梳理和对背景知识的系统的阐述，而是基于其理论的整体思路及主要的观点，对胡塞尔晚年所设想和阐述的先验的、历史的现象学的概念框架和重要主题进行了概要的分析，使读者的注意力集中于那些比较关键而艰难的问题的分析，并期望引发读者的进一步的思考。

第一章 先验主体间性的自然科学现象学的研究纲领

引论 从自然化现象学到自然科学现象学

近年来,自然化的现象学的兴起和发展,主要是由于近年来认知问题的科学研究向现象学寻求理论资源和方法论启发而促成的。哲学家们对这种跨学科的研究的路径及动机的理解有歧义,或者被理解为现象学与经验科学的对话,或者被认为是对现象学的自然化。本文从对自然化现象学的基本观念的分析切入,探索是否可以立足于现象学的立场与一般意义上的自然科学的研究对话、进而把对整个自然科学乃至自然作为现象学研究的基本主题的可能性。本章的主要任务是从先验现象学的理论和对科学的观察实验的经验的重新理解两方面来论证立足于先验现象学立场研究自然科学与自然的可能性。在此基础上,扩展和改造自然化现象学概念而提出自然科学现象学的概念,并基于现象学的意向性理论初步阐述其研究的理论依据和基本主题。

所谓自然化的现象学(Naturalizing Phenomenology)是一种对意识的跨学科研究的解释性的理论框架,这种研究主要的侧重点和出发点主要是当代认知研究领域,现象学主要是被作为辅助性的思想资源和方法论工具而引入和使用的。

自然化的现象学研究,以神经现象学为其典范。神经现象学是由现象学和神经生物学的关联而形成的。因此,这里以神经现象学为例,分析在其中现象学和自然科学的相互促进的动态关系。

神经现象学的基本预设是第一人称的意识现象与神经元的大规模的动力学状态具有某种对应关系,借用现象学的理论、视角、方法,为神经科学研究提供理论前提的检验和实验方式的约束和指导，以第一人称的经验数据，与神经科学研究相互参照。

　　神经现象学对意识现象的分析和理解是立足于自然主义的经验性科学的解释框架。神经现象学中，第一人称的研究主要是作为神经科学研究中的局部的辅助手段，现象学以自身的方法和理论，提供第一人称的数据，同时为神经科学的实验设计，提供理论的限定和指导。可以说，在神经现象学中，现象学的独立立场并没有贯穿于整个研究过程，反而是自然主义立场占据主导地位。

　　另外一个严重的问题是，神经现象学所标榜的现象学的方法，本身是可疑的。因为，现象学的分析和反思意识的方法确实是第一人称视角，但第一人称视角的意识研究，未必是现象学的，也可以是内省心理学的方式。神经现象学所需要的对意识现象的第一人称的数据，往往是具体的、经验性的数据，很难看出来在何种意义上引入了现象学的反思和本质直观的描述来提供意识现象数据。

　　目前，这种以现象学与自然科学的相互结合的、具有综合性特点的自然化现象学研究的盛行，意味着现象学的视角和方法介入一些科学研究领域的哲学研究路径有其强大的生命力。其中最为典型的例子就是前述的神经现象学以及生态现象学。可以相信，这种综合式的研究可以扩展到更多的自然科学的研究领域。那么这种研究的限度在哪里呢？这种自然化现象学的研究是否可以扩展到关于微观和宇观的自然现象的科学研究领域，出现所谓量子现象学或者宇宙学现象学？如果自然科学的经验可以触及的自然领域，恰好是现象学意义上的意向性的经验结构可以涵盖的领域，这些领域可以看作关于世界的超越性的意向相关项，而且我们关于这些自然领域的经验蕴含主体性的维度，那么，可以设想现象学的研究方法和理论分析的框架在原则上可以应用于这些领域。

　　从胡塞尔和梅洛－庞蒂等现象学家的理论阐述可以知道，自然应该成为现象学研究的重要而基本的领域，而为了研究自然，现象学也应该直接面对科学研究的各种重要的主题，并挑战其中涉及的根本哲学难题。通过现象学对先验哲学概念和理论的重新诠释和对经验性的领域的重新理解，先验现象学可以下降到作为主体间性的构成经验视域的历史的、发生的、文化的生活世界之中，当然也可以下降到作为生活世界的特殊传统之一的科学研究的领域，去阐明科学研究之中涉及的认知模式和意识的结构，以及作为意向相关项的科学理论以及自然现象等。

这种关于科学与自然的现象学研究，如果套用神经现象学与生态现象学的命名方式，可以称之为自然科学现象学或者自然现象学。其中面临一些基本的问题：一方面，把这种类似自然化现象学式的研究扩展到自然科学的一般性领域或者更多的领域是否可行，以及其理论依据在哪里？另外一方面，对于现象学与自然科学的这种综合性的研究，应该建立在一种什么样的理论基础和分析框架之上？这两个问题都需要结合自然科学的实际以及现象学的理论进行论证。

这里涉及以往被自然化现象学掩盖或者忽略的问题，那就是现象学的立场与经验性的自然科学通常持有的自然主义立场之间的紧张和冲突。在以往的自然化现象学中，主要的立场倾向是立足于自然主义立场的分析和解释框架来选择性地接受和改述现象学的立足于第一人称的陈述。而我们知道，胡塞尔的现象学以反对心理学中的自然主义和科学主义的方法论和形而上学立场而著称于世，现象学的方法首先是要悬置自然态度，而自然主义也是一种理论化的自然态度立场。因此，这里需要对自然科学与自然主义做一个合理的区分，我们对自然科学的现象学反思，一方面基于对自然主义的批判；另一方面也是从现象学的视角重新理解自然科学，并剥离自然主义对科学的真实形象的遮蔽。

鉴于以往的自然化现象学往往以自然科学或者自然主义的解释和分析框架来容纳现象学的直观经验甚至理论观点，从而造成了对现象学的立场的偏离和对理论的误读，那么如果坚持立足于现象学的第一人称视角和理论分析框架去容纳和理解自然科学的观察实验所呈现的现象和自然科学的基本理论，则使得这种综合性研究呈现为是作为对科学与自然的现象学研究。这种设想中的研究应该是对以往的现象学研究范围的扩展以及对现象学的基本理论问题的深化，也是对现象学的研究纲领在自然和意识领域的彻底化。

完全不同于神经现象学之类的自然化现象学以现象学作为科学研究的辅助部分、以自然主义立场汲取现象学的理论养分和经验数据而进行的自然科学研究，自然科学现象学是立足于现象学的第一人称视角，以科学经验及其理论为辅助工具，以现象学的描述和先验分析方法，对这些经验和理论的意

义进行重新理解和阐释，促进现象学对于主体与自然、意识与外在存在的关
系等问题的深入探索。其基本的互动性关联方式是，基于科学经验及理论对
现象学的启发以及从现象学对科学及其经验的重新理解和诠释。

因此，这里的研究方法是基于先验现象学立场，以对自然科学的现象
学研究作为对自然的现象学研究的主要中介和途径，通过转变先验的观念
而使先验的分析可以下降到历史的生活世界，对自然科学研究的经验和理
论以第一人称视角进行重新转化及纳入现象学的研究范围。因而它与任何
对现象学的自然化不相干，无论从研究的主题还是从所持的基本立场而
言，称之为自然化的现象学是不妥当的，因此这里把它命名为自然科学现
象学。这种自然科学现象学的研究路径就是通过自然科学与现象学之间视
角的不断切换和相互观照而进行的先验现象学的研究。

第一节　对自然主义的批判及对自然化现象学的反思

一　对自然主义的批判

自然主义具有多种含义，而在当今的哲学界最为流行的自然主义是与
自然科学相关的自然主义，这也是造成科学主义泛滥和"欧洲科学的危
机"的主要思潮，因而受到胡塞尔的严厉的批判。这种自然主义的主要
观点是在方法论和形而上学两方面的承诺。在方法论上，自然主义不但标
榜科学的经验实证的方法才是认知世界的典范，而且认为只有符合科学的
方法论所规范的知识才是获得辩护和具有合理性的，因为只有科学的规范
提供了判断科学与非科学的边界以及为科学知识的合理性辩护的机制。应
该说这种方法论规范过于狭隘而肤浅，不但会把更多的知识和学科拒之于
科学的门外，而且也并不符合于科学的实践的历史事实。在形而上学层
面，自然主义认为一切真正存在的东西只能是自然属性的东西。而什么是
自然属性的东西呢？自然主义会认为具有和科学所研究的物理对象类似的
属性、并且可以用类似的参数刻画和描述的对象。也就是说，对自然属性
的判断标准，除了常识中的自然物的属性可作为判断的参照标准以外，另
外一个更严格而清晰的标准则是依赖于科学的方法和理论框架所刻画的自
然对象的一般属性。自然主义不仅认为科学的方法论是最具有合理性、正
当性的探求知识的方法，而且会认为科学为我们提供了关于世界的真正客

观、正确的知识。形而上学的实在论者还会进一步认为，我们日常直观经验对外界的认知，包含有主观性的成分，只有科学知识刻画和描述了关于独立存在的实在，为我们揭示了外部世界的真实对象和客观规律。他们承认世界对我们的显现方式依赖于我们的感知方式，但科学努力的目标应该是剥离这些带有主观性、偶然性的感知的具体形式，而以一种纯粹中立、客观、无视角的方式揭示世界的真相。

按照自然主义所坚持的方法论和形而上学，科学的方法论规范具有唯一的合理性、普遍的适用性，因此应该成为一切探求知识的学科所应遵守的典范，对意识、历史和文化等领域的研究也应该遵循自然科学的方法论，甚至哲学也应该依赖或者仿效自然科学。按照自然主义者的逻辑，哲学并没有独特而合理的方法论，因此，哲学研究要么仿效、依赖于科学研究，没有独特的意义，要么哲学研究应该仿效科学的经验实证的研究方式和方法论规范而成为科学的谱系中的组成部分。例如，蒯因的自然化认识论就主张哲学的认识论应该成为心理学的一章。

但是，实际上自然主义所塑造的科学的形象与科学自身的事实有很大的差距，科学并不需要必须与自然主义、科学主义先天地捆绑在一起，科学的本质和意义并不一定只能从自然主义的科学主义的角度来理解和阐述。因此，要克服自然主义的形而上学立场和理想化的方法论主张，就需要澄清科学本来的特征并清除自然主义附加于科学的观念外衣的误导。科学共同体从事具体的科学研究，但往往缺乏对科学的哲学反思的意愿和能力，对于自然和科学的理解方面，往往持有朴素的自然主义观念。另外，一些自然主义立场的哲学家往往也深受这些科学家观念的影响。由于科学在人类认知中的主流地位和一些伟大的科学家的权威性，人们往往会认为科学家对科学的理解和反思是最为权威和合理的。但是，对科学的深刻理解与反思，需要哲学的独特的、独立于科学的思维和方法的参与，才能臻于深化和彻底化。因此，胡塞尔才会在《观念Ⅰ》中说，"当说话的的确是自然科学时，我们乐意作为信徒而倾听。但是当自然科学家们说话时，说话的并不总是自然科学；当他们谈论'自然哲学'和'作为自然科学的认识论'时，说话的就决不是自然科学"①。并且，立足于自然主义立场

---

① ［德］胡塞尔：《纯粹现象学通论》，李幼蒸译，商务印书馆1996年版，第79页。

理解科学，往往会受科学家们的影响而依赖并且仿效科学思维和方法论，并建立在一系列未经反思的预设之上的，因此立足于自然主义的哲学思考难以真正独立于科学、先于科学而反思科学。采取现象学的悬置，才可能排除这些自然态度下的对科学的那些预设和观念，面对科学的实事本身。

从现象学的角度看，自然主义所标榜的科学的形象是谬误的、虚假的，科学并非是一种无视角、或者旁观者的中立的、客观性的视角的研究，科学理论也并非是一种对世界的真理的如实的呈现。科学是以一种特殊的理论态度去考察世界，它秉承了近代以来以伽利略为代表的数学化的、理念化的一种特殊的理性传统，科学并非没有视角，具体的科学家共同体都有自己的研究范式和方法论传统，具体的科学理论的构成有自己的理论背景、预设和辅助条件，实际上是以一种科学共同体的独特的主体间性的视角对世界的现象的理论构成。科学的独特之处还在于它以数学的工具和抽象的理念化的概念框架去构成关于自然的理论。自然主义对于科学的独特性的理论态度和认知视角的忽略，使他们难以对科学的真实面貌予以准确而如实的描述。

对于科学的哲学反思，必须超出科学的理论预设和方法，而寻求哲学的独特方法和视角，才有可能超越传统的自然主义的、客观主义的思维层面；仿效科学的思维方式而做的哲学反思，只能囿于科学共同体本身所信仰的自然主义的方法论和形而上学立场。科学的客观主义立场假设了一种超越于人的主观性的第三人称视角，而在现象学看来，世界之所以如此显现其自身以及实在显现其如此的意义之所以可能，是由意识及主体性的本质结构和构成经验的先验运作形式所决定的。对于关于世界的经验和知识的主观性的必要条件的如实的描述和阐明，是我们如实地认识显现于主体的世界和实在的前提条件，是任何作为严格科学的哲学对包括科学认知在内的人类经验的彻底反思的必然要求。因此，对于立足于第一人称立场对意识和主体性的经验的先验分析，是澄清所谓第三人称的客观性研究的先验根据和本质机制的前提。现象学的立足于第一人称的视角的、对于直观给予的现象的本质描述和先验还原的方法，是一种反思性的追根溯源的目光，是一种与自然科学的立足于理论预设和观察经验的假设演绎的模型截然相反的视角，因而能够超出自然科学的实际研究的事实层面和科学理论本身，反向地追溯作为主观性一端的自然科学的理论构成和主体间性的实践方式的先验根源和本质形式，进而才可能在哲学层面阐明科学的本性及其与哲学的关系。因此，哲学的观念性思维及其对科学的反思必须建立于自身独立的、纯粹的立场和独特的方法，批判自然主义而反思地理解经验性、事实性的自然科学，而非依赖于它们。

现象学对待自然主义的批判，实际上涉及如何理解和解决现象学与经验科学的关系问题，更根本地说，涉及先验现象学如何处理先验与经验的关系问题。在通常的观念中，由于胡塞尔对近代以来科学的客观主义、科学主义以及自然主义的批判，现象学往往被放置在与科学的紧张对立的关系之中。但是，实际上包括胡塞尔和梅洛—庞蒂等现象学家虽然批判科学主义、自然主义，但并不认为现象学与包括自然科学在内的经验科学是对立和互相排斥的，相反，他们认为通过视角转换，不仅现象学可以为经验性的科学提供哲学的阐明和奠基，而且经验性的科学所提供的知识和经验可以从现象学的角度重新理解和吸纳，以拓展现象学的经验的视域而推进现象学的发展。例如，胡塞尔讨论过先验现象学与现象学心理学是内在相通而且可以转化的，通过从本体论的分析开始的还原的方法，把作为特殊的区域本体论分析的现象学心理学作为通向先验分析的途径。现象学与经验性科学非必然是对立的，我们不需要在二者之间做非此即彼的选择，经验科学与先验哲学可以对话而使得各自获得改进。在《知觉现象学》中，梅洛—庞蒂把很多心理病理现象及心理学的相关理论解释及问题作为相关哲学问题的背景和参照，与现象学分析进行对比和对话。梅洛—庞蒂的这种研究提供了如何以经验性研究的信息来丰富和促进现象学对意识问题研究的深入和改进的范例。这种跨学科、综合性、对话式的研究，并不会改变现象学的先验研究的立场和方法，而是扩大了先验现象学的视野，把先验哲学的研究下降到了经验性的社会、历史和文化的领域，因为这些现象领域中也如同现象学的心理学，在自然态度下的事实性的或者本质性的科学所研究的现象领域也有其先验的维度。

这种综合的先验现象学的研究纲领，不仅扩大了先验现象学的研究领域，也改变了对现象学与经验科学的关系的重新理解，更意味着对先验概念以及胡塞尔以来的先验现象学的重新理解的问题。正如梅洛—庞蒂在其《符号》中宣称的："现象学作为意识哲学的终极任务是理解它与非现象学之间的关系。那些在我们之内抗拒现象学的东西——自然的存在（natural being）或谢林谈及的'野蛮的'来源——不能一直处在现象学外部，而且应该在现象学内部有其位置。"① 这里的所谓"非现象学"，广义地理解，既包含这里说的可以直观地把握的自然，也应该包括自然科学所研究的对象领域，如神经、细胞这些亚个体层面的生物学对象以及自然科学所探测的宇观和微观层面的自然现象，因为，通过科学的仪器和探测技术，这些领域的对象也间接地显现于主体性的维度。可以说，对于先验现象学而言，无论是意识现象，还是看似不依赖于意识的、自在存在的外部自然世界，都是作为显现给主体的经验的领域或者说属于世界意识的领域，因而都属于现象学的研究领域。对于现象学而言，排斥的是对世界及意识的自然态度，而非排斥这些领域的现象的研究与哲学问题的回答，也不会忽略与这些领域相关的事实性、经验性的科学研究所提供的信息和研究的成就。

因此，由现象学家们的经典论述可以看出，对于先验现象学而言，对于自然现象以及相关于这些现象领域的区域本体论以及经验性、事实性的研究学科，都是作为主体性的相关项，都是以先验的主体性为其如此显现以及如此运作的本质性的必要条件，因此也都蕴含着先验的维度，都是先验现象学的方法适用的经验范围和进行先验分析的现象区域。对这些自然现象及相关的经验性研究领域的分析，是先验现象学的先验分析深入到自然领域的本质性的组成部分。其奠基于对先验自我意识和先验主体性的分析，同时也是对先验主体性的先验分析的彻底化的前提，因为先验主体性是与世界现象内在相关，对世界现象的分析，也涉及对其主体性根源及显现和发生构成的本质形式的分析。

总之，对自然及经验性科学的现象学反思，不仅关涉对整个自然与经验科学的重新理解和彻底反思，也关系到对于整个先验哲学的概念的重新界定和先验现象学的研究方向的重新思考。

对于现象学而言，其描述和分析基于相关于主体性的经验和现象。因此，可以说，主观性的经验延伸到哪里，现象学的研究就可以覆盖到哪里。基于这样的纲领，我们需要论证自然科学领域的理论和经验如何可以是现象学所能进行先验分析和本质还原乃至构成分析的领域。基于我们上述的自然科学现象学的研究纲领，对科学经验和理论何以可能作为现象学

---

① ［法］梅洛—庞蒂，《符号》，蒋志辉译，商务印书馆 2003 年版，第 221—222 页。

意义上的经验的阐述和论证，也会基于这样的科学、现象学乃至与这相互观照的方式进行。

二　自然化现象学的概念

所谓自然化的现象学（Naturalizing Phenomenology）主要是出于研究对意识的科学研究的动机，把现象学整合进一个以认知科学研究为核心的、对意识的跨学科研究的解释性的理论框架，以现象学的理论洞察作为意识的科学研究提供实验设计、理论解释研究，并以现象学的第一人称的视角提供关于意识现象的经验的报告。这种研究主要的侧重点和出发点主要是当代认知研究领域，因此，主要强调现象学的意识分析和概念区分对于认知科学等的有用性。因此现象学主要是被作为辅助性的思想资源和方法论工具而引入和使用的。在由现象学的分析和描述向认知科学的解释系统"转译"的过程，是一种现象学的第一人称视角对意识描述的表述向意识的认知科学的自然主义的第三人称表述的转换，这种视角的切换早已预设了一种语言系统的对应关系，但实际的转化往往会生硬地对现象学的表述的意义有所改变甚至曲解。另外，对于实验结果的解释，取决于解释所用的理论系统和分析框架，因此在原则上，对于同一个实验现象和结果，可以有多种可能的表述和分析，现象学视角的解释也应该与立足于经验性科学的术语系统的解释相互参照，提供可以相互参照和启发的不同解释。

但实际的情况是，两种视角的平行的解释和对等的交流在实际的研究中并未很好地实现。自然化现象学的主要方案如神经现象学和前载现象学等，虽然预先也是设计了现象学与经验性的认知科学的平等对话和交流，但由于被纳入了认知科学为中心的解释系统，因此对于实验中的现象和经验，都是倾向于经验性科学的立足于自然主义的解释。这种类型的自然化现象学属于比较激进的对自然化现象学的理解，用扎哈维的话说，"第一个激进的提议认为现象学的自然化最终会使现象学成为自然科学的一部分或至少也是其扩张，并且论证说我们必须以此作为目标。"① 这种自然化现象学的思路其实是使得现象学充当意识的经验性

① ［丹麦］丹·扎哈维：《自然化现象学》，《求是学刊》，2010 年第 8 期。

的研究的辅助部分，或者把现象学改造成为广义的自然科学的延伸。因此，这种类型的自然化现象学发展下去，确有将现象学自然主义化的倾向和危险。

如果自然化的现象学放弃了现象学的原则、基本理论立场和方法论而去接收自然主义的科学的解释框架，那就失去其先验哲学分析的价值，也不会促进现象学沿着正确的道路发展。实际上，正如扎哈维所说，"尽管我认为现象学应该注意经验性研究结论，这并不一定要求现象学必须接受科学给出的这些结论的（形而上的和认识论的）解释。鼓励现象学和经验科学之间的交流是很重要的，但是两者之间富有成果的合作的可能性并不应该使我们否认它们的区别。宣称现象学应该从可用的最好的科学知识那里获得信息，同时坚持现象学的终极关注是先验哲学并且先验哲学不同于经验性科学，我认为这两者是一致的。"①

从现象学的立场而言，对于自然化的现象学还可以有另外一种理解，现象学应该在与经验科学的交流获取关于现象的信息并应对新的事实而发展自身的细节分析，却并非要根本转变现象学的先验哲学立场。立足于现象学的立场的自然化现象学应该这么理解，"第二个更温和的提议认为一个自然化的现象学是与经验性科学进行有意义的、富有成效的交流的现象学。正如现象学也许在发展新的实验范例时提供帮助一样，现象学能够对经验性科学作出的基本理论假定发问并进行说明。经验性科学可以给现象学提供它不能简单忽略而必须能够调和的具体的研究结果，以及也许会促使现象学提炼或修改它自己的分析的证据。"② 事实上，当我们重新理解先验的概念，并对自然科学的经验观察信息与经验性研究的结论进行重新审视，剥离其中立足于自然主义的设定的解释框架和分析方式，就可以获得现象学所需要的关于自然界现象的种种显现与经验，并给出截然不同于自然科学的解释分析的现象学的先验分析；另一方面，在这个对自然经验的去自然主义解释的过程，也伴随着对经验科学的基本理论设定和观察实验的语境的分析和阐释。现象学对自然科学的相关哲学问题的阐明，同时也是现象学借助于自然科学的中介作用，对自然现象领域研究的开放和现

---

① ［丹麦］丹·扎哈维：《自然化现象学》，《求是学刊》，2010 年第 8 期。
② 同上。

象学把先验分析的视域向自然现象领域全面拓展的契机。

因此，结合我们上面的相关讨论可知，所谓自然化的现象学的主题涉及的不仅是认知科学与现象学之间的对话，而且是整个现象学意义上的先验哲学及自然的概念的重新思考和修正，以便我们重新处理先验与经验、现象学与经验科学之间的关系。扎哈维认为，上述对自然化现象学的温和的理解，"现象学的自然化将要求重新考察自然化的通常概念，并且对传统的经验和先验之间的二分法进行修改。简而言之，根据当前这个提议，现象学的自然化也许不仅要求对先验哲学做根本性修改（而不是放弃），而且要求重新思考自然概念，这一重新思考可能最终导致自然科学本身发生改变。不管从理论上看来这一提议是多么吸引人，然而，很明显这个任务是使人畏缩的，而且还有很长的路要走。"① 这里所讲的对先验哲学做根本性修改，可以理解为重新确定现象学意义上的经验的范围和整个现象学的研究领域，乃至于重新理解和修改整个现象学的理论框架，乃至把自然科学的研究领域的自然现象以及自然科学的研究本身作为现象学的研究领域。另外，所谓现象学的分析导致自然科学本身发生变化，应该并不是现象学对自然科学的否定乃至取代，只是我们对它的理解和阐述的视角和方式会多元化，从而导致对自然科学的实验现象与经验的重新理解和分析，以及对自然科学的意向构成的形式的重新理解，进而对自然的重新理解。

因此，现象学需要在与经验性的自然科学的对话中，建立对于自然现象及作为现象的自然科学的系统的现象学的研究。正如扎哈维所引述的梅洛—庞蒂在《自然》（*La Nature*）中所言，"例如为了知道自然是什么，如何能够对科学不感兴趣？如果自然包含一切，我们就不能从概念开始来思考自然，更别说演绎了，更正确地说，我们必须以经验为出发点来思考它，特别是在其最规整形式中的经验，即科学。"② 首先，自然科学应该不仅仅作为一种为技术提供理论基础的"工具理性"，而是成为认知自然的路径和中介，现象学瞩目于自然科学的最终目的，是为了更为深入地理解自然。其次，如果有一天，现象学对自然科学的实验及观察所呈现的现

---

① ［丹麦］丹·扎哈维：《自然化现象学》，《求是学刊》，2010 年第 8 期。

② 同上。

象以及对其理论预设和解释能够给予现象学的意象构成的分析以及先验分析，给予自然现象以一种不同于自然态度下的自然科学的解释框架内的分析，并以此来克服对自然以及科学的自然主义、客观主义的解释模式，则可以视为是根本改变自然科学本身。最终，我们需要建立关于自然领域的现象学研究以及为此目的而建立的关于自然科学的现象学研究。

第二节　从先验现象学角度对自然科学现象学的论证

以往的自然化现象学的方案，实际上是被纳入认知科学的解释和分析的框架，这在某种程度上的确是对现象学的部分理论和方法的选择性地纳入自然主义的认知研究的框架并对之做自然主义化的修改，因而比较符合对现象学自然化的通常的概念。但是这种学科与其说是自然化的现象学，还不如说是局部现象学化的认知科学，因为这类名词中，现象学是一种形容词化的修饰语言，名称与概念的内容出现较大的差异，容易引起误解，例如神经现象学与其说是现象学还不如说是现象学化的神经科学。

但如果按照上述从先验现象学的角度对所谓自然化现象学概念的重新理解，如果说坚持现象学的方法论和原则对于我们理解经验性科学以及自然现象仍然具有根本的重要性和意义的话，我们应该由之前的立足于自然主义的认知科学的立场和视角转向先验现象学的立场和视角，对认知领域的经验性研究的现象和经验进行先验的分析和理解。在为认知研究贡献现象学的第一人称视角的分析的同时，也面对这些新的现象和经验，改进甚至扩展现象学的意识研究。

如果所谓自然化现象学的真正意图是基于现象学的立场而与经验性的科学对话，以进行关于自然领域的现象学的理解以及对自然科学的现象学的分析，那么这种研究其实是基于现象学的视角和方法而对自然及科学的现象的研究。倘若如此，与其称之为自然化现象学，还不如称之为自然现象学（Nature - phenomenology）或者自然科学现象学（Science - phenomenology）会更恰当。由这种命名可知，所谓自然现象学应该是指立足于先验现象学立场和方法对自然现象域的现象进行的哲学研究，而自然科学现象学则应该指立足于先验现象学立场和方法对自然科学的研究及其所呈现的自然经验和现象的研究；而通常对自然的现象学研究不能绕开作为研究自然的主流学科的自然科学，甚至必须依凭自然科学所提供的显现自然现象的平台才能更好地展开对自然的现象学研究。因此，所谓自然现象学的主体部分的研究，应该是基于利用经验性的自然科学所提供的信息而进行的自然科学现象学。这种关于自然以及自然科学的现象学研究，应该被理解为是对现象学的研究领域的扩展和对基本主题的分析的深化，因而自然现象学和自然科学现象学应该成为现象学的分支学科或者重要组成部分。

在上述的分析中，已经从对自然化现象学及先验现象学的重新理解的角度，从现象学的基本原则和理路上分析了一种自然现象学或者自然科学现象学是可能存在的。但正如扎哈维所说，这条道路是异常艰难的，理论上合理的研究也许会因为研究领域自身的特点而非常艰难。而自然现象学或自然科学现象学的研究之所以会非常艰难，是因为这是立足于现象学与科学研究的前沿问题进行的尝试性的探索，其所涉及的自然领域微细而幽远，远非日常生活世界的直观经验的领域可比，而无法回避的对自然经验的抽象的数学化的表述远离日常语言的范围，所需要的先验分析也会是非常艰难而无先例可以效仿的。

这里更进一步的问题是，在以往的自然化现象学中呈现出的现象学与经验性科学之间合作的研究方法和进路的限度在哪里？也就是说这种对话性的研究进路是否适用于更多的经验性的科学研究领域乃至整个自然科学的研究领域？现象学与经验性的科学的对话式的研究是否因所研究的自然领域及通达该类型自然现象的方式的不同而有所差异？以上神经现象学以及其他的自然化现象学的研究路径，是否存在可以外推至把所有经验实证的科学与现象学普遍性地关联起来进行互动研究的可能性？例如，现象学和物理学乃至宇宙学相互关联，会不会发展出量子现象学乃至弦论现象学？

按照上述胡塞尔和梅洛—庞蒂等人的看法，对于所有的经验性领域，原则上都可以以现象学的第一人称的视角进行先验的分析和理解。但具体而言，所谓自然化现象学的研究领域具有特殊性，认知领域的研究对象，例如意识现象既是神经生物学与现象学重合的研究领域，意识被作为与神经的活动和运行机制的相关项而被研究的，而意识现象也是现象学研究的主要并取得深刻洞察的领域，因此能够形成带有交叉学科性质的神经现象学。但大多数的经验性的科学的研究领域不同于认知问题和意识领域，例如物理学、化学、生物学、量子理论、基本粒子、天文学、宇宙学等学科领域，研究对象大多数是微观或者宇观层面的物理或生理现象，而这些现象又是远离现象学所擅长于分析和描述的直观经验领域的、通过科学的观察实验的手段才能间接地通达的经验领域。那么这些学科如何与现象学的研究关联起来呢？

因此，如果所谓自然现象学或者自然科学现象学的研究确实可行的话，应该是针对不同的自然领域及经验类型而采取不同的研究形式和关注不同的内容方面，而不可能无条件照搬神经现象学之类的神经活动的模式及机制与意识现象的对应关系的理论预设，因为看上去那些微观和宇观的物理现象与意识活动并没有明显的对应关系。现象学并不能像在神经科学研究中那样，给予这些微观领域和宇观领域的科学研究领域予以直接的限制、规范和指导。

但一切经验性的科学研究都是根植于主体性的生活世界中的特殊类型的实践，科学研究的领域以及那些呈现在观察实验中的相关于自然的现象的确远离直观经验领域，但它们又通过科学的观察实验以及科学家们的理论性的意识活动而与主体性关联了起来。归根结底，一切科学研究领域的物理及生理的现象与对象，是相关于主体性及自我意识的，因此，可以通过这种先验构成的意向性的关联而纳入现象学的先验分析的视野之中。

立足于先验现象学的视角，由于经验性的科学与主体性的关联，其观察实验的经验、现象和对象的概念需要被重新理解，那些呈现在实验中的现象并非与主体性无关的自在存在的、绝对客观的实在，而是自然以先验主体性的构成功能为前提的、对我们的特殊的形式的显现。对于现象学而言，这些被自然主义、客观主义解释为自在存在的客体的存在物，包括一切对象，包括自然科学的观察实验所探测到的对象，并不是顽固地排斥和超出于主体性之外的存在物，其意义起源于先验主体性以先验主体间性的方式的构成，是一种"主观性"的客观性。

现象学所能做的，无非是通过重新理解并阐释这些理论和经验的真实意义，以及对科学理论的理念化的发生构成的本质机制的澄清和理解，而促进我们对科学理论本性的理解，进一步的目的是借此更好地重新认识和理解自然。在这里，科学的理论和经验扩展了现象学的经验范围、丰富了经验的内容，因而对现象学理解自然和科学理论的本性是一种启发，甚至对我们理解意识的结构和样态也有促进作用。

第三节　从科学的经验领域角度的论证：
重新诠释经验而扩展经验的范围

　　现象学的基本原则是立足于第一人称的直观给予的经验的研究，现象学的本质直观的反思主要是对意识的结构以及意向性的经验的分析。因此，如果科学研究中的现象与经验要想成为现象学的研究对象，那么这种研究必然会基于对于认知的意识结构以及经验的意向性结构的研究，现象学所能研究的领域应该是与主体性具有意向相关性的自然科学所呈现的现象、对象与经验。

　　在对自然科学研究进行现象学分析时，对于作为科学认知的基础的观察实验的现象学分析具有非常重要的地位，因为它是基于主体关于世界的直观经验，并为我们显现关于自然的现象、对象和经验，而且为科学理论的构成提供经验基础和验证的根据。如果科学的观察实验所显现的经验具有意向性的结构，所显现的自然现象与经验是我们主体性的意识行为的意向相关项，则这些经验的领域是现象学方法可以刻画和分析的领域。因此本节的主要内容是分析科学的观察实验的经验的本质结构以及其中涉及的主体与世界的意向性关系。

　　在自然科学的理论和知识所建构的自然世界的基本图景之中，或者在科学理论模型所刻画的世界之中，科学所研究的领域，很多是超出我们直观经验的领域的、微细的、遥远的或者超大维度的自然领域，而且这些自然领域往往被自然主义认为是完全独立于我们的认知的自在的客观世界。但是，不仅现象学认为自然主义的这种对世界的理解忽略了主体性的维度，而且当今自然科学前沿的发展和对世界的理解的新进展也告诉我们，通过科学的观察实验显现给我们的自然现象和性质，是与我们认知它们的方式相关的，离开我们经验世界的方式谈论自在的世界只是一种形而上学的思辨假设。我们对自然的认知，是要通过直观经验以及基于直观经验的科学的观察实验才能通达的，因此我们所认知或者经验的自然，是与主体性相关的。某种程度上说，科学理论模型所刻画的理论实体和世界图景，只是科学解释和预言我们生活世界之中的直观经验的理论工具。

下面的论述将围绕科学的观察实验中的现象与经验的意向性结构展开论述。第一部分是从对科学的观察实验的结构的现象学分析论证其中蕴含的经验的意向性结构。第二部分进一步分析当代量子理论对于测量、观测者与观测对象乃至宇宙之间的内在关联的阐述，并从现象学的角度理解这种世界与主体性的内在关联。

一　科学的观察实验的经验

科学认知不同于传统的认知方式之处在于它是以观察实验为基础、以数学理论模型来说明和预测关于世界的现象和经验的知识系统和文化传统。而科学的观察实验区别于日常生活的前科学的经验的显著特征之一就在于它经验世界的方式高度依赖于现代技术体系。

根据获得经验的方式是否依赖于技术中介，可以把我们关于世界的认知经验粗略地区分为依据于人的感知方式的直观性经验和借助于技术性的中介手段的技术性认知。这种区分是相对的，例如前科学的传统认知经验，往往是基于直观经验的，大体上可以归类为直观性经验，但前科学的时代，也会有简单的技术工具和手段被应用到直观性的认知之中；而科学的认知则基于其专业性的观察实验的经验、信息和证据，属于典型的技术性经验。

因为基于现代科学的现代技术与传统技术有着本质性的区别，这里对经验类型的区分，主要是为了便于阐明现代科学的观察实验基于现代技术而建立其体系的特征。如果进一步把这里的技术限定为基于现代技术，则我们经验世界的方式可以划分为传统的、基于直观经验的认知和基于现代技术手段的科学观察实验的认知。

科学的观察实验区别于普通的直观认知方式之处，在于其是基于科学的理论模型、已有的科学背景知识和现代技术手段而设计的观察实验方案和方法。现代技术不同于传统技术之处在于，它不再像传统技术一样是基于自然材料以及日常生活世界之中的常识性知识的积累，而是基于现代科学的理论知识系统之上的技艺性、器物性建构的成就。也就是说，作为科学认知的经验性基础的观察实验渗透着科学的理论负载和复杂的技术性中介。

如何分析现代技术及科学的观察实验相关技术，对于现象学而言是一个非常重要的主题。传统的工具之中，如拐杖、锤子、眼镜、放大镜等随身使用的生活用品，可以看作是身体及其感知器官的简单延伸和强化，对于熟练使用的工具，不再是主题性的认知对象，而是具有类似于具身性的身体器官的功能，因此也可以对之进行具身意向性的分析。现象学家们在分析具身性认知时，对相关的工具、用具或技术的分析大多集中于这种类型的工具或用具。但在现代社会，科学与技术已经广泛使用和渗透到生活世界的各个角落，对人们的生活发挥着至关重要的影响，而且在社会的结构和运作形式的发展中起着根本性的构成功能，因此现代技术在社会中所具有的影响和支配性地位是前科学的技术和工具所没有的。而且，现代技术是基于高度发达的科学的成就的应用，这也是与前科学的技术和工具具有本质性的差异。而科学探索前沿所使用的技术则代表着人类技术的最先进的成就。因此，除了分析传统的技术和工具，现象学还应该集中于现代技术尤其是科学观察实验的技术与工具的特征的分析。

科学的观察实验是一种以技术中介而非简单的具身性的方式经验世界，其仪器与设备也并非简单的具身性的工具。对于科学研究而言，现代技术为科学的观察实验提供实验方法和仪器设备等辅助的手段。在作为人类认知世界的工具的意义上，科学的观察实验所用的技术和设备极大地拓展了人类探索和认知自然的视域，在一定程度上也具有类似于具身性的主体的感官和躯体的功能。但和前科学的技术和工具对直观经验的辅助方式不同，科学的观察实验并非纯粹直观的经验，而是借助技术中介所达成的非直观性的认知，或者可称之为现代技术性经验。而且，现代技术由于其富集了现代科学的理论和知识负载以及复杂的技术系统和运行机制，操作者使用仪器设备时并没有类似使用手杖之类简单工具时的具身性体验和自身觉知，因此，我们无法简单地套用以往现象学家们对工具的具身性分析的模式对之进行分析。

下面，我们将从科学的观察实验的认知结构和内在特质的分析作为切入点，结合现象学的视角来分析现代技术经验的本质特征及其与直观性经验所具有的内在关联。

首先，从科学的观察实验的认知结构看，对科学的观察实验的认知结构具有类似于直观性的经验的认知结构。科学的观察实验是以一种特殊形式对自然的认知活动。如果从认知形式与认知对象来区分，则其中实验的方法、形式、过程、操作、仪器的运作等方面可以归结为认知行为方面，其中观测者的实施、操作和观测可以看作是认知行为，其余的形式和程序可以看作是认知形式，而实验所显现的现象和观测到的数据则属于所认知的对象。这二者之间具有类似直观性的认知的意向性的结构。但科学的观察实验不同于我们的意识行为与自然对象或者现象的直接意向性关系的构成，科学的试验设备的运行并非严格意义上的意识的意向性行为，科学实验所要探索的对象或者现象，也并非我们意识行为的直接相关项，只有凭借技术和设备作为中介和平台，作为观测者的主体和作为观测对象的自然对象或现象才能相关联起来，自然才会以特定的现象显现给观测者。

其次，从现象或者意义的显现或者现相的角度看，科学的观察实验也可以看作是以特殊的显现方式对自然的现象或者信息的显现，某种程度上类似于现象学所阐述的意识行为与意识对象之间的显现与被显现的关系，其中实验的进行过程、实验实施者的操作、技术设备和仪器的运行、实验的方式和程序，都属于显现的方式，而呈现在仪器屏幕或者记录中的数据和现象，则属于所显现的内容。

最后，从意向性的角度分析，科学的观察实验具有一种间接的、广义的意向性。

第一，科学的观察实验作为一种技术性的实践，是以某种认知的理论意向性统摄和为导向的。现象学区分理论和实践时，理论相关于认知，而实践主要是指伦理实践，而科学的观察实验则属于一种类似传统所谓技艺性，或者更恰当地说是一种技术性、操作性的实践，却并非伦理实践。它从属于科学的对自然的理论性认知的动机的支配，而且它是建立在科学理论所提供的知识基础之上并受科学的理论探索的目的指导而设计和构成的，因此可以说是受科学的理论动机的统摄和引导的技术性实践。

科学的理论研究基于一种理论意向性。科学的理论研究是以自然为研究对象，以理论模型刻画和预测自然现象为目标的。因此，科学是以自然的整体或者部分为对象视域的，总体上就是以认知的意向性指向自然的世界视域的，这是科学共同体的认知行为与自然的总体性的意向性关系。这种意向性并非具体的感知的意向性，而是以一种抽象化的理论态度对世界的总体性的把握和统摄的意向性，属于一种理论意向性。这里的理论意向性指对对象领域的理论性的研究中所涉及的一般意向性的概括性的分类，以区别于实践中的一般意向性结构。现象学的本质直观和先验分析对应的意识结构也属于理论的意向性。在对自然的一部分领域进行探索时，科学家们以理论的思维间接地去通达自然，并尝试以理论模型来统摄关于自然的经验和现象，这也是一种基于特殊的科学传统和历史经验的、在生活世界中产生的对世界的独特的经验方式，这种理论意向性是使主体与世界之间的内在通达之所以可能的先验根基。但这种科学的理论研究中的理论意向性有如下几个特点：1. 这种理论意向性是指作为主体的研究者或者科学共同体对于自然的整体或者部分的总体性的把握或者统摄，而这种统摄的世界视域并非完全被直观的经验所充实。因此这种指向自然或者其部分的意向性是空洞的意向性。2. 这种科学的理论意向性又为一些以往科学的探索所获取的经过经验检验的理论知识、背景知识或者具有明见性的经验所充实。这种夹杂着科学的理论性知识的充实是一种具有间接性的、非完全直观的充实。但尽管如此，这些已有理论知识是通过以往科学的观察实验验证的，因此具有某种经由经验检验关联的明见性。因此，这种科学的理论意向性是以间接性的形式使主体性通达于自然的。3. 这种科学的理论意向性使得主体对自然的经验需要经由科学的观察实验而实现。这是因为科学理论的构成以生活世界中的直观经验为基础，并通过观察实验的途径而获得关于自然现象的、我们原本无法认知或者无法精确认知的经验。因此，科学的理论意向性是需要通过观察实验的中介而与自然通达的，科学的观察实验的设计就是被科学的理论探索的动机所驱动的。这就意味着，科学的观察实验归根结底是被科学的理论意向性所规范和统摄的。科学仪器是现代化的工具。工具本质上是作为技术的器物性的实现形式和中介。工具是技术应用的重要载体，尤其是现代技术大多通过发明和制造设备仪器来实现应用的。作为科学观察实验的仪器设备的工具是依于理论认知意图和实践意图设计的，因此工具之中蕴含着主体性对世界的认知关系中的理论意向性，而且工具的设计及功能中蕴含着理论意向地指向世界及对象的特殊的目的和预期。

第二，科学的观察实验有一种广义的具身性意向性。科学的观察实验中，由实验的仪器、设备、程序、方法和过程等组成的实验形式，是认知行为和认知对象、显现行为和显现对象之间的技术性中介，也可以称之为技术性间隔。在具体的实验中，对于实验的观测者和实施者而言，这种实验的技术性中介会变成认知性的间隔，因为它并非是直接直观的对象以及体验的内容，事实上并不是每一个实验的实施者或观测者都熟悉实验中的具体技术细节和运作的全部具体机制。但是我们可以设想一种理想化情况作为范例进行分析，一个博学的科学家作为实验的实施者和观测者，假设他参与实验方案的设计，对实验的理论基础、背景知识和实验原理了然于心，熟悉相关的技术手段和仪器设备的工作原理以及在实验中的运行机制，甚至对实验中将会出现的现象和实验结果的类型、范围和性质也有大致的预期。总之，如果他具有相关于该项观察实验的足够的理论和技术知识，以及对实验的操作的丰富经验，那么可以设想，对于这样博学而经验丰富的观测者和操作者而言，技术性中介是透明的，不再造成认知上的技术性的间隔和障碍，因此他对实验技术设施的使用，也会在一定程度上类似于我们熟练地使用简单工具而把它当作身体的一部分时的具身性经验。当然，这种技术性的认知毕竟不同于直观性的经验。如果我们把这种理想化的情况扩大化，考虑科学整体共同体作为科学的观察实验的观测者和实施者的情形，由于科学的观察实验所具有的主体间性的规范，因此科学的观察实验及其结果，对于科学家共同体而言，必定是具有主体间性的客观性的。因此，有限的科学家所进行的有限的科学实验，在某种程度上可以被认为是科学共同体从不同角度、方面进行了无数次的实验验证的具有主体间性的客观性的结果。对于科学共同体而言，由于这些实验的原理、程序、方法、设备、技术等的规范性和透明性，以及实验的可重复性，技术性的中介不再构成认知的技术性障碍，因此，可以在某种程度上设想，科学的实验的技术方面对他们是透明的，就如日常生活中我们使用手杖或者眼镜一样。或者从另一个角度看，就如我们的意识行为不需要考虑相关联的大脑的化学和生理学的机制一样，理想情况下，科学家们关注的焦点是所要测量的自然现象领域而非科学的观察实验的技术中介。

第三，科学的观察实验还具有显现世界的实践性的意向性。在胡塞尔的先验现象学中，意向性不仅有指向对象的含义，还有构成对象的先验维度。科学的观察实验往往并不是对世界的自然呈现的现象的静观，而是通过技术的手段以特殊的形式去观察自然，显现自然。有些时候，这种显现是通过设计特殊的实验条件、建构特定的人为情境而让对象显现给我们，也就是所谓的强迫自然回答我们提出的问题。因此，作为一种技术性、操作性的实践，科学的观察实验不仅指向自然对象，更多是通过改变自然对象的状态或性质的乃至创造自然界没有的对象来呈现自然的特性和本质。这是主体性深度介入地构成的对自然的显现形式，而且自然显现什么以及现象如何显现，与主体性的构成作用是直接相关的，这里深刻地体现了自然是为主体显现的自然，现象中蕴含有主体性的维度。因此，广义上说，这也是一种具有改造性、创造性意味的实践性意向性。当然，这种主体性的显现也是以一种科学的常态和规范所建构的主体间性的形式进行的，因为科学的观察实验都是一种主体间性可检验的、客观性的、可重复地显现自然经验的方式。

第四，科学的观察实验还是一种构成世界经验的实践性的意向性。区别于上面的改变自然而显现自然，这里所谓的构成世界经验的实践性的意向性特指通过量子现象的测量所呈现的测量产生可观测对象或可观测的对象性质而言的。按照量子理论的说法，在测量进行之前，所谓的微观对象只是对于理论模型所刻画的可能性存在的对象的称谓，在测量之后，才有经验性的对象或者对象性质显现给观察者。也就是说微观对象显现为什么性质依赖于观察者以及观察方式。而观察方式的选择取决于观察者的自由意志的选择。由于量子理论的普遍适用性，这里所谓观察产生对象或性质的判断，不仅适用于微观对象，还可以应用于宏观和宇观的自然领域，以至于宇宙学家认为宇宙的演化历史也相关于作为观察者的我们。也就是说，世界如何，是与作为观察者的主体的特性内在相关的，世界只能以相关于我们的方式显现给我们。而且不仅如此，世界如此显现，与我们的观测行为具有本质性的关联，主体性深度地参与了对客观对象的构成。因此，如果对量子力学的测量问题从现象学的视角阐释，那就是显现给我们的世界先验地根植于主体性的发生构成的功能，主体性的本质结构是世界如此显现的必要条件，在根本上，我们不可能脱离第一人称的视角去在世界之外认知世界。这里所显现的主体与世界之间的实践意向性显现了世界的先验主体性维度。

二　量子理论以及对科学领域的经验的重新理解

（一）量子测量与纠缠态

量子理论从其独特的角度显示了物理对象的性质与测量相关，进而与作为观测者的主体相关，而且量子力学所描述的整个世界都是相关于主体性的。量子理论的所刻画的关于物理系统的性质，都是相对于我们的测量实验而言的观测性质，甚至可以说整个量子力学的理论模型是预测和说明相对于主体而言的可观测的现象及其性质的理论工具，量子力学不会谈论离开观察实验，是否还会有所谓独立于观察的影响的、客观实在的对象性质。

虽然对于量子力学的测量，有不同的理论解释，但量子力学的实验的确证明，对物理系统的测量的结果取决于我们所选取的测量方式，因此作为量子理论的正统解释的哥本哈根解释以及由其新近发展出的退相干解释理论都倾向于认为观察创造所观察的对象，这些量子的测量性质是因为我们的测量方式所产生的，"一种微观属性只有它是被观察到的属性时才是一种属性"[1]，对于未测量的量子系统，虽然有量子力学方程描述其状态，但我们无法知道是否有不依赖于测量的实在性质，甚至无法知道其是否有独立于测量之外的实在存在。严格来说，量子理论所描述的作为概率性存在的微观对象只是一种有用的理论模型，除此之外没有任何别的意义。

按照主流的量子测量理论（如冯诺依曼的测量理论）的解释，在量子测量中，被测量的物理系统、测量仪器和观测者都是处于一个相互关联的状态之中，或者说这三者处于一种量子纠缠态之中，观测者的观测直接影响会呈现什么样的观测的结果，或者说，观测的结果是受观测者影响而产生的。

问题在于，在这里，观测者到底是什么？是观测者的整体，还是其眼睛、视网膜，还是意识？作为观测者的最低标准是什么？是否有意识的人、一只猫、机器人都可以充当观测者？不同的量子理论的诠释者，对观察者存在着不同的理解。哥本哈根学派的说法认为不需要有人这样的主动

---

[1]　［美］布鲁斯·罗森布鲁姆：《量子之谜——物理学遇到意识》，向真译，湖南科技出版社 2014 年版，第 153 页。

观察者，观察者可以只是计数器这样的测量仪器。测量机制在于微观客体在测量时与作为宏观对象的计数器相互作用而产生波包坍缩，产生特定的测量结果。但是这种解释模式预设了微观的对象世界与宏观对象之间的截然二分的界限，事实上后来随着科学技术的进步，这种微观与宏观的界限已经被打破，例如，近年来已经可以通过隧道扫描显微镜等观测到单个的原子，又如近年来观测到量子效应可以在宏观尺度的对象上显现。因此，认为量子力学的测量是微观物体遇到宏观的大物体而产生的波包坍缩的解释遭遇困难。因此，有物理学家提出测量的退相干理论解释，认为测量是微观对象的波函数与宏观环境相互作用而产生的，这样就不再需要观察者。但实际上退相干解释依然只是一种实用的解释方案，并不能回答有些物理学家认为这里用到的观测结果的概率仍然是一个相对观察者的概率这样的质疑。

对于观测者，有些人认为它是视网膜，但也有人认为是人的意识，还有人认为，即便是没有自我意识但有操作的智能和程序设定的机器人也可以充当观察者。无论观测者是人、猫还是机器人，问题的实质在于，作为观测者对于实验的进行意味着什么，对实验有什么样的影响？对于观测者可以这么理解，首先，观测者在实验中是与实验对象的关联着。由量子测量理论可知，在测量过程中，作为观测者的部分，是与观测仪器及观测的物理系统耦合在一起或者说处于纠缠态之中。其次，观测方式决定着观测结果，观测方式的选择使得特定的测量结果呈现出来。最后，观测者的参与对于测量过程和实验结果是必不可少的，而且测量方式的选择和实验的进行，与实验的实施者及观测者相关联。因此，当观测的实施者是人的时候，借用现象学的主体性的概念，我们可以说测量是与主体性相关的，因为现象学意义上的主体性指的是与世界内在地相关的、具身性的主体性，主体不仅有意识，还有身体，这并不是二元论意义上的身心，而是一个不可分割的整体的主体性，不仅有意识的意向性，而且也有身体的意向性，通过这些意向性，世界是与主体性关联、与身体关联的意向相关项。也就是说测量与作为主体的人是整体性地相关联或者说处于纠缠态的，而不限于与视网膜、大脑、意识或者身体相关，只不过大脑或者神经是更为敏感的感受者。测量的主体性特征意味着观测者总是从主体性的视角去设计实验并观测的，即便是借助了各种理论原理的指导和实验设备的设计的中介，测量始终是以主体性的视角对对象的呈现和认知的方式。而当观测者是猫的时候，我们并不能够知道它是否有类似于人的意义上的自我意识，或者更宽泛地说，它是否具有接近于人而区别于物体的独特的主体性。但毕竟猫是具有感知的生命而不是非生命的物理对象，也许它可以具有不同于人类的另类的"主体性"视角，但我们对物体的观察和对作为观测者的猫的观察，都是经由我们的视角进行的，对一切现象的认知都是相关于我们作为理性的存在者的主体性的。

至于机器人是否可以充当观测者的问题，比较复杂。从思想实验的角度而言，我们可以设计具有足够智能的机器人充当实验的观测者乃至实施者，但机器人本身缺乏类似于人的自我意识和主体性，但它作为人工发明的对象，是可以理解为与主体性相关的具身性的工具，是与主体性相关并渗透着主体性的认知和意志。量子测量的方式的选择往往被认为是出于我们的自由意志，而非我们脑中的电化学作用的决定论地预先确定的结果。即便实验过程是由电脑程序控制而由机器人自动完成的，指令及参数的输入者也是有意识的人。测量方式的选择，可以看作是对观测者、仪器和被测量的系统之间的耦合方式的选择，或者说在选择测量方式时，观测者、测量仪器和被测量的物理系统之间已经产生某种关联而处于纠缠态之中了，通过观察实验，自由意志的选择得以实施而决定了对象的显现方式或者说系统的观察性质，则是后续发生的事情。

（二）微观和宇观的经验与主体性的关联性

量子纠缠态的条件是物体之间有相互的影响。贝尔定律甚至否定了宇宙之中存在对象的分立状态。因此，微观对象之间发生相互影响后，会处于纠缠态，由于量子理论的普遍适用性，这种规律也适用于宏观对象之间，而宏观对象之间是相互影响的，因此它们之间也具有量子纠缠；虽然我们并不知道这种纠缠态对它们各自的状态意味着什么，但量子效应已经在一些宏观尺度上被科学实验观测到，说明在宏观尺度上的对象之间的相互影响，未必如我们以前认为的那样简单。进而，整个宇宙中的事物也会因为相互之间的影响而处于纠缠态之中，整个世界是连通的。

对于微观世界，我们没有关于它们的直接现象经验，我们关于它们的经验，主要是通过科学仪器的探测而间接获得的。不过，我们对这些领域的科学研究及科学经验的获得，都是基于我们与它们的建立的认知关系的，更具体说，是基于主体、设备和对象之间的耦合关系的。而且从量子理论角度讲，科学观察中，我们与设备及对象处于纠缠态中。即便是在宏观领域，量子理论揭示的表观定律依然在起作用。那么作为观察者的我们，依然与对象处于某种"纠缠态"中，只不过量子效应并不明显而已。由于作为主体的人对世界深度介入并与之密切关联，几乎不存在独立存在而不与主体或其他对象发生相互影响的对象，因此彼此之间的关联是一种具有普遍性的物理现象。或用现象学的视角表达，则是作为生活世界的主体，每一个人与生活世界中的其他主体以交互主体性的方式共在于世界，并与世界中的很多对象处于直接或者间接的关联之中，我们是作为具身性的主体"镶嵌"于主体间性的世界之中，我们是世界的理论探索者和社会性的实践参与者，这是比观察者更深度的与世界的关联方式。因此，这些领域的对象与主体仍然处于内在的关联中，主体与通过科学探索的世界之间并没有绝对的鸿沟。

　　当所涉及的对象超出宏观尺度而到宇观的尺度时，量子理论的规律还适用吗？宇宙学家们的回答是肯定的，因为他们认为对于刻画整个宇宙的现状尤其是起源和历史演化而言，量子理论是最为基本的理论。按照大爆炸的宇宙模型，宇宙演化的开端和早期，量子理论的基本规律在起着支配作用，只是后来不断演化产生尺度越来越大的物理对象时，宏观尺度的物理规律的作用才逐渐取得支配性地位，量子效应逐渐减弱，但量子力学规律则一直发挥着基本的作用。几十年来，宇宙学家们致力于发展量子引力理论来系统地解释我们所在的宇宙的现象和演化历史，可见物理学家们认为量子理论是普遍适用于宇宙学现象的基本物理理论，并有可能从中发展出终极性物理理论——万有理论的物理理论。因此，可以推测，量子理论所刻画的规律和量子力学的实验测量所呈现的神秘的量子效应在宇观的尺度上也会起着基本的作用。

　　（三）量子理论对克服自然态度的启发性

　　事实上，宇宙学家早就把量子理论作为普遍性的物理理论用于对整个宇宙的演化历史的全部过程的刻画。按照大爆炸的宇宙模型，宇宙演化中，在理论上可以有数目大得惊人的无数多种可能宇宙，这每一种可能的宇宙都有自己的初始条件和物理规律，我们所在的宇宙出现的极小概率使得它像是一种极其偶然的宇宙事件的结果。宇宙的演化有其历史线，按照霍金的描述，如同在微观的物理系统的演化一样，宇观层面的事件的演化也是概率性的，事件的演化具有无数多种可能，现实的事情的概率是它演化过程中所有可能路径的相关路径积分的概率总和。对于整个宇宙的现实出现的概率，也是其所有可能演化的概率的相关路径积分的概率总和。但正如量子理论所刻画的物理系统处于一种概率性的可能的存在状态一样，对于宇宙的演化，我们也只能描述各种可能路径的概率，对于宇宙的演化的实际的历史，我们只能回溯性地去理解，我们无法由现在的宇宙现实倒推出宇宙的历史是如何演化的。如同我们只能通过测量来认知被测量的物理系统的可观察量，我们也只能观测现在存在的宇宙的现象并用测量的参数来刻画其状态和性质，但我们却无法知道未测量之前的历史的宇宙的性质，因为理论刻画中的宇宙也是概率性的存在。甚至，如同脱离测量实验，我们无法断定是否有独立于测量的物理实体及其特定的性质一样，我们也难以确定宇宙学理论所描述的、在未测量之前的宇宙作为实体是否存在，更无法断言其在历史的演化中曾经具有哪些性质。甚至，在某种意义上可以说，是现在的测量决定了宇宙过去是按照什么路径演化的历史，在未测量之前，宇宙的演化还停留在概率的可能性的程度。这看起来有些不可思议，宇宙的现实怎么会取决于我们的观察方式呢？这种怪异感是量子理论刻画世界所造成的，它告诉我们，虽然理论的描述看起来怪异而不可理解，但我们只能立足于作为主体的现实存在的视角去观察世界，我们不可能像传统的物理学和形而上学那样，以一种处于世界之外、与世界不相关的、类似于上帝的视角去观察世界。

如果从现象学的角度理解，那就是看似远离我们生活世界的宇观的世界，其实与作为主体的我们是相关联的，是从主体性的视角看到的世界。量子理论的意义在于，揭示了科学对包括宇宙在内的所有自然领域的研究及其所建构的理论，都是基于一种主体性的视角的，而以往的传统物理学则隐匿了这种视角，声称我们可以以一种第三人称的、与主体无关的、所谓客观主义的视角观察和认知世界。因为我们是通过观察实验加理论模型去刻画和解释世界中的现象的，这种实证性的经验是我们谈论实在、世界、自然的基础，我们无法有意义地以思辨的形而上学谈论独立而隔离于主体性的经验的、抽象的世界，如果所设想的客观、独立、自在的世界根本不能与我们的直观的经验相关联，那这种论题是荒谬而毫无意义的。对于科学的这种主体性的维度的揭示，对于科学而言并不是一种阻碍，而是使人们认识到了更为深刻的真相，也使科学家们初步摆脱了素朴的、未经批判的世界观，对主体性维度的认知，有助于科学家们建立起具有反思性和批判性的对于世界以及关于世界的种种观念的真正的理性的态度。

从上述量子理论的基本观点对于从微观、宏观到宇观的科学经验的重新理解和阐明可知，量子力学相对传统物理学的革命性的视角转化，有助于科学家们克服来源于传统的自然主义的客观主义的实在论。

由量子理论外推，如彭罗斯的说法，我们的大脑是量子计算机，再往外推，我们主体、意识、生命本身就是类似量子的存在，那么我们与世界是内在相关的，处于一种纠缠态的内在相关中，我们没有关于所谓独立客观存在的世界的经验，有的只是基于这种纠缠态中的关于世界的经验。

这种相互影响的对象之间的超距的纠缠态被称为量子之谜，它是理解量子力学的测量理论以及整个量子理论的实质的关键，也关涉于我们对什么是实在以及世界的真实面目的理解。虽然量子力学自产生以来一直很成功，但对于量子之谜，目前为止的种种解释皆不能让人们满意。按照目前主流的物理学的共识，"未来任何正确的理论都必须能够说明这样一种世界：描述对象不具有与对其'观察'相分离的独立特性。"[1] 这里所谓的理论应该是指物理学的理论。但对于理解量子现象、寻求对量子理论本身的更为合理的理解、探索世界的真相，哲学也能做出基于自己的独特的视角和方法的努力和贡献。现象学也可以从第一人称的视角，对量子现象、观测性质、测量问题及对象的实在性等诸如此类的问题给出自己的分析和阐明。

从现象学的角度看，科学作为历史性的科学共同体在一种历史中产生的特殊传统下的工作，是根植于生活世界的主体间性的事业，科学所探测的自然领域，是相关于科学家们的创造性的活动的主体性的意向性的关联项，科学家们所历史地构成的科学理论，都是作为主体间性的意识行为的成就。量子力学的主流解释只谈论可观测的性质以及观测到的实在，从现象学的角度理解，量子测量显现了科学必须根植于生活世界、以生活世界

---

① ［美］布鲁斯·罗森布鲁姆：《量子之谜——物理学遇到意识》，向真译，湖南科技出版社 2014 年版，第 229 页。

的直观的经验为其探索的基础，离开直观的生活世界的经验领域，谈论与我们的经验没有关联的形而上学的实在或者客观性质是没有意义的。而且，任何对象，必须与我们的直观经验的领域相关联，以往所谓离开现象的、隐藏在背后的实在，是一种思辨的抽象思维的产物。因此，科学研究和探索的世界或自然，虽然总是被以科学的抽象数学理论模型刻画，但是理论所刻画的世界，并非真正现实的世界或自然本身，而是对现实世界的抽象化的近似描述，归根结底是一种理念化的理论模型、预测现象的理论工具。我们需要经由科学的探测去认识真实的世界或自然，而不能囿于理论模型并把其视作真实本身。科学所探索的世界、自然，不是科学主义的客观主义所标榜的独立于人而自在存在的实在，而是相关于主体性的、具有主体间性的"客观性"的经验领域，因此也是主体所能"经验"的世界、自然。可见，量子理论及量子现象也为现象学的先验分析提供了例证和支持，自然科学的理论和观察实验结合技术中介所开显的这种关于自然的经验的视域，原则上也是现象学的第一人称视角可以通达和理解的领域。

　　总之，由于科学是一种以经验性的观察实验为经验来源的、实证性的研究，科学的理论模型的构成必须最终基于科学的观察实验，因此科学所能研究的自然领域必须是科学的观察实验所能通达的自然对象域。虽然科学的观察实验最终奠基于我们对世界的直观经验，但科学所探索的领域有很大一部分是超出我们直观经验的、无限开放的自然世界视域，必须借助自然科学专门设计的观察实验才能获得关于这些远离直观经验的自然领域的经验。

　　对于科学的观察实验的经验以及对量子理论的观察理论的阐释的现象学分析已经论证，科学的观察实验，是以科学研究的主体与自然对象之间的借助技术性中介的意向性的关联为基础的，这是作为主体的科学家共同体以特殊的、严格规范了形式和方法的、主体间性的形式经验和通达自然的过程，观察者通过观察实验的技术中介而意向性地指向和构成关于自然对象领域的现象。从现象学的"显现"与"现相"的概念来说，科学的观察实验是一种借助技术性的中介的、符合科学的规范的、主体间性的形式对自然领域的"显现"行为，观察实验的测量结果以文字数据记录以及图像等形式为我们显现自然现象的"现相"。

　　当然，科学的观察实验的主体是科学共同体，科学家的一切认知行为的基础是其对世界的直观经验以及在日常生活世界中获得的背景知识，科学理论研究以及观察实验作为一种主体性的实践，尽管凭借了很多技术工具的中介，最终也需要奠基于科学共同体所在的日常生活世界的主体间性的经验。

　　因此，在科学的认知实践中，尤其在科学的观察实验中，主体与自然之间具有意向性的关联，科学家们经由观察实验对自然对象领域的经验和认知，对应着一种意向性的认知经验结构。因此，对于科学的观察实验的整体结构，原则上可以用现象学的意向性理论来进行分析。

第四节　自然科学现象学研究纲领的初步设想

　　在现代社会中，科学是最为主要的、高度专业化地研究自然的行业，而且科学探索的触角已经延伸至我们日常的直观所无法触及的微观和宇观的广泛自然领域。因此，对于自然的现象学研究，不能绕开科学，而且必然需要以对科学领域的认知和经验的研究为主要内容。这就意味着对自然的现象学研究，需要以对科学的现象学研究为主要内容，才能使其获得主题上的深化和内容的充实。

　　当然，这并不意味着自然科学现象学的研究就是自然现象学的全部内容，事实上，基于我们的生活世界的直观经验，我们也可以以最原初的方式体察关于自然的经验，其中包括对自然的非对象性、非主题化的经验方式。一切关于自然的更为复杂、高级和间接的经验方式都要奠基于这种直观的经验方式。因此，在科学之外，现象学当然可以以第一人称的视角分析关于自然的经验，现象学关于自然的直接研究应该构成自然现象学的最为基础性的部分。胡塞尔关于区域本体论及自然对象的性质的现象学分析以及梅洛—庞蒂以"自然"为主题的现象学研究，乃至海德格尔关于"物"的追问，都可以归结为这里所称的自然现象学的范畴。

　　而对于科学的认知、经验及对自然的显现方式等的研究，则是在自然现象学研究的基础上对相关主题的进一步深化、丰富和具体化。某种程度上，科学对自然的探索所涉及的相关认知问题和自然现象涵盖了比日常生活的认知研究更为主要、深入、复杂和广阔的关于认知、经验和自然领域的主题和对象。因此，可以说对自然的现象学研究必然要以对科学研究本身相关的认知和经验等方面的重要主题及其研究领域的自然现象的分析和阐明为基本任务。

一　自然科学现象学的理论基础及分析框架

为什么自然科学现象学要以先验现象学为其研究自然及自然科学的基本理论出发点？

如前所述，作为现象学对自然和自然科学的研究，这里的关于自然科学现象学的研究纲领将是基于胡塞尔的先验现象学的基本理论框架和基本的分析方法。也就是说，这里的研究被视为胡塞尔的先验现象学在自然以及自然科学的现象和经验领域的展开和深化。当然，这里的先验现象学不同于以往很多人建立在误解基础上的、被认为带有唯我论困境的先验唯心论的现象学，而是建立在新近的现象学家们通过细致地研究胡塞尔未出版的大量著作与手稿的基础上重新理解的，更符合胡塞尔思想全貌的先验现象学。

正如前文所说，为了理解自然，现象学首先需要去理解作为研究自然的典范和主要领域的自然科学，而对自然和自然科学的研究需要我们重新理解先验与经验的关系，因此需要重新阐释什么是先验现象学的先验的含义，因为人们往往囿于康德意义上的先验概念，而把先验与经验性对立起来，实际上按照现象学的观念，在经验性之中也有先验性的维度。为了反思并批判以往的立足于自然主义的观念的自然以及自然科学，对自然以及自然科学进行现象学的彻底的分析，就必须使先验现象学的视线深入到这些往往被认为是经验性、偶然性的经验的领域，去揭示自然主义所遮蔽的自然的先验维度和科学在主观性中的真实意义起源。只有先验现象学，才可能揭示科学的意义在生活世界中的真正起源，以及生活世界等在先验意识生活中的奠基，也才有希望揭示主体、意识、生命与自然、宇宙及世界的真实关系及其之于我们的意义。

即便从现有的科学如从量子理论的角度看，宇宙并不是由单一历史的、外在于主体的存在的、纯然客观的自在存在，它的演化是概率性的。所谓关于外在的存在如何，只有对我们的观察而言，才是有意义的主题。它显现为什么，相关于我们的观察，甚至相关于我们的意识和生命。

对量子理论而言，无论对宇宙的过去的追溯，还是对其现在状态的测试，其结果都依赖于我们的观察和实验的具体方式，具体而言，观察和测量的对象并不是对象本身，而是测量观察者、设备和对象因耦合关系而组成的复合系统的状态，对象系统将来演化的可能方式都相关于我们参与其中而形成的耦合关系。甚至有科学家断言，生命和意识是理解宇宙本质的关键，宇宙的演化依赖于我们的意识和生命。①

这样一些由科学前沿的探索而提出的问题和解释启发了哲学去重新深入地反思和分析主体与世界、自然和宇宙的关系问题。但如果要彻底地回应这种科学的启发、进而揭示这种内在相关性的哲学探索，显然必须基于先验现象学的理论洞察，因为即便为很多现象学家所推崇的本质现象学，依然没有克服自然态度，仅仅对意识现象与所谓生存论的现象的本质结构的描述，并没有从根本上触及所谓外在世界相对于我们主体的关系这样最为根本性的问题，无法"融化"坚硬的科学和宇宙所具有的外在性的特点或者说存在信仰。本质现象学的建立，虽然是以胡塞尔对心理主义的自然主义的批判为其铺垫和先导的，也克服了心理主义的自然主义，但它自身并不是彻底的观念论立场，在面对世界、自然这样的问题上，它始终隐含着向存在论或认识论自然主义立场转变的可能性。

当然，如果要让先验现象学承担揭示和阐明我们与自然及宇宙的内在关系，我们需要重新理解先验现象学。

按照胡塞尔和梅洛—庞蒂对先验现象学的理解，先验现象学不仅需要下降到历史的、传统的、文化的维度，以对这些领域的现象和经验进行现象学的先验阐明和本质分析，而且也需要进入到关于自然的领域，去消融看起来难以驯服的、野性的、陌生的关于自然的现象和经验与先验的主体性维度之间的张力。同时，先验现象学也需要分析先验主体性与主体间性的关系问题，从而进入社会性的视野，因为科学是一种生活世界中的主体间性的传统，而生活世界就是交互主体性的社会。事实上，在胡塞尔的思想中，已经大量地阐述了先验主体间性的问题，他认为对先验主体性问题的彻底阐释必然导致先验主体间性的发现，而先验主体间性则根植于先验主体性之中，先验主体性的现象学必然是先验主体间性的现象学，因此在

――――――――――

① 参见［美］罗伯特·兰扎《生物中心主义》，朱子文译，重庆出版社 2012 年版。

这个意义上，他认为现象学本质上是一种先验的社会性的现象学。

现象学并不只关心意识的本质结构，而且需要重新理解他者主体、主体间性的生活世界，包括社会、历史、文化和传统，以及一切在历史中发生地构成的现象。而自然、宇宙及自然科学研究所涉及的微观和宇观的领域，并不是外在于现象学而与意识和主体对立的存在，我们需要重新理解主体与它们的关系，以及现象学与自然科学的关系。重新理解先验现象学，需要把它看作是具有具身性的、主体间性的、社会性的、历史性的现象学，才能把社会、文化、历史、传统、历史性的发生构成等经验领域纳入现象学的研究视野。

另外，只有借助于先验现象学的先验分析，才能真正而彻底地克服自然态度：从先验现象学的进路思考，则那些为了克服自然态度而在之前的现象学还原的悬置中被排除的所谓的具体的经验自我、他者、社会、历史、传统、自然乃至宇宙，都可以在先验现象学的视野中重新考察，揭示它们在先验主体性的意识生活中的先验起源和发生构成，以及它们对于先验主体而言的意义何在。

因此，无论从对现象学本身的彻底化的阐明，还是对自然与自然科学的经验的先验现象学的澄明而言，我们需要以一种先验主体间性的现象学的视野重新理解先验现象学，并以之作为自然科学现象学的分析的理论背景和基本概念框架。

二　自然科学现象学的奠基问题和理论基础的阐明

如上所述，作为先验现象学对自然然科学及自然的现象的研究，其理论基础是整个先验现象学的理论框架，因此，对科学与自然现象的理论奠基问题的分析是在先验现象学的概念框架内并根据其所阐明的经验构成的奠基次序进行的。

按照先验现象学的基本理论，科学理论及其所刻画的科学理念的世界，是奠基于主体间性的生活世界的主体性的成就。因此，对科学理论的意向构成及其理论的本体论等方面的分析都是奠基于科学与生活世界的奠基关系的澄清，进而追溯其在生活世界之中的历史的发生构成以及意义的主观性起源。这就首先需要对生活世界的形态学的本质结构以及其先验的主体间性的奠基问题的分析，这里需要探究一门关于生活世界的本质科学，并使得科学及知识的研究成为奠基于这门生活的本质科学的生活世界的科学。对于生活世界的本体论问题的分析必然会导向先验主体间性问题，因为生活世界理论就是先验主体间性主题的进一步发展的结果，生活世界就是奠基于交互主体性的、社会性的结构。因此，如何理解先验主体间性问题成为理解整个现象学的关键，因为一方面先验主体间性对于理解现象学的先验概念、先验与经验性的关系、关于他人的经验以及关于生活世界的经验构成，以及理解作为科学共同体的集体事业的科学，都非常关键；另一方面，对于先验主体性的理解最终涉及先验现象学的最终奠基问题，毕竟先验现象学的研究基于其先验还原的方法论和第一人称的视角，而先验还原的终点是先验自我意识，如何理解第一人称视角的方法论与先验主体间性之间的张力和冲突是现象学所面临的问题。因此，整个先验现象学的奠基问题，最终集中到处理先验主体性与先验主体间性的关系问题上。当然，如果坚持现象学的基本原则和方法，就应该坚持立足于先验主体性和第一人称视角的研究进路，但同时也需要解决先验主体间性在先验主体性的意识经验结构中的先验奠基问题，以扩大对现象学的先验概念的理解，使现象学的先验分析深入到历史的、社会的生活领域。因为在胡塞尔那里，先验主体性是向先验主体间性开放的，先验主体间性是根植于先验主体性的，其后期对先验主体间性的阐述和对生活世界现象学的展开，是其先验立场的彻底化贯。且通过基于先验主体性立场对先验主体间性问题的彻底阐述，相当于以对胡塞尔的现象学的根本思想的全面的、准确的阐明来重新理解胡塞尔的先验现象学的基本理论概念框架。

按照以上的理路分析，对于自然科学现象学的分析的展开，必须奠基于以一系列对现象学的基本理论问题的阐明和对先验现象学的理论框架的重新描述。按照理论奠基的次序，需要从科学的理论问题回溯到生活世界，再通过先验的追溯，回到先验主体性的意识结构之中分析先验主体间性的先验根据，接着阐述先验主体间性的类型和层次等，再以此为基础探讨生活世界的先验起源、先验构成以及本质结构等。在这些基本理论的阐述和奠基完成后，才能展开自然科学现象学的基本主题的阐明。

三　自然科学现象学研究的基本主题

从现象学的角度看，科学是一种对自然的特殊的认知方式或者说显现方式。科学的观察实验是对自然的一种特殊的显现方式，这里的自然不仅指作为事实的自然现象，而且包括对很多理论上可能却尚未显现过的自然现象。科学理论虽然是以数学化的理论模型刻画相关于自然领域的理想化的世界，但毕竟是通过观察和经验的链条与现实世界相关联，因此在某种程度上也是一种对现实的自然世界的一种系统性、间接性的显现和澄明。用海德格尔的术语，则比科学更为本原的技术的本质是一种占据统治地位的对存在者的去蔽。

在遵循现象学的基本理论分析框架和方法的前提下，科学的现象学研究的主题、内容和方法，取决于科学认知的形式和机制所涉及的意识的本质结构、先验机制以及与自然的先验关联等的本质特征。现象学所揭示主体的意识的普遍的意向性的本质结构，也适用于科学的认知过程，只不过对于科学认知的意识结构和先验的经验构成方式等具有自己的特殊类型和结构。因此，对于科学研究的现象学研究的内容和主题，也应该以科学认知的意识的意向性为分析的基本框架。

因此，对科学的现象学研究，以阐明科学认知的意识的意向性结构为核心主题，在此基础上再向先验自我意识以及对于自然的本体论分析这两个方向展开其论述，这是比较合理的论述结构。在这种意向性的分析框架之中，涉及意向行为与意向对象或意向相关项这两端，一方面是对意向行为端的研究，如对科学研究中意向行为的本质形式和类型以及意识的先验构成形式等的研究。另一方面，是对作为意向相关项的意向对象、意义、真理等问题的论述。作为现象学的研究，其优势和重心在于意识的结构以及意识的行为，因此研究的重点应该放在意识经验的整体结构以及意向行为的类型和对对象的意向构成机制的分析。而对于意向对象的本体论分析，是奠基于对意向行为的分析的第二位的任务。

对于科学的认知而言，其意向性的结构呈现出其特殊的本质类型和不同的层次和结构，需要以不同的主题和层次来展开阐述。首先，在最为基本的含义上，意向性结果是指科学研究的意识的意向行为与意向行为所指向的研究对象之间的内在关联，如科学的观察，就是以对世界的直观的经验为基础，借助科学的仪器而进行的、以技术为中介的对自然对象的观察。其次，科学认知的意向性体现在对于对象的动态的意向构成中，例如对于科学理论的模型的构成，是以科学家的抽象化、理念化的思维为意识行为的主要形式，而科学研究的自然视域、认知经验是其意向指向的经验，在此基础上，科学家的意识行为以这些意向对象端的经验为基础，以主动综合的形式构成科学理论，虽然构成的理论是具有经验性的普遍性的判断的集合的科学理论，但这种构成遵循《经验与判断》①中所阐明的先验逻辑学的本质形式。再次，科学认知的动态构成的意向性，还体现在科学理论和思想在科学发展的历史中的历史性的、阶段性的发生构成的形式。再次，科学认知的意识中的诸种意向性构成的结构的进一步反思和追溯，就涉及体现在科学认知的意向性的意识结构中的先验根源和先验主体间性的发生构成功能和形式。最后，科学认知的意向性结构所显示的人与自然之间的先验的关联，即在科学之中显示的使科学认知成为可能的主体与自然领域的先验关系。

科学的研究中涉及的主体与对象之间的意向性关系大略地可以归纳为如下两种类型，一种类型是科学的观察实验中构成的观测者与自然对象之间的意向性关系，这种意向性是基于科学仪器与设备的技术性中介的间接性的意向性，侧重于经验性、技术性的、实践性的意向性；另外一种类型是科学理论的理念化构成中理论思维与经验以及理论判断之间的意向性关系，这种意向性侧重于观念性、理念化、理论性的意向性。当然，这里的分类是大略的，因为科学的观察实验是处于科学的理论探索的动机统摄之下、基于理论假设和已经成熟的科学理论和背景知识而设计的，"观察渗透理论"，其技术性、实践性的意向性总是被理论性的意向性统摄和引导的。而科学的理论构成，总是基于观察经验和背景知识，并且受可检验性的规范所预先限定的，因此，理论性的意向性总是已经蕴含着所有可能的观察实验的形式以及可能呈现的自然现象的类型和样态，并为技术化的观察实验的检验奠基。总之，这两种类型的意向性关系都是基于作为主体的科学家共同体对自然的认知的不同形式，进一步说，是基于主体对自然的经验的意向构成的或者对自然的显现的不同形式。

如前所述，科学研究中的意向性分析的重点是对其相应的意向性构成行为的本质形式的分析。与上述关于意向性类型分类相应，意向性行为的类型也分为理论性和实践性两类，一方面是观察实验中关于自然对象领域

① [德] 胡塞尔：《经验与判断》，邓晓芒、张廷国译，三联书店 1999 年版。

的对象、经验与意义的构成；另一方面是关于科学理论的概念、判断和意义的构成。科学的观察实验中的对象与经验的意向性构成，因为借助于实验的仪器设备等技术性中介，以及涉及如量子理论所谓的观察构成对象或关于对象的可测量性质的理论，因此，这种意向构成方式涉及比较复杂的构成机制，因为不仅观察实验的技术性中介涉及参与的具身性的意向性构成经验问题，而且观察者、实验仪器与观测对象之间的关系涉及到主体与自然世界之间的最为一般的先验的关联形式，还关涉到关于自然经验的构成方式以及关于自然的实在性这样的本体论问题。这些问题都有赖于结合当今科学理论探索以及实验的前沿发现和哲学的相关研究的成果，并在此基础上从现象学视角进行深入的理论性分析和阐明。例如，对于当今科学前沿的量子引力的研究者而言，也为诸如宇宙到底是自在存在的客体还是意识的介入而创造的世界又或是宇宙本身就是意识的宇宙这样的本体论问题所困惑。

对于科学理论的意向性构成，可以分为两个层面进行分析，首先，是从先验现象学的先验逻辑学的层面的分析。从每一个科学理论的主体性的意向构成的本质形式和机制的层面看，其意向构成遵循胡塞尔《经验与判断》中相关的先验逻辑学的关于经验、判断的先验构成的机制，不过对于数学化表述的科学理论的构成具有一些区别于普通的普遍性判断构成的本质特征。其次，是从先验现象学的历史的发生构成的层面的分析。如果把科学理论的构成作为一个由很多的研究构成的研究传统来看，科学理论的构成是在生活世界中由科学共同体的历史性的、主体间性的构成行为的成就，这种构成的本质形式及其先验逻辑学的谱系，是在一个历史性的时间之流之中显现、展开并完成的。因此，科学理论的意向构成，归根结底是在一种历史性的、先验主体间性的、科学传统的语境之中进行的。

另外，对于科学研究的意识的意向性结构的分析，还有与意向性行为分析相对应的意向相关项的分析。对于意向相关项的分析可以分为两个方面，第一个方面是本体论分析，对于意向对象的本质特性以及对象域的本质特性和规律的研究，属于所谓区域本体论或形式本体论的研究范围；第二个方面属于意义分析，即对于作为意向相关项的科学的基本概念的意义和判断的明见性的研究。但对于自然科学现象学而言，最为根本的哲学问题，在于如何从现象学的层面上尤其是从先验分析的维度理解具有意识、身体和生命的主体与自然、世界乃至宇宙的关系。

第五节　对科学理论构成的意向性的研究思路

一　现象学意向性理论概论

现象学以整个意识现象的领域为其研究对象。而在先验现象学中，一切内在的和超越的现象都被还原为先验自我意识，一切理论性的科学现象，无论是事实科学还是本质科学现象，最根本上也属于现象学的研究领域。因为意向性结构是意识现象的最基本的结构，所以一切意识现象研究都可以从相互关联着的意向性行为—意向相关项的本质结构进行研究。

由此可见，作为一种哲学的彻底的反思性研究，对于任何意识经验，我们必须以意向性理论的目光来考察它，才能摆脱传统客观性研究中的独断性和不彻底性。

意向性理论是胡塞尔现象学的基础，胡塞尔正是通过它来克服近代哲学的主客二元论的裂隙，正是通过意向性概念，胡塞尔把意识行为和意识对象，直观的对象和想象的对象，把意义与对象，把语言和意识等内容整合在现象学的研究范围中，可以说所有的现象都可以在意向性理论的框架中进行研究。下面我们将介绍现象学的意向性理论及其相关问题，为后面的意向性研究纲领的研究奠定基础。

（一）意向性理论：

在胡塞尔现象学中，意向性是其核心性的、支撑起整个现象学、贯穿整个现象学领域的一个问题。正如胡塞尔所说，"这个名称正好标的了意识的基本特征；一切现象学问题，甚至质素性问题都可以纳入其内"。①胡塞尔试图以意向性理论解决认识和世界、主体与客体之间的关系。"'作为对某物的意识'。我们首先在明确的我思中遇到这个令人惊异的特性，一切理性理论的（vernunfttheoretischen）和形而上学的谜团都归因于

---

① E. Husserl, *Ideen zu einer reinen Phänomenlogie und phänomenlogischen Philosophie. Erstes Buch*: *Allgemeine Einführung in die reine Phänomenologie*, Den Haag: Martinus Nijhoff Publishers 1950, als Hua III/1, 1976；中译本：胡塞尔：《纯粹现象学通论》，商务印书馆 1997 年版，第 350 页（以下简称为：《观念》I）。

此特性……"①

在胡塞尔现象学中，意向性的基本含义是：1. 意识行为总是指向客体。因此，在胡塞尔那里，意向性或意向的，就表示着指向和被指向的关系；2. 意向行为构成意向对象。因此，意向对象不再被看成是和意向活动发生关联的预先存在的对象，而是发源于意向活动的东西，是意向活动的成就。所有表象性的意识行为都是意向意识，例如感知、想象等；而情感则是非意向性的意识；非意向性的行为必须奠基于意向性的行为。在意向性理论中，任何意向活动都是指向意向对象，而任何对象都是意识行为的相关项。这样，无论是心理对象，还是外在的对象，都和意向行为是内在相关的，不存在康德意义上的独立于人的意识的自在之物。因此，世界和人的意识行为不可分割，没有独立于人的世界，也没有独立于世界的人，世界是为我而存在的世界。客观实在论者的所谓关于世界独立存在的论断都是一种存在信仰，是独断的设定。

意向行为的本质属性可以由两个方面构成：意向质性和意向质料。意向质性是指把不同类型的意识行为区分开来的标志，所有客体化行为都有共同的属质性，以区别于非客体化行为；而客体化行为中，可以区分出不同的质性，至少可以区分出设定性和非设定性两种质性；设定性质性就是设定意指对象存在，而非设定性质性则不设定对象的存在。每一个客观化行为都可以是设定性的，也可以是非设定性的。在我们的自然态度中，外部世界都是设定性的。胡塞尔把这种存在设定称为存在信仰。质性和质料构成了意向行为的本质。但一个完整的意向行为除了意向本质之外，还有代现性内容。代现性内容是感性的质料，通过它，意向对象成为直观对象。如果意向活动没有赋予对象以感性的代现性内容，而只是空洞的意义，则这种意向活动成为意向意指；如果在意指中，有感性的材料充盈，则称为意向充实。

客观化的意向行为就是意指行为，既是赋予质料，也是给予意义。这是意识的一种主动性的综合活动，称为意向立义，类似于康德的统觉。立

---

①　E. Husserl, *Ideen zu einer reinen Phänomenlogie und phänomenlogischen Philosophie. Erstes Buch*; *Allgemeine Einführung in die reine Phänomenologie*, Den Haag: Martinus Nijhoff Publishers 1950, als Hua III/1, 1976；中译本：胡塞尔：《纯粹现象学通论》，商务印书馆 1997 年版，第 210 页。

义行为，或者说综合行为，具有几种形式：直观性立义、符号性立义和混合性立义。其中直观性立义形式可以分为感知性的和想象性的。直观性立义形式和符号性立义形式的混合形式则为混合立义形式。和立义形式相对应，质料也有三种类型：感知的质料、想象的质料和符号的质料。

对意向意指和意向充实之间的关系，在静态的描述中，"意指本身并不是认识。在对单纯象征性赐予的理解中，一个意指得到进行（这个语词意指某物），但这里并没有什么东西被认识"。那么有没有纯粹的意指活动呢？"从现象学来看，行为在任何情况下都存在着，而对象则并不始终存在。"因此意指行为是一种没有认识功能的空洞的意识行为，或者说是一种纯粹的思维活动。而直观行为则是对意指行为的充实，意向充实意味着认识一个对象。"只要它们之间发生这种关系，只要一个含义意向的行为能在一个直观中得到充实，我们也就会说，'直观的对象通过它的概念而得到认识'，或者，'有关的名称在显现的对象上得到运用'"，因此，"关于充实的说法更具有特色地表述了认识联系的显现现象学本质"。①

而在动态的描述中，"我们第一步所具有的事作为完全未得到满足之含义意向的'单纯思维'（＝单纯'概念'＝单纯符号行为），这些含义意向在第二步中获得或多或少相应的充实；思想可以说是满足地静息在对被思之物的直观中，而被思之物恰恰是借助于这种统一意识才表明自己是这个思想的被思之物，是在其中被意指者，是或多或少完善地被达到的思维目的。"②

由上面关于意向对象和意向充实的性质及其关系的论述可知，通常的意向行为中，可以区分出两种内涵：1. "行为的'纯粹直观内涵'，它与在行为中与客体的'显现着的'规定性之总和相符合"；2. "行为的'符号内涵'，它与其他的、虽然一同被意指，但本身未被显现的规定性相符合"。随着意向行为中这两种内涵的比例的不同，对应的意向对象直观性内容和符号性内容的比例也不同。单纯的符号行为是纯粹的思维，它具有意向性的本质，即它是一种意义的赋予活动。但这种意义赋予只是一种意义对象，没有得到感性直观的充实，因此只是可能的对象，而不是存在的

① ［德］胡塞尔：《逻辑研究》Ⅱ/2，倪梁康译，上海译文出版社1999年版，第31页。
② 同上书，第32页。

现实对象。而纯粹的直观行为只在对内在对象意识对象的直观过程中出现，因为它意味着被意指的东西与显现的事物之间是完全一致的。

在直观中，有混合的感知组元与想象组元两种要素。据此，我们可以把感知内容划分为"纯粹的感知内容"和"补充的图像内容"。摆脱了所有图像内涵的直观叫感知，而不包含感知的直观表象则是纯粹的图像表象（"纯粹想象"）。

因此，通常的意象行为包含三种内涵："感知内涵""想象内涵""符号内涵"。而对应的意向对象则有相应的感知内容、想象内容和符号内容三种内容要素。

而意向充实是一个动态地进行的过程。在其间，意向对象并不是一下子获得充实的，而是在一个渐进的充实的序列中，逐渐获得不同程度的充实。符号行为是完全未获得充实的行为，直观行为是获得充实的行为，但依据感知和想象的成分的比例，充实的程度具有大小的区别。"对可能的充实关系的考虑表明，充实发展的终极目标在于：完整的和全部的意象都达到了充实，也就是说，不是得到了中间的和局部的充实，而是得到永久和最终的充实……只要一个意向表象通过这种理想完整的感知而达到最终的充实，那么'事物与智慧的相即'也得以产生：对象之物完全就是那个被意指的东西"。①

（二）语言表述与意义

整个 20 世纪的哲学风貌可以用哲学的语言转向来描述，分析哲学更是以对语言的逻辑分析为其哲学研究的基本方法。分析哲学家们以经典逻辑为语言分析的工具，除了弗雷格等少数人以外，他们中的大多坚持外延主义的意义理论，而否认语词除了指称之外，还有内涵意义。蒯因认为内涵意义是含混不清的，他人的心理我们无法得知。因此，他绕开意义这个难题，只谈语词的同义性，不讲语词的内涵意义。

在现象学中，语言现象的研究也是重要的部分。但就胡塞尔现象学而言，意识现象是根本性的，是现象学研究的中心问题；而语言是奠基于意识的，是较为次要的问题。因此，语言现象的研究只是导向意识现象的研

---

① ［德］胡塞尔：《逻辑研究》Ⅱ/2，倪梁康译，上海译文出版社 1999 年版，第 117 页。

究的中介，"逻辑学以语言阐释为开端，这从工艺论的立场上看是必然的"。①

　　但是，对我们的研究来说，语言现象具有其不可忽略的重要性。正如胡塞尔所说，"没有语言的表述就几乎无法做出那些属于较高智慧领域，尤其是属于科学领域的判断"。② 事实上，在我们的文化世界中，所有的科学和理论性的系统思想都必须通过语言符号来表述，思想的交流和传播对语言有根本性的依赖性，我们的主体间性世界中，语言是最主要的意义媒介。而科学理论语言的表述和其意义充实问题，则是我们研究的中心问题之一。

　　在现象学的语言哲学理论中，表述（Ausdruck）是一个基本的概念。按照现象学的意向性理论，表述性意向包含表述行为和表述相关项。表述行为是我们以语言符号表述对象的意向活动，而表述则是意义、符号和直观性内容的复合体。表述行为是一种符号行为，它是物理表述现象、意义给予行为和意义充实行为的三个方面的现象学统一体。表述的物理现象是指"表述在物理现象依据其物理方面构造起自身"③，而表述的意义给予则是给予表述以含意，如果这种含义获得一定的直观充实，则这个表述具有意义充实行为要素。表述行为和表述对象是内在关联的，不能割裂开来。正是由于表述行为，"表述才不单纯是一个语音。表述在意指某物，并且正式是因为它意指某物，它才与对象性之物发生关系"。④ 如果把表述和表述行为割裂开来，就无法理解语言是如何与意义和对象关联起来的。在表述行为中，意指行为是本质性的，不管意指行为能不能在直观中充实，只要表述在意指对象，它就在指称对象。如果表述中，空洞的意向含义得到充实，那么指称便成为名称和被指称者之间现实被意识到的关系。也就是说，在表述与其对象性的已实现的关系中被激活意义的表述与含义充实的行为达到一致。语音首先与含义意向达到一致，含义意向又与含义充实的行为达到一致。"充实的行为显现为一种通过完整的表述而得

① ［德］胡塞尔：《逻辑研究》Ⅱ/1，倪梁康译，上海译文出版社 1998 年版，第 1 页。
② 同上书，第 3 页。
③ 同上书，第 37 页。
④ 同上书，第 39 页。

到表述的行为；例如，陈述就意味着对一个感知或者想象的表象的表述。"①

　　与意向行为的这三个方面相对应，表述具有三个方面：1. 作为意指意义或者作为意义、含义整体的内容；2. 作为对象的内容；3. 作为充实意义的内容。在表述中，含义是本质性的要素。"在表述这个概念中含有这样的意思，即：它具有一个含义，如前所述，正是这一点才将它与其他的符号区分开来。因此，确切地说，一个无含义的表述根本就不是表述。"② 表述并不一定都是得到意向充实的，但是必定具有意义。如果一个没有意义的符号就是"信号"（Aneichen），它包括"标号"（Kennzeichen）、"记号"（Merkzeichen）等。这种信号只是纯粹的物理符号，只有指示功能，却没有意义。

　　语言表述是带有主观性的行为，那么表述内容的客观性如何保证呢？胡塞尔区分了客观的表述和主观的表述。胡塞尔说："我们将一个表述称之为客观的，如果它仅仅通过或者能够仅仅通过它的声音显现内涵而与它的含义相联系并因此而被理解，同时无需必然地观看做陈述的人或者陈述的状况。"可见胡塞尔设想的客观性表述中，一切主观的，偶然的因素都被排除了。在现实的语言表述中，科学理论语言，尤其是逻辑和数学的表述最能体现表述内容的客观性。胡塞尔举例说，"现时话语的状况丝毫不会影响到例如一个数学表述意味着什么。我们谈到它并且理解它，同时无需去思想某个说者"。③

　　主观的表述则为："这种表述含有一组具有概念统一的可能的表述，以至于这个表述的本质就在于，根据机遇、根据说者和他的境况来决定它的各个现时含义。只有在观看到实际的陈述状况时，在诸多互属的含义中才能有一个确定的含义形成给听者。"可见主观的表述受很多偶然的语境性因素的影响，那么语言共同体内，或者不同语言共同体间的成员的交流何以顺利进行？胡塞尔接着指出："因而，由于理解在正常的情况下随时都在进行自身调整，所以在对这些状况的表述中以及在它与表述本身的有

---

　　①　胡塞尔：《逻辑研究》Ⅱ/1，倪梁康译，上海译文出版社 1998 年版，第 40 页。
　　②　同上书，第 54 页。
　　③　同上书，第 85 页。

规则的关系中便必定包含着对于每一个人来说都可以把握的并且是充分可靠的支撑点，这些支撑点能够将听者引导到在这个情况中被意指的含义上去"。①

胡塞尔认为，"从理想上说，在同一地坚持其暂时具有的含义意向的情况下，每一个主观表述都可以通过客观表述来代替"。② 但是这仅仅是一种理想的表述情况，在实际的表述中，往往没有必要，或根本做不到把一切语境性的指示因素都消除掉。但是，胡塞尔肯定表述是可以具有客观性的，并且使我们的语言交流成为可能。

我们注意到，表述中，本质性的要素是其含义。因此，表述的客观性必须要以表述的含义的客观性为基础。那么表述的含义是否也具有主观性或者客观性？胡塞尔认为："这一点是明白无疑的：就含义本身来看，在它们之间不存在本质区别。世纪的语词含义是有偏差的，它们在同一个思想进行中常常会有变化；并且就其本性来看，它们大部分是随机而定的。但确切地看，含义的偏差实际上是意指的偏差。这就是说，发生偏差的是那些赋予表述以含义的主观行为，并且，这些行为在这里不仅发生个体性的变化，而且它们尤其还根据那些包含着它们的含义的种类的特征而变化，而含义本身并没有变化……而那种倾向于固定表述的通常说法认为，无论谁来说出同一个表述，含义都始终是同一个。"③ 也就是说，含义的客观统一性和意指行为的主观性是统一于意向性的表述之中的。这种确定是通过对语词表述的本质直观来达到的："通过对同一个术语在不同表述环境中所具有的那些变化不定的涵义的直观，我们也可以确证这个多义性事实；我们可以获得如下的明见性，即：语词在这里和那里所指之物可以存有根本差异的直观因素中获诸形态中，或者说，在有根本差异的各种概念中获得其充实"。④

对于纯粹的符号行为，胡塞尔认为，"如果纯粹符号的行为真的能够自为存在，即能够构成一个具体的体验统一，那么它将是作为质性与质料的单纯复合体而存在。但它不能自为存在；我们始终发现它是一个奠基性

① 胡塞尔：《逻辑研究》Ⅱ/1，倪梁康译，上海译文出版社 1998 年版，第 81 页。

② 同上书，第 86 页。

③ 同上书，第 94 页。

④ 同上书，第 5 页。

直观的附加"。但是，胡塞尔强调"为符号行为提供根本依据的并不是作为整体的奠基性直观，而只是它的代现性内容。因为，超出这个内容并且将符号规定为自然客体的东西可以随意变更而它的符号功能区不会因此而受到影响"。也就是说符号行为需要的是"作为那个确实存在于直观的展示性感性内容之中的构型"。①

表述所用的语言符号可以是任意约定的。在不同的语言中，甚至在相同的语言中，同一个含义可以用不同的符号来表述，但表述中发挥本质性功能的要素是表述的含义，而不是其中的物理符号。在理想的语言中，每个符号对应于唯一的表述和含义。这样，由于语词和表述符号的不规范应用造成的混乱便可消除。在一个理想的语言共同体中，表述符号确定之后，语言符号便成为透明物，主体间的交流是意义的表述与接受。在现实的语言共同体中，一旦语言框架约定之后，人们之间的表述形式的交流便能顺利进行。科学共同体中，语言有比较严格的使用，对于观察语句，通过语言和实验规则的共同约定，其意义可以直接地或者间接地在直观中得到检验；对于理论语句，无论是以数学语言表述还是物理语言表述，其本质性的含义是由科学理论本身所确定的，并不具有心理主义的主观任意的含义内容。

（三）意向充实

由前面的讨论可知，无论是在直观意向或符号意向中，都有意向意指和意向充实之间的对立关系。纯粹的意向意指只是思维和抽象的符号表述，而完全的意向充实则是在直观中意向对象被经验性质料完全充实，意向和对象之间建立了相即关系，这种充实的直观是一种真正的认识。

空洞的意向意指总是需要直观才能获得一定的充实。无论是在表述中还是在直观中，往往都是既有意向意指的部分，也有意向充实的部分，而获得充实的意向总是为空洞意向的充实提供指引。胡塞尔举例说，"例如，当一段熟悉的曲调开始响起时，它会引发一定的意向，这些意向会在这个曲调的逐渐展开中得到充实。即使我们不熟悉这个曲调，类似的情况也会发生，在曲调中起作用的合规律性制约着意向，这些意向虽然缺乏完

---

① ［德］胡塞尔：《逻辑研究》Ⅱ/1，倪梁康译，上海译文出版社 1998 年版，第 85—86 页。

整的对象规范性，却仍然得到或者能够得到充实"。①

　　意向充实在大多数情况下都是具有相对性。"客观地说，对象从各个方面展示着自身；从一方面看仅仅指示图像暗示的东西，在另一个方面却得到了证实性和完全充分的感知。"在表述中，意向充实并不充分，其中意指性的成分占重要的地位。即使是在直观中，"按照我们的观点，每一个感知和想象都是一个局部意向组成的交织物，这些局部意向融合为一个总体意向的统一。这个总体意向的相关项就是事物，而那些局部意向的相关项则是事物的局部和因素。只有这样才能够理解，一时任何能够超出真实被体验的东西之外。可以说，一时能够超出地意指（hinausmeinen），而意指可以得到充实"。②

　　意向意指和意向充实之间并不总是一致的，而是往往有差异。其中，和意向充实并列的另外一种情况是意向失实（Enttauschung），它和意向充实相互对立和排斥。认识的综合是某种"一致"的意识，而意向失实则是意指和直观间的"不一致"，直观并不"附和"（stimmen）含义意向，它与意向含义"相争执"。争执在进行"分离"，但是争执的体验却在联系与统一之中进行设定，这是一个综合的形式。如果以前的综合是一种认同，现在的综合便是一种"区分"。③

　　对于感性对象，在直观中可以得到直接的充实。但对于定义链中的数学概念如（53）4 是在诸多直观意向中一个环节一个环节构成的。对这种复杂的数学概念的澄清是通过把它回溯到充实链环节 53·53·53·53 的意义上，然后进一步回溯到 53 的意义上，然后通过定义链 5 = 4 + 1，4 = 3 + 1，3 = 2 + 1，2 = 1 + 1 来澄清 5 的意义。通过这种方式，我们得到了概念（53）4 由个位数通过加号连接而成的形式，这个形式可以称为（53）4 "的数本身"。于是概念（53）4 通过这些充实链环节而间接地得到充实。（53）4 作为在诸多表象的关系中被表象的表象，是间接表象。对于间接表象和间接充实，胡塞尔提供了一个有效性的定理："每一个间接的一项都要求有一个间接的充实，不言而喻，这个充实会在完成了一组

---

① ［德］胡塞尔：《逻辑研究》Ⅱ/2，倪梁康译，上海译文出版社 1999 年版，第 37 页。
② 同上书，第 38 页。
③ 同上书，第 39 页。

有限数量的步骤之后结束于一个直接的意向之中。"① 从（53）4 向由个位数的连接的整个回溯过程中，后一个表象都是前一个表象的对象，都是相对于前一个表象而言的真正直观。"真正的直观化在间接意向的每一个充实那里，这个充实的每一步上都起着本质性的作用。" 在这个充实链中，"整个充盈的有步骤的增长是在于，所有表象之表象，无论从一开始便被组织入的，还是新进入到充实之中的表象之表象，它们都是通过对各个被表象的表象之现实化"构造"以及对这些现实化了的表象的直观而得到充实，以至于这个主宰的总体意向连同其各个意向的相叠合相容、连同一个直接的意向，最后显现为是得到认同的，而这个认同作为整体也具有充实的特征"。胡塞尔把这种间接的充实看作非本真的直观化。而本真的直观是"要为被总体表象所表象的对象提供充盈的增长，也即是说将它以更多的充盈表象出来"。关于本真的直观和非本真的直观之间的关系可以用这样一个定理来表述："所有非本真的充实都蕴含着本真的充实，因而非本真充实所具有的充实特征要'归功于'本真的充实。"②

　　既然充实是一个序列性的过程，那么必定有充实程度的衡量标准，比如充盈的或多或少完整性、生动性、实在性的区别。对不同的直观充实阶段的划分是"通过表象之内部因素的相互关系以及它们与被意指对象因素的关系而进行的"。最基本的充实是符号意向在直观中的充实，在其中，"意向上升已是建立在充盈与符号意向之相关部分的局部相合之中"。而后，"充实的连续上升继续在直观行为或者充实序列的连续性中进行，这些直观行为以越来越扩展和上升的图像性来表象着对象……在上升中也包含着艰巨，并且包含着在关系链条中的'穿越性'，因此，如果 $B2 > B1$，并且 $B3 > B2$，那么 $B3 > B1$，而这后一个间距要比那些为它提供中介的间距更大。至少是当我们分别考虑充盈的三个不同因素，即范围、生动性和实在时，情况是如此"。在充实的上升序列中，展示性内容会越来越丰富。但是在直观的综合过程中，有可能是局部的充实和局部的失实并肩进行。③

---

① ［德］胡塞尔：《逻辑研究》Ⅱ/2，倪梁康译，上海译文出版社 1999 年版，第 69 页。
② 同上书，第 71—72 页。
③ 同上书，第 82 页。

　　由上面论述可知，在意指意向的充实序列中，直观意向具有比符号意向更高的充实程度。而在直观意向中，想象意向和感知意向具有重要的区别。想象意向无论充实程度如何，层次有多么完整，它们总基于事物的图像，永远不能变成事物本身。正如胡塞尔所说，"想象所具有的意向性特征在于：它只是一种当下化（Vergegen – Wartigung），与此相反，感知的意向性特征则在于：它是一种当下拥有（Gegenwartigung）（一种体现）"。在感知中，对这个对象的表象的完整与否，取决于感知的层次的完整性。正如在想象中充实所能达到的极限是绝对同一的图像一样，感知中充实的理想极限是绝对自身，"即是说，在每一个面、在对象的每一个被体现的因素上都达到绝对自身"。因此，"充实发展的终极目标在于：完整的和全部的意向都达到了充实，也就是说，不是得到了中间的和局部的充实，而是得到永久的和最终的充实。这个终极的表象直观内涵就是可能充盈的绝对综合；直观的被代现者就是对象本身，就是它自身所是。体现性内容与被体现的内容在这时是同一个东西。只要一个表象意向通过这种理想完整的感知而达到了最终的充实，那么'事物与智慧的相即'（Adaequatio rei et intellectus）也就得以产生：对象之物完全就是那个被意指的东西，它是现实'当下的'或'被给予的'；它不再包含任何一个缺乏充实的局部意向"。①

二　科学理论的意向性研究方式

　　不仅科学的观察实验的经验是基于主体与自然领域的意向性关联的、主体对自然对象视域的经验的特殊形式，而基于这种观察实验的经验的科学理论构成也是主体与科学理论的一种纯粹理论性的意向性的关联。因此，科学的理论构成应该是现象学研究的重要任务，一方面可以研究这种理论构成中的特殊的意向性的经验的结构；另一方面，也可以研究科学理论的意向构成的发生构成的本质机制和先验形式。

　　由胡塞尔意向性理论可知，我们的直观对象和思维对象都是意向行为的相关项和构成物。不仅科学理论的构成行为与作为认识领域的自然界具

---

　　① ［德］胡塞尔：《逻辑研究》Ⅱ/2，倪梁康译，上海译文出版社1998年版，第117—178页。

有直观的意向性关联，科学的理论思维行为与作为思维成果的科学理论模型也是一种意向性的关联与构成关系。无论是通常的认识活动，还是科学理论研究，都是属于意向行为；无论是日常的认识，还是科学的理念体系，也都是我们意向行为的构成物。因此，对于科学理论的构成行为也可以依据现象学的意向性理论研究。科学是作为主体的人所进行的一种精神活动，正如胡塞尔所说，"因为真正的自然按照其意义，按照自然科学的意义，是研究自然的那个精神的产物，所以它是以精神科学为前提的。精神按其本质能够进行自身认识，并且作为科学的精神，能够进行科学的自身认识，而这是可以重复进行的。只有在纯粹精神科学的认识中，科学家才不会遇到它的成就将自身隐蔽起来这样的抵抗"。①

　　与经由科学的观察实验基于技术性的间接经验形式而建立的科学家与自然对象领域的具有间接性的意向性关联的类型不同，科学的理论构成所涉及到的意向性关系则是比较纯粹的以意识意向性为主的理论意向性关系。科学理论构成的意向性关系具有双重性，理论构成行为一方面是指向作为给予经验的来源的经验视域，另一方面指向作为构成结果的科学理论。在科学的理论意向性的构成中，理论意向性所指向的经验视域，不仅包括给予直观经验的自然世界视域，还包括一切相关的知识性的经验的视域，如科学理论构成的视域不仅包括最基本的日常生活世界的直观经验和科学的观察实验的经验，还有沉积在生活世界之中的以往的科学和生活所提供的背景知识，而且作为科学成就的成熟的科学理论也属于科学的理论构成的经验来源，甚至科学以及哲学关于自然和世界的时间、空间、因果性、物质等最为基本的观念（对应于胡塞尔所谓的区域本体论范畴）以及关于数学和逻辑的基本观念（对应于胡塞尔的形式本体论范畴）也属于这样广阔的经验视域。如果把科学理论的构成行为看作一种立义行为，那么这是一种数学化、抽象化地构成化的概念框架的意识行为，这种理念化的意向构成形式截然不同于直观经验的意向行为。作为这种理念化的意向性构成行为最终立义并指向的意向相关项，科学的理论是一种抽象的理念化的概念框架构成的理论模型。而科学理论构成的理论意向性所指向

————————

① ［德］胡塞尔：《欧洲科学的危机与超越论的现象学》，王炳文译，商务印书馆2001年版，第401页。

的、由这些直观经验和理论知识构成的综合性的经验视域，对于新的科学理论的构成而言，仍然是具有给予经验性、知识性的质料的性质。另外，由于科学的观察实验是科学家与自然的一种兼具理论性与实践性的意向性关联，因此，经由科学的观察实验对科学的关联而使得科学理论间接具有了与自然领域的意向性关联。

现象学对于科学理论的构成形式的研究，应该忽略那些具体的经验性的、事实性的构成的细节而去关注理论的意向性构成的先验的发生机制和本质结构。胡塞尔认为，"只有通过回溯到先验纯化意识中的直观根源，现象学才向我们阐明，在我们有时谈到真理的形式条件，有时谈到认识的形式条件时，其真意何为，普遍讲来，它的本质和本质事态；它教导我们理解判断活动和判断的结构，意向对象的结构在认识上被确定的方式。在这方面，'命题'怎样起到它的特殊作用，以及它的认知'充实性'的不同可能性。它指出什么样的充实方式是明见性的理性特性的本质条件，在各种事例中什么样的明见性种类是有关系的，如此等等。现象学特别能使我们理解，先天的逻辑真理与命题的直观充实的可能性（纯逻辑的形式）之间的本质关联有关，而且同时，每一可能性都是可能的正当性的条件"。[①] 通过借助于现象学的本质直观的方法，对于科学理论构成的历史事实、思想和科学理论形态的演变，才可能在变化的事实性材料中阐明科学的理论构成内在蕴含的先天地具有不变性的本质的结构和形式。

（一）科学理论的语言分析研究的困难

在这里，我们首先面临的问题就是像数学、逻辑和精密自然科学这些向来被认为不依赖于任何人的心理活动、经历无数的逻辑或经验的检验的"客观科学"如何成为主观的意识活动的产物？其次，二十世纪哲学的主流为了要摆脱近代心理主义对哲学的影响，撇开了主宰近代哲学的意识和心理的东西，而进行了哲学的"语言转向"，目的是克服近代心理主义带来的模糊不清和相对主义，而把研究的重心放在逻辑和语言维度上。胡塞尔本人也在《逻辑研究》时期对心理主义进行过深刻的批判，认为心理

<hr/>

① ［德］胡塞尔：《欧洲科学的危机与超越论的现象学》，王炳文译，商务印书馆2001年版，第306页。

主义是近代科学危机的主要原因之一，心理主义必然导致相对主义和怀疑主义。① 那么如何理解胡塞尔的意向性理论主张把意向行为和意向相关项关联起来考察，并做对等的研究？

其实，在胡塞尔看来，现象学并不是研究心理学现象，而是研究意识行为的本质性结构；意向对象虽然是意向性行为的对应物，但现象学研究的是意识对象的本质规定，而不是其感性内容。因此，对意识现象的现象学研究并不会导致心理主义。

实在论者会质疑说，即使对意向行为的现象学研究不会导致心理主义，但数学对象、逻辑对象和成功的科学理论对象都是客观存在的，我们的任务是要发现它们，而不需要研究它们是如何在意识中出现的；彻底的经验论者或工具主义者会说，逻辑、数学和自然科学的理念是我们的主观任意构成的，但它们只是我们的解释现象的工具，并不具有实在性，我们有何必要研究它们？逻辑经验主义和大多数现代经验论者的语言转向把语言和逻辑从它们产生和运用的行为中割裂出来，作为一种独立于任何认识活动的对象进行研究，只对科学理论进行逻辑构造，而不去追溯语言和逻辑自身的更深层次的基础和根据。

按照意向性理论，逻辑、数学和语言都不是孤立地存在于我们的意向行为之外，而是在意向行为中构成出来的。数学家和逻辑学家，还有自然科学家，虽然他们的理论无一例外都是意向构成的对象，但不通过一种反向的反思性行为，他们终究不能意识到他们的认识行为本身的根据和机制。成熟的科学理论都是公理化的，甚至是形式化的。但这是经过科学家们的抽象和分析得到的，并不是科学认识的原初的对象。由此，科学家们形成了一种假象，认为只凭抽象和分析就可以得到科学的真理。但他们往往忘记了，抽象化分析、公理化和形式化并不是凭空产生的，而是在已有的理论认识或者理论形态的基础上进行的。逻辑经验主义进行逻辑重构时，采用的形式化和逻辑构造的理论形式并不是科学理论的初始形式，而只是对已有的科学认识的成果进行逻辑重构，这种重构并不能解释认识的真正来源和根据，不能澄清科学自身的认识论问题。而现象学所揭示的事实是：意识对象总是意向行为的对应物，意向行为的样式和本质决定了意

---

① 胡塞尔认为心理主义必然走向相对主义，参见《逻辑研究》I 和《危机》中的论述。

向对象的类型和特性，只有通过对意向行为的研究，才可能更为彻底地把握意向对象的本性和意义。

对科学理论进行这种意向性研究的更为根本的理由在于这样一个问题：主观的意向构成行为如何产生具有客观性的科学理论？借用康德的表述方式，问题则为：科学理论的意向构成如何可能？也就是说我们需要揭示客观科学在意向行为中的根据，以及科学理论在意向行为中的构成机制和方式。

现象学的这种问题，康德也曾经面临过。康德以其先验认识形式对经验性材料的综合统一的方式来解决这个问题。但康德的解决方案是不能令人满意的：科学理论的理念体系，并不是来自先天直观形式和知性范畴，也不是来自经验性的质料，而是意向构成行为的产物。正如皮亚杰所说，"如果局限于对这个问题的古典论述，人们就会只能问：是否所有的认识信息都来源于客体，以致如传统经验主义所假定的那样，主体是受教于在他以外之物的；或者相反，是否如各式各样的先验主义或天赋论所坚持的那样，主体一开始就具有一些内部生成的结构，并把这些结构强加于客体"。①

对于这个问题，皮亚杰这样认为："认识既不能看作是在主体内部结构中预先决定了的——它们起因于有效的和不断的建构；也不能看作是在客体的预先存在着的特性中预先决定了的，因为客体只是通过这些内部结构的中介作用才被认识的，并且这些结构还通过把它们结合到更大的范围之中（即使仅仅把它们放在一个可能性的系统之内）而使它们丰富起来。"② 皮亚杰在这里所说的主体的内部结构并不是类似于康德的先天直观形式或知性范畴，而是一种发生心理学的建构的产物；它不是一种经验性的构成物，而是具有一定的稳定性；它们都是对应于发生认识论的构成的某些阶段。按照皮亚杰的本意，他也想描述出类似于胡塞尔的意向行为的本质结构的东西，只不过在他那里，称之为发生心理学的知识建构模式。从现象学的角度看，皮亚杰所说的建构活动中所强调的运算和转换，带有先验意识的综合的意味；皮亚杰所说的这些结构，有些对应于发生现

①　［瑞士］皮亚杰：《发生认识论原理》，王宪钿等译，商务印书馆，第22页。

②　同上书，第16页。

象学所设想的意向构成的本质性的结构，有些则属于经验性的结构。但皮亚杰的发生心理学仍然带有强烈的心理主义的色彩，并没有能说明这些建构模式在科学认识的发展中是否具有其不可替代的必然性；他对这些结构的把握也是靠所谓的"抽象反省"而获得，并没有提到本质直观的方法；与此相应，他描述这些建构模式用的是数学和形式逻辑的语言，并没有提升到现象学的本质性描述的层次上来。

皮亚杰也强调建构活动先于主客体而存在，"一方面，认识既不是起因于一个有自我意识的主体，也不是起因于业已形成的（从主体的角度来看）、会把自己烙印在主体之上的客体"，但是，皮亚杰虽然在很大程度上克服了近代哲学主客二分的认识论框架，强调在认识论上，"从一开始就既不存在一个认识论意义上的主体，也不存在作为客体而存在的客体，又不存在固定不变的中介物"（认识的格式或建构的模式），但并没有完全摆脱近代主客二分的认识论框架，认为"认识起因于主客体之间的相互作用，这种作用发生在主体和客体之间的中途，因而同时既包含着主体又包含着客体，但这是由于主客体之间的完全没有分化，而不是由于不同种类事物之间的相互作用"。① 可见，皮亚杰的发生认识论还是预设了世界和人的在先的存在性，认识则是主客之间的相互作用的结果。

（二）科学理论的意向性研究方法

由于康德的解释和发生认识论的解释都具有很多困难，现象学则要提出一种彻底的解决方案，要求不做任何预先的理论假设，而从现象出发，通过本质直观的反思发现认识本身的机制。

首先，现象学要求我们一开始悬置对世界、自我和他人的存在信念，不能以主客二分的信念来解释我们的意识行为。在先验现象学中，先验自我意识，或者说意向性行为，意向构成了世界和心理自我，也是先验还原的最后剩余。没有一个预先存在的认知主体，也没有先天固有的时空形式和知性范畴。一切认识和对应的认知模式，都是意向构成的；在认识进行的不同阶段，相应地有不同类型和层次的意向行为样式，这些模式是发生构成的意识本质性结构。所有的人类认识，既不是外部世界在意识中的烙印，也不是理性所固有或天赋的知识，而是先验自我意识的构成行为中生

---

① ［瑞士］皮亚杰：《发生认识论原理》，王宪钿等译，商务印书馆，第22页。

成的，是意识活动产生的。研究科学认识如何可能的问题，就转变为研究意向行为的构成能力的问题，以及意向行为构成科学知识的过程和机制问题。

胡塞尔以及之后的现象学家们通过本质直观的方式，揭示了意识结构的一些本质性结构，如意向性结构、意向性构成的不同阶段和每个阶段中不同的意向构成样式和模态等。但传统现象学家们主要是研究一般的意向行为，以及本质性科学的对象的构成，例如数学、逻辑学、质料本体论等。对于经验自然科学理论的构成，很多现象学家一般认为这并不是现象学研究的对象，因为在这些现象学家看来，经验自然科学并不是本质科学，它的一切理论都是经验性的，不具有纯粹的必然性，也就不是本质直观的方法所适用的范围。现象学所能揭示的，只能是作为和经验科学相对应的各门本质科学的本质性范畴和规律，再以这种本质性的科学为各门经验科学奠定思想基础，赋予其作为哲学的独特的分支的意义。

但作为客观科学的经验科学，虽然总是处于不断的演进之中，并不具有固定的理论形态和永恒真理，但它们却并不是任意的心理构成物，而是在各自的对象领域具有经验性的普遍性；随着经验科学的发展，各门具体科学越来越多地显现出其自身的统一性和各门科学分支之间的融通性；客观科学的形态也不是完全偶然的，而是一种不断地向更高的阶段和形式整合的过程，科学呈现出一种趋向更普遍的真理性体系的目的论趋向；各门客观科学呈现出一种走向一种具有强大的解释力和客观性的统一科学的趋向。我们通过对科学史的研究，发现客观科学在其表面的偶然性的历史事实性之下，显示着它们具有某种认知的样式和其内容的本质性规定。因此，科学认识活动是意向行为的一种本质性的样式，必定具有其本质性的意向结构；而客观科学理论，作为意向行为的相关项，也可以作为本质直观的领域。

科学理论作为意向行为的相关项，具有其纯粹的或经验性的普遍性和客观必然性。它们并不是对经验性材料的归纳和总结，或者仅仅是对经验性的概念的抽象构造，而是一种意向性的综合的产物。它们是一种纯粹理念性的抽象语言结构，在观察经验中并没有对应物。经验论者通常认为它们是纯粹的抽象的产物。但正如前面已经论述的，这种抽象的分析和形式化，总是已经以先验自我意识的综合为前提了，没有意向综合建立的统一性，抽象和分析是无法进行的。这种抽象是一种精确化的理念化过程。

科学的每一种新的理论并不仅仅是对以前理论的扩展或者局部修正，而是一种全新的构成，科学革命前后的研究范式的基本概念和理论都有巨大的差异；在不同的范式框架中，看似中立的观察经验也得到不同的解释，或者说就是不同的观察经验。前后相继的范式并不是截然不同，而是先前的理论和问题往往在新的范式中具有一定的对应性内容。因此，科学理论的意向构成，对前面的科学理论和问题既有一定的继承性；但又并不是一种线性的外推，而是一种在更高层次上对前面的构造成果的一种综合性的整合活动；新的理论具有更高层次的统一性和对现象具有更为系统的解释力。因此，意向综合是一种不断地由基础性的意向材料构造高级的意向对象的活动，逐渐获得综合性越来越高，越来越普遍的理论。

在《经验与判断》中，胡塞尔系统地描述了经验和逻辑对象的发生学构成。意向构成是以世界视域为前提的，从内在时间意识的构成行为开始，通过前谓词阶段、谓词阶段和普遍性对象和判断的构成这三个阶段，获得了具有不同程度的普遍性对象和判断。在对象的发生构成过程中，后面一个阶段的构成必须奠基于前一个阶段的意向构成，后一个阶段的意向对象是对前一个阶段的意向经验的综合的产物，但却具有一种新的意义在构成中产生，形成了新的意向对象。因此，意向构成既不是一种经验质料的堆积，也不是无中生有的创造行为，而是一种意向性的综合。

因此，科学认识的成就和机制并不是经验论所想象的那样简单，而是具有一种理性上的先天根据，这种机制必须要在现象学的意向性理论的基础上才能得到深入的阐释和揭示。这种阐释和揭示必须要通过对相应的意向构成行为的考察才能完成。

在研究中，我们必须始终以意向性理论为指导，把意向行为的本质样式和转化机制的研究与科学理论的本质性规定、其理论的意义、其客观性根源等结合起来进行研究。因为，按照现象学理论，意向性的这两个方面是平行和对应的，由前者的样式研究可以导向后者的样式来。我们关注的中心是科学理论客观性的根据和意向构成的机制问题。

第六节 对科学理论的历史的发生
构成的现象学分析

科学自身的形态和知识体系的发展，并不是一种静态的不变的结构，而是在一种发生构成过程中，不断由初级向高级发展的过程，每一种认识模式都是在科学发展的某一阶段形成的，但确有一种内在的必然性，后面阶段的认识模式是对先前阶段认识模式的综合统一，也是此前认识内容的整合过程。

皮亚杰认为科学发生史对应于儿童的心理发展史，因此可以把心理发生和科学的历史批判进行对比研究，以研究科学认识的本质性发生学机制。在现象学看来，这些现象应该是发生现象学的研究内容。现象学应该从我们的文化世界中、认识的历史发生过程中，通过本质还原，揭示认识发生的本质性机制和结构，追溯科学理论在前科学的生活世界中的意义来源。

一 从发生现象学研究科学理论的构成的可能性

就现象学来说，胡塞尔并没有建立起一门成熟的发生现象学来描述人类认识发展的各具有本质必然性的阶段和每个阶段意向行为的本质样式。只有在《经验与判断》中，胡塞尔以先验逻辑学的方式，讨论了对象和判断的先验逻辑构成机制。对于客观科学的发生学构成，现象学更是缺乏深入的探讨和研究。因此，我们可以设想通过参照皮亚杰发生心理学的理论成就，挖掘和发展现象学关于科学认识中的发生构成理论，由此推动对科学理论的发生构成的研究。

在《经验与判断》中，对象经验的构成经历了前谓词阶段、谓词阶段和普遍性阶段等一系列的环节。但这种过程，是一种意向构成的先验逻辑的机制，揭示了逻辑对象的意向构成的机制和过程，描述了一个阶段意向构成的本质样式和意向性模态。因此，这种意向构成过程中环节的次序是指构造的逻辑顺序的先后性，表示高级阶段的构成必须建立在较低层次的意向构成阶段的基础上，而不是指这些构成阶段在时间上的顺序。所以，在胡塞尔的先验逻辑学理论中，至少是在《经验与判断》和《形式与先验的逻辑》等著作中，胡塞尔并没有描述一种历时性的发生构成过程。可以说这种先验逻辑学的构成并不具有时间性的特征。

那么在胡塞尔设想的发生现象学中，意向对象的构成究竟是像先验逻辑学中这样，是一种逻辑性的发生构成，还是一种真正的历时性的发生构成？按照胡塞尔的设想，发生现象学必须解释历史文化中的现象发生和主体在文化世界中的构成。那么，发生现象学应该是具有一种历时性的结构形态。但现象学并不是要采取一种历史学式的方式研究哪个具体对象或概念在历史上的事实性发生过程，而是要系统和全面地揭示出各种不同类型和等级的对象在历时性的过程中的一种本质性的发生构成的普遍机制和构成的本质模式，各种具体的历史文化产物只是这种发生学构成的事实性的例子。

对于客观科学概念和理论的历史演进，我们可以从科学思想史中找到大量的具体生动的例子。而且从科学演进的模式和总体趋势中，我们可以看到一种客观的规律性的东西。在皮亚杰看来，科学的基本范畴、概念和理论形态的发展具有一种本质规律性。这种规律性早已在科学史上呈现出来，而我们只有通过一种抽象反省，才能获得对它们的本质性认识。并且，他认为这种反省抽象的形式必须以形式化方式表述才能准确地描述。

皮亚杰在其《心理发生和科学史》中系统地描述了科学史上，科学概念和理论形式在不同的历史阶段的演化的本质性形式，并且对最基本的范畴和规律的历史演化做出了细致的分析。皮亚杰是通过所谓反省抽象的方式，以抽象的数学语言描述这些概念和理论形态及其演进过程。通过皮亚杰的杰出的工作，我们看到科学发展并不是一种由社会的和心理的外在因素引发的任意的构造，而是遵循着一种知识的形式的演化的规律性。这种演化规律具有一种内在的必然性，为各门科学的发展过程中所普遍遵循。

二　科学理论的历史发生与发生现象学构成之间的对应关系

那么，客观科学演化所具有的这种本质规律性是如何可能的呢？它和对客观科学演化的发生现象学的研究又有什么关系呢？皮亚杰所描述的这些理论演化形态有没有本质性呢？我们将要从现象学的角度进行阐述。

发生现象学研究对象的历时性的发生构成，但通过本质还原，历史性的经验质料被排除，得到的是对象构成的本质性的机制和演化形态。也就是说，本质还原的过程其实是把历时性发生中的时间性因素排除掉，而获得一种逻辑性的本质机制和过程。它并不是必须以某种历史发生的整体过程为研究对象，而是研究某个对象领域中的发生构成方式和机制。

而科学思想史则是研究科学整体或者某个分支的概念或者理论体系在历史中的演化过程。这其中不仅有理论的形态变更或者理论间的逐渐替代，而且科学中最基本的范畴和概念都会发生变化，有时甚至是质性的变化。即使科学发展具有其内在的连续性，但显然，它的对象是一系列不断变更的概念和理论体系形成的流变体。虽然我们可以采用类似于皮亚杰的做法，对科学史中概念和理论演化的本质形态做出系统的刻画，甚至采取现象学的本质还原方式，揭示其本质性的规定和规律。但由上面论述可见，科学史的这种批判式研究的对象是科学上的某些概念和理论演化过程，而发生现象学所研究的则是某种对象或者某一类对象的构成的逻辑机制。把它们结合起来进行研究的合理性在哪里？

在皮亚杰看来，科学史中科学的基本范畴和理论形态的演化与发生认识论所揭示的心理发生过程具有某种内在的对应性，他在其《心理发生和科学史》①中系统地分析了这种对应性。如果他的这种理论是成立的，那么对我们把科学史批判性研究和对科学理论的发生现象学研究进行比对研究是非常有启发性的。

通过皮亚杰和他的合作者的研究发现，儿童在解决问题时的许多行为表明，发生认识论所揭示的那些认识机制是十分普遍的，它们对数学和物理学思想的某些发展的历史顺序的深入研究具有启发意义。它们的研究并不是把科学发展史和个体心理发生做一种简单的类比，而是"力求证明在概念体系的范围内，一个历史时期到下一个历史时期转变的机制是否类似于一个发生阶段到下一个发生阶段转变的机制"。②通过他们的研究发现，儿童心理发生的机制很类似于科学史上前后相继的思想家提出的科学理论的机制。例如儿童关于运动的传递给出的连续解释，类似于亚里士多

①　［瑞士］J. 皮亚杰，R. 加西亚：《心理发生和科学史》，姜志辉译，华东师大出版社 2005年版，第 17 页（以下简称为《心理发生和科学史》）。

②　同上。

德到比里当和贝内德蒂对动量做出的解释。认识的过程是一个从低级到高级的不断发展的过程，在认识发展的高级阶段，那些较低的认识阶段并不是不起作用了；而是认识的每个阶段，都会重新组织从先前阶段继承的东西，先前的东西被部分地整合到高级阶段的认识中。"在历史—批判认识论和发生认识论之间有共同性的主要理由是：尽管使用的材料相去甚远，但这两种分析迟早都能在所有阶段发现不仅仅在主体和客体的基本相互作用中，而且也在前一个阶段决定后一个阶段的方式中类似的工具和机制的问题（抽象等）。正如人们将看到的，这等于提出了一般的、一切认识发生共有的相同问题。"①

　　根据皮亚杰在上述著作中的有力论证，我们似乎可以确定，概念体系的心理发生和科学史概念体系演化具有某种类似于胚胎学中胚胎发育和生物演化史的对应性。我们必须从现象学的高度论证这两者之间的关系，并且需要克服发生认识论所带有的心理主义色彩，研究发生现象学和科学史批判的对应关系。

　　和皮亚杰的发生认识论类似，现象学也认为一切认识及其形式都是意向行为中构成的，并没有预先规定的范畴和形式。按照发生认识论，个体的认识形式也不是一开始就处于现代科学的认识形式这样高级的阶段，而是在历史的发生中形成的。也就是说，对于个体来说，虽然一开始就处于一个既有的历史文化世界中，以往的科学的概念体系和认识方式都是既有的存在对象。但个体自身的认识能力和方式的发展需要在一个时间性的过程中逐渐发展，需要经历一个类似于科学概念体系的历史发展那样的诸阶段的相继发展的过程。那对于现象学来说，意向综合的诸阶段是不是也是在一种时间性的过程中逐渐发展出来的？在《经验与判断》中，意向构成并没有体现出历史性发生的特征，而是体现为意向构成的逻辑环节。但就现象学本身的精神来看，现象学并不强调意向行为模式具有先天确定性，或者是自在存在的。那么意向性的本质结构怎么得来的呢？我们可以换一种角度来思考：按照意向性理论，意向行为和意向相关项具有内在的关联性，二者具有对应性和平行性。当我们不能从意向行为端得到明确的

　　①　［瑞士］J. 皮亚杰，R. 加西亚：《心理发生和科学史》，姜志辉译，华东师大出版社2005年版，第4页。

结论时，我们转而从意向对象的特性来考察这个问题。

　　意向对象是意向行为的结果，但其客观性并不依赖于构成行为本身的主观性；纯粹的意向对象具有其本质规定性，胡塞尔称这种对象为艾多斯。但这种本质对象既不是唯名论的抽象的产物，也不是柏拉图的自在的相，而是作为意向性综合的产物的本质性对象。它的构成方式是主观性的，是在具体的时间性的意向经验中产生的，但其本身却具有不依赖于经验质料的本质规定性。同样，我们可以把意向行为的本质性结构和对应的意向相关项的本质特性相类比。发生现象学中的意向综合的各个阶段都具有其本质规定性和内在必然性，是认识实践这种目的论活动的必然性发展的产物，但它们却不是像康德的先天直观形式和先天知性范畴那样，是先于认识行为而先天固有的，而是在历史性的认识行为中逐步形成和不断发展而来的。类似于意向行为的主观性，这种意向行为样式的具体发展，具有事实性的偶然性特点，但意向行为的本质性结构却和本质性的意向对象一样，具有其内在的必然性和本质性。意向行为发展的历史性的偶然性与意向行为发展的阶段和其相继性具有其本质必然性并不是矛盾的。正如意向构成是实现作为"隐德来希"的本质性意向对象一样，历史中的认识发生过程也是意向行为由低级向高级发展的实现形式。

　　这也就是说，现象学的意向构成的本质结构并不是一种先天的、静态的意向行为样式，而是在历史性的意向行为的过程中逐渐发展而成的，这种发展其实是对意向行为的可能性的样式的一种实现。① 虽然这种构成过程带有经验性的形态，但一旦实现出来，就会在认识过程中具有其本质性的必然性和不变性。这种意向构成样式的实现，是在作为类的历史性科学理论实践中逐渐形成的。用现象学的表述来说，意向行为的诸本质性样式和阶段都是在主体间性的历史文化世界中形成的，而不是在一种具有唯我论嫌疑的孤立的意识生活中先天具有的或者是自发形成的。这样看来，发生心理学中儿童的认识形式的发生模式，确实是在类的认识发展过程中逐步发展过程的再现。

————————————

　　① 皮亚杰揭示科学认识中意识综合材料形成新的认识的本质形式具有层次性，并在科学的发展中由低级到高级逐渐展开；胡塞尔并没有明确论述这样的观点，但既然一切意向构成形式都是在科学的认识实践中通过意向行为实现出来的，那其本质性形式在科学发展的不同阶段发生学地展开在理论上讲是完全可能的。

鉴于科学认识形式的历史发展和发生现象学所描述的科学理论构成机制具有内在的亲缘性和逻辑机制的类似性，我们可以把这两者结合起来研究。相对于科学家们进行科学理论构成的意向行为来说，科学理论所体现出来的理论思维的形式更容易被把握，而个体意识中的意向构成的研究总是面临很多困难：意识活动好像并不像胡塞尔设想的那样，对反思性直观是完全透明和清晰的，因此我们需要借助于诸如皮亚杰的通过科学史研究方式进行的历史—批判认识论来补充对科学理论演化的发生现象学的研究。①

我们在研究科学理论构成形式及其本质性特征时，并不以历史上哪一个具体的理论及其特殊的形式为研究的目标，我们需要研究的是在整个科学史中体现出来的概念体系构成的普遍的意向行为的机制和样式，以及它们由低级到高级的演化的本质形式和机制。因此，我们要研究科学理论的本质形态及其在科学发展史中形态的演化的本质性样式及其转化的机制，进而探究其对应的理论构成的意识行为的样式。

但是这种"历史—批判认识论"式的研究要以现象学的一般理论为指导，才能避免研究像发生认识论那样带有强烈的心理主义色彩，同时克服其主客二分的传统认识论框架。发生认识论借用数学—逻辑的形式化的模式来刻画科学理论建构的基本形式，这是剔除了经验性因素而得到的纯粹形式化的描述。但在现象学的角度来看，皮亚杰的态射—范畴的数学—逻辑模型还是比较僵化的，并不能完全解释认识由低级向高级演进的过程中，意识行为本身所具有的积极综合的作用，也不能解释发生认识论的发生整合行为是如何可能的。而这些困难都要在现象学对先验自我意识的综合统一能力的研究的基础上才能予以本质性的揭示。

通过我们本节的研究可知，科学现象本质是意向性的，科学理论是科学认识的意向构成行为的产物，是以语言框架表述的意向对象。而科学认识现象是意向性的构成行为，可以通过现象学的方法考察其构成的机制和样式。正如胡塞尔所认为，只有把意识对象和它的意向构成行为关联起来进行哲学的反思，才能揭示认识本身的秘密；科学首先是人的认识实践，

---

　　①　现象学在研究科学理论的发生构成方面还处于初步阶段，皮亚杰关于科学发展的各个阶段认识方式的逐级发展的研究成果可为以后的现象学家所借鉴。

科学理论必须奠基于这个认识行为，所以，我们必须要使科学理论和它的意向构成的机制和样式联系起来才能对科学理论的本性获得彻底而全面的考察。

第七节 结 论

本章是基于先验现象学的基本理论框架以及自然科学的相关背景知识，对自然科学现象学的观念的一个概要的阐述和论证。首先通过对自然化现象学观念的分析与批判，引入自然科学现象学的概念，并对其基本含义进行初步的阐明。进一步的工作是从理论上论证作为对科学的一般性现象学研究是否可行的问题。在论证了自然科学现象学作为一门以自然科学及自然的现象和经验为对象域的现象学分枝的合理性与可能性之后，对于自然科学现象学的先验现象学的理论奠基以及作为分析的前提的基本概念框架进行了概要的阐述，并在此基础上阐述了如何从意向性问题的分析框架论述自然科学现象学研究的主要主题以及内容。

如前所述，对于经典现象学家胡塞尔和梅洛—庞蒂等人而言，作为对主体性与世界的经验的一种彻底的哲学反思，先验现象学的研究必然会下降到生活世界的历史之中，去研究作为我们生活世界的基底层次的自然世界，也会研究作为科学共同体的传承的事业的科学的历史发生构成的先验机制、意向性结构和本体论问题等。问题在于，基于以往现象学家们对科学的现象学奠基问题的研究，当今的现象学研究如何把科学乃至自然作为现象学研究的主题？

近年来自然化现象学的研究的兴起为现象学切入对自然科学以及相关的自然现象的研究提供了启发，但也有值得反思和纠正的问题。自然化现象学的一系列研究，开拓了现象学研究的领域和视野，证明现象学与经验性的科学的对话以及合作研究具有可行性。但是自然化现象学的问题在于，在现象学的第一人称立场的研究和立足于第三人称的自然主义立场的经验性科学的对话中，是立足于自然主义的理论预设和分析框架来理解和分析现象学的理论资源和所提供的直观经验的数据的。这种研究的进路或许对于认知科学的研究有启发性，但却放弃了现象学的基本立场和基本原则，有使现象学自然化而成为自然科学的一章的可能性。因此，在某种程度上，这种倾向于自然主义立场和自然科学解释框架的所谓自然化的现象学的立场应该被批判，现象学应该立足于自身的原则和基本理论而建立独立于自然科学但又可以与自然科学对话的、关于自然科学以及自然的经验和现象的研究。

为了澄清自然化现象学问题所涉及的现象学与自然主义两种立场的根本区别和现象学对自然主义的批评态度，在本章第一节中首先回顾了胡塞尔对自然主义的批判。现时代的自然主义，主要是与自然科学相关的、科学主义的自然主义，这是对自然主义批判的重点。自然主义的科学主义立足于其自然态度的预设立场，塑造了错误的关于自然科学的理解框架和关于自然的谬误的观念，而这些观念和理解在关于认知的研究和心灵哲学等领域仍然广为流行，因此在当今，对于种种新版本自然主义的批判仍然具有其澄清思想的重要意义。

这里所设想的作为研究自然科学与自然现象的现象学的新的研究领域称为自然科学现象学。前文之中，对于自然科学现象学的观念的阐明，首先是对其基本观念的分析，自然科学现象学可以看作是对自然化现象学的观念的现象学改造，是现象学与自然科学对话的普遍化和彻底化。这种对话对于现象学而言，应该是从现象学的视角出发分析和审视自然科学的理论预设以及观察实验的发现，通过现象学的概念框架和方法的重新理解，使之成为现象学分析自然科学的认知形式和经验以及理解自然的中介和材料，进而对这些自然科学及自然领域进行现象学的分析和阐明。在此基础上，对于自然科学现象学的论证的部分主要分为以下两个方面：第一个方面主要是从现象学的基本理论上论证先验现象学是否可以考察科学的经验以及相关的自然现象领域，以现象学的视角和理论框架去系统地分析和澄清科学研究中的重要哲学问题是否可行；第二个方面是从科学的观察实验的方面论证科学的观察实验的经验是与主体性意向相关并成为现象学分析的经验的领域。这两个方面的阐述和论证显示，科学研究领域的理论和观察实验的现象和经验与主体有意向相关性，科学的观察实验是主体与自然对象之间的意向性的关联，科学理论的构成也是意识的理念化的意向行为，不仅自然对象领域作为意向对象的整体与主体性相关，而且科学理论也是意识行为的意向相关项，因此，无论是科学的观察实验对世界的显现和认知还是科学理论对自然领域的抽象的理念化的把握，都可以被纳入现象学的意向性的意识和经验的结构之中进行现象学的分析。

对于自然科学现象学的研究进路，一方面是对科学研究中的意识结构与意向性经验的现象学分析；另一方面是对于作为生活世界之中的特殊认知传统的科学的历史性的发生构成的阐明，还有对科学理论所涉及的本体论、意义和真理等问题的分析。为了阐明这些基本问题，还需要预先分析那些为科学研究奠基的基本问题，如首先是对作为奠基性问题的科学在生活世界之中的先验起源的分析，进而会涉及对生活世界问题的分析；而生活世界是主体间性的经验领域，因此需要回溯到先验主体间性问题的分析；而最终需要基于先验主体性的原初意识结构的层面去追溯先验主体间性的起源；因此，最终需要对先验主体性的原初给予的意识及其内在时间意识的先验构成结构进行分析。通过这种基于先验主体间性的分析和论证，使得自然科学现象学最终可以奠基于先验现象学。由此，基于先验现象学视角的理解，科学的先验主体间性的维度以及科学在先验的生活世界之中的意义起源将获得阐明，对科学的意义的合理的阐明，对科学主义的谬误的揭示，将使得对"欧洲科学危机"和人类精神生活的危机的克服得以可能。

第二章 先验还原:由科学的理念世界到先验主体性

胡塞尔在《危机》中对于近代科学的起源和发展的分析中谈到,近代自然科学以对自然的数学化为前提而构成理念化的科学理论的体系,并用这种抽象化的理论模型去解释和预测生活世界之中的现象和事态。由于科学在其预测自然现象和技术化应用中获得巨大成功,因此导致对科学的自然主义式的理解普遍盛行。在本体论的层面,很多人都误认为科学理论揭示了比直观经验的世界更为真实的世界,并用科学的抽象化的理念框架去理解直观的生活世界中的事情,用胡塞尔的话说,是为生活世界披上了理念的外衣。在方法论的层面,科学主义把自然科学的方法论外推为一切获取和检验知识的合理性的唯一标准。这种自然主义的科学主义、客观主义的流行,导致科学在生活世界之中的主观性的意义起源被遗忘了,这导致了欧洲科学的危机和人类精神生活的危机。

在当前关于科学的哲学反思中,自然主义支配着大多数的哲学家。但自然主义的哲学家们并没有意识到这种危机,反而鼓吹哲学的自然主义化、向科学看齐,这实质上是对于这种危机起着推波助澜的作用。然而,仅仅追随和模仿客观科学,并不能使哲学真正沉思科学、理解科学。胡塞尔所说的"欧洲科学的危机"和"欧洲人的危机",并没有随着当代自然主义哲学的兴盛而消解,而是变得更为严重了,严重到我们对这些问题视而不见。站在自然主义立场,这种危机是根本无法克服的。因为科学危机的根源就在于自然主义本身:理念化了的客观科学世界遮蔽了生活世界,科学理论的本体论谬误则彻底抽离了科学的真正根基,最终导致科学和整个人类生活的危机。然而,这种危机不是自然科学本身造成的。伽利略早就申明,科学解释现象,但不探究自然背后的本质。危机的真正根源于,自然主义不但不能在哲学反思的层面超越科学而真正理解科学，反而以极致的方式歪曲了科学的形象，导致人类精神生活的危机。

要克服这种由科学主义、客观主义带来的危机，就需要从先验现象学的维度彻底反思近代以来的科学，并澄清它与生活世界的意识生活的关系。胡塞尔在晚期才正式发表的生活世界理论的主要动机之一就是要反思科学的意义来源，并使科学理论体系所构成的理念化世界奠基于生活世界而获得其意义来源和在生活世界之中的先验奠基。

而生活世界本身也具有其先验的维度以在先验主体性层面的奠基，因此对科学的现象学反思必须基于先验现象学的反思，并最终通过先验还原而在先验主体性的原初给予的自我意识的层面，以澄清主体对生活世界的历史的发生构成经验的先验形式是如何被构成和运作的。因此，本章的第一部分是通过对科学的批判而回溯到生活世界的层面阐明科学的意义来源及限度。第二部分，则依照胡塞尔在危机中阐明的从生活世界向先验自我意识的先验还原的进路进行先验的回溯性分析。具体而言，本章结合本书的为自然科学现象学进行先验现象学奠基的主题，选择对生活世界的本体论的分析为切入点，从而导向对先验主体间性的发现，最终问题转化为如何通过先验还原回溯到先验自我意识主体性中去寻求先验主体性的先验根据。在此基础上，进一步的任务是通过对意识的本质结构及先验构成形式的分析去阐明先验主体间性。但本章对先验主体间性问题的回溯性分析导向先验主体性就完成了任务，对于先验主体性在先验自我意识层面的先验阐明和奠基，需要在后续的章节中进行。

第一节　由科学的理念世界回归生活
世界的先验现象学之途

现象学的重要意义之一在于，它为我们提供了一种超越自然主义的思想方式，让我们面对科学的事实本身，去直面科学的危机与当代人类精神生活的危机，并真正理解科学的意义和本性。

本节中，我们试图借助于现象学的超越论还原，通过从科学的超越世界返回生活世界，再向先验自我意识还原，我们获得了现象学的超越论的视野。借助于这种视野，我们可以期望揭示生活世界和科学世界的先验根源，或者说以先验的方式分析它们如何作为先验的主观性生活的成就而由意向性构成为我们呈现出来。由此，借助于先验的视角，原先作为生活世界的理念外衣的超越的幻象可以被剥离，而使科学奠基于先验的生活世界成为可能。借助于一门生活世界现象学，使所有客观科学和精神科学都成为生活世界科学，科学和人类精神生活才可能获得其先验现象学的彻底奠基，其面临的危机才能最终被克服。

一　自然态度与科学的危机和生活的危机

最基本的自然态度就是我们对自然的存在信仰，即设定自然是自在存在的实体。而在我们对科学的理解中，这种自然态度则具体化为：设定自在的世界是存在的，无论我们对它有没有意识；科学是我们对自在自然的客观认识，科学理论是对自然的规律的概括，自然科学理论名词指称实存的自然客体及其属性；科学所构建的理论模型具有实在性，甚至反映了自然的真实面目。进而，自然科学的思维模式是我们把握真理的唯一途径。

20 世纪以来，随着现代科学的兴起和哲学家们对科学的深入反思，这种对科学的朴素信仰在科学界逐渐被动摇和弱化。首先，对自在自然的设定被弱化或者对自在自然的存在问题不作判断；其次，科学理论不再被简单地认为是对自然的规律直接的反映或符合，而是作为说明和预测自然现象的理论约定或假设；而且，关于科学理论对象的实在论主张也在不断地被弱化；科学理论的模型也不再被大多数科学家认为是自然中的客观实在的图景。

但是在方法论、科学规范和科学语言层面，自然主义却反而在不断强化。自然科学的实证方法依然被独断地当作所有知识探索和获取真知识的典范，不仅如此，经验实证方法被当作科学理性和规范的主要体现，于是，实证方法论成为唯一具有合法性的科学规范：科学与非科学的界限，真理与谬误的判断标准，都要以自然科学的规范来判决。精神科学如历史科学、道德科学、伦理学都面临着自然科学的科学规范和方法带来的合理性危机。这种方法论的独断论反映在哲学的语言分析中，便是自然科学的语言框架，例如物理学的语言是所有科学语言的典范，逻辑经验主义的"统一科学"运动便是设想通过科学理论的理性重构，使所有科学都统一于物理学。这种方法论和语言层面的自然主义，在新兴的心灵哲学和认知科学哲学中赢得了更多的信众和得以更为彻底的贯彻。逻辑经验主义的"统一科学运动"纲领的当代继承者就是种种版本的所谓物理主义。其典型代表就是当代心灵哲学中的强纲领的物理主义：它企图用种种的物理主义方案来解决身心问题，把表述自由意志、情绪和感受的言语都还原为物理主义的语言表述，而且认为最理想的语言不是观察语言，而是抽象的理论语言。例如，如把关于情感和意志的日常表述还原为理论语言对微观粒子物理运动的表述，那么逻辑经验主义以及后来的自然主义的问题在哪里呢？它们和所谓"欧洲科学的危机"和"人类生活的危机"又有何关系呢？

近代以来，由于伽利略科学对自然的数学化、理念化，科学也远离了它原初的明见的意义，而变为完全不可理解和缺乏意义的。不仅如此，自然科学的规范被当作科学的唯一标准，"一切有关作为主题的人性的，以及人的文化构成物的理性与非理性的问题全部都排除掉。"① 最终，理念化的、抽象的科学世界取代生活世界而成为人们关于世界的基本观念，人类进入世界图景时代。20 世纪以来，如前所述，一方面科学的不断发展在消解科学家对科学的朴素信仰；另一方面科学和技术的巨大成功又在不断强化科学在民众中的客观科学的印象。

在哲学层面，逻辑实证主义把传统形而上学讨论的问题彻底抛弃了：不仅认识论的这样的纯粹理性问题不再具有合法性，而且伦理和道德实践也不再属于科学的领域，"实证主义可以说是将哲学的头颅砍去了"②。而自然主义的盛行，又在不断强化科学方法和规范的权威地位，以及科学世界对于我们生活的根本性支配地位。也就是说，20 世纪对科学的自然态度下的反思，并没有使我们真正理解科学的革命性发展为我们显现的科学的本性。

正如胡塞尔所担忧的，"但如果科学只允许以这种方式将客观上可确定的东西看作是真的，如果历史所能教导我们的无非是，精神世界的一切形成物，人们所依赖的一切生活条件、理想、规范，就如同流逝的波浪一

---

① ［德］胡塞尔：《欧洲科学的危机与超越论的现象学》，王炳文译，商务印书馆 2001 年版，第 16 页。

② 同上书，第 19 页。

样形成又消失,理性总是变成胡闹,善行总是变成灾祸,过去如此,将来也如此,如果是这样,这个世界及其中的人的生存真的能有意义吗?"①也就是说,这不仅会导致整个西方世界的文化和科学危机,而且会使自古希腊以来便有的、由近代欧洲人继承和重新发扬的新的理性生活的理想面临崩溃的危险。

在胡塞尔看来,科学和生活的危机首先在于人们放弃普遍哲学的理想,不再关注纯粹理性的科学和信念,不仅不再把作为事实科学的自然科学作为理性的理想科学(如现象学)的一个有机的组成部分,而且不再用理论的、纯粹的哲学塑造和规范自己的政治和社会生活。

面对这种由自然态度,主要是逻辑实证主义和自然主义造成的危机,胡塞尔认为我们的出路在于以先验的现象学超越实证论和自然主义对哲学的统治,重新为一切科学奠定基础,并挽救欧洲人的理性生活理想。

二 由科学的理念世界开始的超越论还原之途

我们之所以借助于现象学来克服自然主义,是因为科学是以自然主义的世界自在存在设定为其逻辑基础的,如果哲学试图模仿科学而进行"科学式的"反思,那就相当于一个人试图抓住自己的头发而使自己脱离地面,是根本不可能实现的。而对科学做现象学的研究,则是作为一种严格科学的彻底反思。借助于现象学对一切自然态度下的存在信仰以及一切科学的理论和知识的悬置,直面科学的现象本身,从而使哲学的反思能够真正超越自然主义。

现象学还原悬置了我们的一切自然态度下的存在信仰、知识和兴趣,但这并不是现象学排斥了自然世界和科学,而是一种看待世界的态度转变:由自然态度转变为现象学的超越论态度。"在悬置这种改变态度中……在世界—生活的全部兴趣和目的中并没有丧失人和东西,因此,从认识的目的中也没有丧失任何东西。只是对所有这些东西都指出了它们的本质上的主观的相关物"②。悬置中失去的只是我们的自然态度,而其目

---

① [德]胡塞尔:《欧洲科学的危机与超越论的现象学》,王炳文译,商务印书馆2001年版,第16页。

② 同上书,第213页。

的是揭示被悬置者在主观性中的先验构成的起源。

遗憾的是，现象学的悬置却往往被误解为现象学和科学根本对立的最主要依据。流传甚广的一种版本是，认为现象学的悬置是回避了科学，排斥了科学，现象学是科学的对立物，彼此水火不容。"但是，如果悬置是这样的东西，那就没有任何超越论的研究了。如果我们不将知觉与被知觉的东西，记忆与被记忆的东西，客观的东西与对每一种客观东西的证实（其中包括艺术、科学、哲学）当成例证体验到，并且甚至完全自明地体验到，我们如何能够将这一类东西当作超越论的主题呢?"① 可见，现象学并不排斥自然世界和科学，而且要把它们作为先验现象学的主题、例证，甚至要完全明见地体验到它们。可以据此推论，在纯粹现象学的视野中，会有一系列现象学哲学的分支：现象学的科学哲学、现象学的艺术哲学和现象学哲学的伦理学等。

现象学的先验还原的第一步是由数学—逻辑的客观科学（即以近代自然科学为代表的实证科学）构造的抽象理念世界向生活世界的回归。在科学的自然态度中，有三个维度：对自在自然的存在设定、对直观世界的存在设定和对科学理论的实在论立场。生活世界之间的关系，我们不仅要悬置对自然的自然态度，而且必须悬置对科学及其总体判断的自然态度，即对科学的实在论立场。这是因为以往我们对科学的预先的假设性判断的信仰使得我们无法真正明见地澄清它的意义，从而无法揭示科学世界和明见的生活世界之间的关系。通过现象学悬置，客观科学的这些自然态度彻底剥离，而使其主在生活世界中的主观性起源显露出来：客观科学只是生活世界中的派生性的文化样式之一，它是一种奠基于生活世界中的主观性的成就。

这里的生活世界，仍然是自然态度下的直观经验的世界，因此超越论的还原需要进一步悬置我们对生活世界的存在信仰，使其成为纯粹的主观性生活的现象，"在这种悬置中，我们总是能够自由地将我们的目光始终一贯地紧紧指向这个生活世界，或者说，指向它的先验的本质形式"，"在这里，集中注意生活世界中现象的态度被当作出发点，即被当作通向更高

---

① ［德］胡塞尔：《欧洲科学的危机与超越论的现象学》，王炳文译，商务印书馆 2001 年版，第 215 页。

水平的相关的态度之超越论的指导线索"。回溯的最终点是揭示它在先验自我意识的先验生活中的起源。按照胡塞尔的说法，就是把超越世界的一切都要最终纳入到"自我—我思—所思"的超越论意识生活的结构中去。至此，我们才真正克服了自然态度，达到先验现象学还原的最终点——先验自我意识或"具有最终目标指向的主观性"①。

但是，先验还原的最终点并不是我们的最终目标，因为先验现象学的终极目标是要意向地解释所有超越的现象、陌生的经验。现象学家"将指向世界生活中的目标的生活，并限定于这些目标等，当成自己的主题"②。这种超越论的解释之所以可能，是因为所有外在地超越的领域归根结底都属于先验自我的本己性的领域，在先验还原的最终点，"并回溯到主观性以其隐蔽的内在的'方法论'具有世界，'确立'世界，继续形成世界的诸方式"③。于是，先验还原的终点成为超越论的视野去理解生活世界和客观科学的出发点。

对生活世界和客观科学的先验理解，是以它们为先验的主观性的意向性相关极。但仅此而言，对于生活世界和客观科学的现象学奠基而言是完全不够的。我们必须揭示其是如何作为先验的意识生活的成就不断连续地意向构成出来，才真正完成了对它们的现象学奠基。

三　科学世界的意向构造和超越的幻象：

从先验自我开始的对超越世界的意向性解释，具有很多层次，从内在时间意识之流到内在超越的意识现象的构成，再到交互主体性的构成，最后是超越的生活世界的构造。而科学世界的构造，已经超出了先验自我的本己性领域，只是它却最终还是要奠基于通过还原而归属于超越论自我的意识生活的生活世界之上。在此，限于我们的主题，此文中我们对意向构成层面的研究仅限于从生活世界中客观科学世界的构造。我们这里并不单独论述生活世界的发生构成，而是把它结合在世界经验构造的论述中，而后者则是科学理论和科学世界构造的前提。当我们把注意力集中在直观现

---

① 〔德〕胡塞尔：《欧洲科学的危机与超越论的现象学》，王炳文译，商务印书馆 2001 年版，第 16 页。

② 同上书，第 214 页。

③ 同上。

象的超越论构成之时，世界是我们的超越论视野的广阔的地平线。

（一）由世界视域开始在直观的生活世界中的明见性构成

我们知道，科学理论的构造是为了系统地说明和预测我们直观世界中的现象，并且首先是建立在对这种直观现象的观察和实验之上的。因此，直观的生活世界中的对象的构成是科学理论构成的基础。但是，我们的经验并不是以对象和事件构成的完结为先决条件的，而是在构成世界对象的同时我们就进行着前谓词经验和谓词经验判断的构成。

首先，所有超越的经验的构成，都是以一个预先的对象类型的先天确定性为其线索的，而且所有超越对象的意向构成总是在一个外在视域中进行的，或者说任何外在直观的对象总是这个视域中的对象。这个作为地平线的世界视域，也就是我们的生活世界。由于世界视域是任何超越的构造的意向相关物，也即我们的任何超越构造一开始，世界视域已经存在，所以任何超越的意向构成的成就都是生活世界的组成部分，它们奠基于生活世界，从生活世界获得它们的意义来源。

在超越对象的构成中，我们首先是对对象的整体把握。这种对整体的把握一开始是空洞的，但是它在类型上却是确定的，是由世界视域的整体结构预先规定的。这种整体的把握相关的是这个对象的内在视域，对象的构成便是以这个整体视域为基础，在直观中不断地获得明见的充实。胡塞尔把这种直观地充实的过程比作"赋予对象以灵魂"。构成对象的过程就是对在体验中原初地给予的感性材料赋予意义，或者说使其立义为对象的过程。这是一个超越的过程：意向构成并不是在完全内在的明见性中，而总是非完全充实的，总是伴随着共现，总是可错的。

其次，在谓词经验的构成中，对象的某些属性或部分首先被突出出来，对象总是作为具有某种特性的对象而存在。这就意味着在对象的构成中，我们已经进行着种种的判断活动，尽管这里的判断并不是以判断句子表述的。通过对这些同一个对象的不同的性质的判断的联想性的综合和贯通，最终形成关于对象的整体的谓词经验和谓词判断。

最后，在谓词经验的基础上，通过经验性的统觉的综合，可以形成经验性的普遍性的判断，而通过自由想象的变更，在生产性的想象力的连接和贯通的基础上，我们可以形成关于对象领域的纯粹普遍性的判断。

这里的所有经验和判断都是在直观的明见性的领域中意向地构成的。

通过这种经验在历史的世界中的不断发生地构成，整个生活世界获得了充实，经验不断地沉积在生活世界中。

这里的不断被沉积的经验充实的生活世界是我们所有社会实践的基础，也是我们的科学认识实践的原初的意义领域。科学的成就就是在此基础上不断通过高级层次的、主动的意向综合而形成的。

（二）科学在抽象的数学—物理学世界中的抽象的理念化构造

科学的目的是对整个直观世界的现象做系统的说明和预测（包括对人为设计的环境中可能出现的预测），并且在理论指导下，可以通过技术手段实现对现象的控制。或者说，科学企图把握直观经验领域的现实的和可能的现象的一般规律性使我们知道，包括科学经验在内的所有世间经验都是超越性的，也就是这些经验是不能完全直观地充实，不具有完全的直观明见性。于是，科学对直观经验世界的普全性的规律的诉求和我们关于这个世界的经验的超越性特性之间发生冲突：我们对普全的世界视域的整体把握总是空洞的，我们的超越性构成总是只能获得局部领域的直观明见性经验，而科学要求获得关于整个世界的普遍性规律。那么面对世界整体这个不完全直观明见性的领域，科学如何达成它的目的呢？

科学家无法通过对对象领域的整体直观把握其整个区域的基本范畴和规律，也无法对直观世界的某一类对象或局部区域完全明见地把握，因此他们只能是依据于两种超越的构造形式：1. 从某些局部领域的经验构成整个现象领域的普遍性判断；2. 从直观的和已知的对象领域的现象的规律性构造非直观的、未知的对象领域的规律性。前一种超越性构造是为了获得判断的普遍性，这是通过外推和类比的构造获得的；而后一种超越性构造是由直观的或已知的现象和经验构造未知领域的现象，这是通过由现象到机制的回溯性的构造而进行的。

这两种超越的构造是非明见的、猜想性的。但它们之所以能获得成功，其奥秘或许在于在世界的整体性视域中，我们的任何超越构成总是受世界的整体结构的预先规定，同时我们对世界的区域本体论有一种预先的领会，作为我们的理论构成的潜在的引导。这种对世界的潜在的整体把握是建立在我们在生活世界中的直观性经验的沉积的基础上的，因此没有我们对生活世界的直观经验，所有科学的超越构造便无法发动起来。

即便如此，科学理论的构成不是完全是借助于对这两种构造方式的交替应用而获得的。因为缺乏对所探索的领域的明见性直观，科学家只能借助于对对象领域的整体把握，对其进行抽象，通过自由想象的变更，不断变换这个抽象世界中的要素，获得变换下的不变的要素，再经过生产性的联想贯通这些要素，把握其不变的内在关系。在这个复杂而反复进行的过程中，以上两种构造方式穿插在其中。但是，科学理论的这种超越性构造并不是一个机械的、每一步都明见的，也许很多的构造是在下意识之中，并没有为我们所明确地意识到，也许构造是作为完形式的把握，以一个整体突显于科学家的灵感之中。

由于这种超越的构造并不能代替直观而获得对对象领域的性质的把握，因此科学并不是通过把握对象而把握对象领域的规定和规律，而是通过某些参数来表征对象系统的状态和性质，然后通过把握这些参数之间的数学关系来把握对象领域。因此，由参数表征的假设的对象领域的状态的所有可能性都通过某些特定的数学公式来规定。这样，科学家们通过一整套表述物理性质的参数的数学关系而间接地把握了对象领域。然而，我们没有理由说这里的数学关系式表述了任何关于自在实在的真理，因为这里的数学公式和其中的参数，并不一定具有直观的意义，也不一定能获得直观经验的间接的充实。

科学理论，只有作为一个抽象理念的整体框架，才有可能与对象领域整体建立一种间接的明见性关系。而这种明见性仅仅依赖于科学理念框架可以借助于演绎而表述直观世界的现象的可能的显现形式的规律性判断。如果说我们的科学有实在性的话，那么这种实在只是在这种意义上：成功的科学理论具有一种整体论性质的关系性实在的特性，或者说成功的科学理论是关系实在的理论。

（三）由科学说明和预测的有效性开始的本体论虚构

由于科学理论的构造是在直观经验匮乏的情况下，主要以视域中沉积的以往科学经验以及少数新的科学直观经验而超越地进行的，因此科学理论是否具有间接的明见性（明察性）还需要生活世界中直观经验的最终检验。成功的科学理论可以为我们直观世界的某个领域或全体领域提供的所有可能现象提供一种系统的说明和预测。在用作为抽象理念语言框架的科学理论解释直观的现象时，我们通常需要对科学理论进行语义阐释，并辅之以各种直观或非直观的模型来说明。在物理学、化学和生物学中，往往把宏观的现象还原为对应的微观的理论机制来解释。这种科学中普遍采用的还原论的说明模式同样也适用于科学预测和科学的技术化应用。

在这种借助于模型的还原性的科学说明中，要求直观现象及表述它们的描述性术语能够被理论对象及对应的理论术语的语言集表述。显然，在这种以严格性和系统性为规范的科学说明中，作为说明性语言的理论语言框架和理论对象要优越于被说明的直观现象语言和对应的直观现象的。在这个意义上，最理想的科学说明就是用理论语言系统地重新表述整个直观现象领域，或者可以说，科学说明就是用科学世界的语言重构直观的生活世界的现象。因此，从科学说明的角度看，理论对象和理论术语在本体论上要优越于直观现象和直观描述术语，前者好像更为"实在"。相应地，科学的抽象理论框架好像比那些关于直观现象的描述性判断更系统、更严密，因而更接近真理。

但是，这是出于对科学理论的构成和科学说明的本性的误解而造成的本体论上的谬误。这是因为，如前所述，科学理论是借助于少量的直观的和明察的经验超越地构造出来的，因此科学理论对象（通过对数学公式的语义解释）作为科学理论中的本体论承诺，是带有假设性和约定性的；虽然它们在说明和预测现象方面也许有工具意义上的本体论的优越性，但却没有本体论上的实在性。这是因为它们本身的明见性（明察性）最终要依赖于直观现象世界中的观察实验和经验的检验，而不能把它们直接当作本体论上实在的东西来解释直观世界中的现象。而上面所述由科学说明中理论的优越性到对科学理论在本体论上的优越性的判断乃是对科学说明的本性的误解，由前者到后者的跳跃在逻辑上是不合理的，是由对本体论的谬误理解而导致的幻想而已。

而朴素的科学实在论者则往往一方面被科学在说明和预测现象方面的成功所迷惑；另一方面对科学理论的超越构成和科学说明的规范不理解，因而颠倒了直观现象和科学理论、生活世界和科学世界之间的真实的奠基关系，执科学理论对象为实存之物，认科学理论为关于自在实在的客观真理。

（四）科学的超越幻象对直观的生活世界的覆盖

如我们以上所论述，我们对外在世界的直观是永远都无法完全直观地充实的，即我们的直观无法与直观的世界相即。这是由于我们对外部世界的构造总是超越性的构造，超出了直观明见的范围，而世界则永远在我们的视野的地平线处延伸。科学企图依赖于有限的经验通过超越的综合去把握无限的世界，这种有限的经验和无限的潜在可能性之间的矛盾造成了我们的科学理论本身的非直观明见性和抽象性。

科学实在论者遗忘了科学作为主观的意向构成的成就，是生活世界的局部的事业，是奠基于生活世界的原初的经验的，而把科学作为完全超越主观的世界的自在的实在的完全客观的真理。这样，他们认为科学理论对象比我们生活世界中的直观经验更为本源、更为真实，科学的世界是一个比生活世界更为真实和客观的世界。

这种对作为理论预设的理论实体的实在化，使得科学超出了它自己的有限性而变成自在存在的实体。恰正如在康德那里，当知性企图超越经验的现象界而去把握无限的本体界时会因理性的僭越而产生先验的幻象一样，在科学实在论者这里，所谓的实在的理论实体也是科学超越自己的有限性而产生的超越的幻象。

在科学的卓越的成就面前，大多数人失去了对科学的理性反思和批判，以一种自然的态度去朴素地看待科学，他们被这种科学实在论的幻象所迷惑，把科学理论所假设的理论对象看作是本体论上优先的和实在的。他们把科学说明中用理论语言表述关于直观现象的描述性语言本体论化为是表述真实世界的语言对描述表观的现象的语言的替代，是关于世界的客观真实的知识对主观的感知经验的取代，是真实的客观世界对主观的生活世界的取代。因此在科学文化发达的现代社会，无论从语言、思维还是世界观看，都有用抽象的、关于客观世界的语言和观念取代直观的生活世界的语言和经验的趋势。

这样，伴随着科学对自然的数学化和抽象化，是被朴素的科学信仰支配的用科学的客观世界的观念和语言对生活世界的直观经验和日常语言的侵蚀和替代。如果人们都习惯于用科学的抽象语言来替代生活世界的日常语言，习惯于把桌子看作基本粒子的组合物、把花朵看作生物分子的聚集物，那么最终我们关于生活世界的直观经验和观念就有被彻底地分解和还原为科学的抽象观念的危险，这样，我们的主观的生活世界就完全被客观的科学世界覆盖。

二　向超越论的生活世界的回溯与科学幻象的克服

由上述分析可知，由于这种科学的抽象世界被误认为是本体论上实在的和优越的，我们陷入了我们自己构造的科学的超越的幻象中。这不仅使得科学失去了对于我们原初的生活世界的意义，而且作为我们的理性的生活的基础的理性的科学的理想也被放弃，这使得我们陷入了科学的危机和整个精神生活的危机。当我们企图从这种抽象的、缺乏意义的、单一的存在者之去蔽方式的围困中突围时，我们面临着对道路的抉择。我们不仅要重新澄清科学可能具有的意义，使它成为有根基的，而且需要重新建立我们对普遍性的科学的理想，并使我们的生活奠基于理性之上，成为有意义的。

而从前文对科学理论意向构成诸层次的分析，我们发现揭示了客观科学及其世界其实是在生活世界中获得的主观性的精神成就，它奠基于生活世界，它的意义来源于生活世界。因此我们把的目光沿着由客观性知识动机牵引着的科学意向构成的诸层次回溯到生活世界，去寻找科学理论在生活世界中的意义源泉。

生活世界不仅仅是科学理论意向构造的空泛视域和地平线，而且是一个由一系列的原初创构成的历史的、文化的世界。在自然态度中，它是一个预先存在的客观的世界，但在这里，通过态度的转变，它成为超越论现象学视域中作为主观性成就的意向相关性领域。在这个直观而生动的世界中，我们的一切生活的丰富的样式和形态不断地发生构造，认知的、价值的、审美的意义总是在历史的流变中不断地从我们生活的周围世界中生发出来。我们的任何的事业总是已经处在此原初的生活世界的视域中并在其中发生地构造。也就是说，包括任何理论或实践的活动，都是奠基于此生活世界。

作为科学的实践者的科学家共同体，就生活在这个主观的世界中；而科学实践活动就是在生活世界中进行的，属于生活世界的具体的派生性的组成。因此作为超越性的意向构造成就的客观科学，一开始就已经是主观的实践，奠基于生活世界并从生活世界获得其意义的，没有生活世界的奠基，任何科学理论的构造根本是不可能的。这不仅体现在科学理论的构造需要借助直观经验作为其材料，而且科学总是已经是在某种科学的文化视域中的，在这种视域中，总是已经沉积着以往人类关于实际的认识经验，这也是科学理论的意向构成的必不可少的经验材料。而且，科学理论的明察性需要通过生活世界中的观察实验的检验而获得，科学理论也通过说明和预测直观现象而间接地向生活世界回复。因此，我们的科学总是根植于这个生活世界而具有与这个普遍的生活世界的意义关联。①

因此，关于先验的生活世界的观念的提出，使得我们有可能克服随客观科学的兴盛而产生的科学的危机和生活的危机。下面，我们需要对生活世界及其与科学世界的关系的分析来进一步探索是否用这种解决方案可以解决我们面临的科学危机和生活危机。

在自然态度下，对科学理论的概念和理论的实在化，是站在朴素的自然主义的立场上，由于不明白科学理论实质上是生活世界中的主观性成就之一，把科学理论说明和预测的有效性等同于它们的客观真理性，把自然信仰当作真理，这是自然主义谬误在科学理论的本体论问题上的根本体现。这种自然主义的谬误导致了科学放弃了自己的理性精神，僭越自身的界限而虚构自在的世界，从而造成科学世界对生活世界的抽象化和覆盖。因此，自然主义立场上的科学对自然的理念化才是科学危机的最终根源。

通过向生活世界的回溯，我们终于澄清了科学世界和生活世界的关系：科学世界作为一种抽象的数学—逻辑的构造，它是我们生活世界中主观的精神成就。作为抽象理念的体系，它只有回归到生活世界，才能间接地和直观的世界现象相关联，奠基于生活世界并从它那里获得其意义的来源。生活世界并不是作为科学世界的一个局部的、直观现象的层而隶属于科学世界；恰恰相反，科学世界只是作为我们生活的局部的领域，在作为它根基的、充满着意义的生活的整体中才能获得它的意义。

在先验的视野下，我们立足于本源的生活世界中。这时候我们可以发现，对现象的精确的预测和有效的控制是我们的实用性的生活实践的重要组成部分，但不是我们生活的全部内容，也不是我们生活的最核心的价值，而是从属于我们的目的性的生活的整体，它必须通过奠基于我们的理性的生活才能获得它对我们生活的意义和价值。科学理论的解释和预测直观现象的有效性并不会导致其理论对象在本体论上的优越性，科学理论只

---

① ［德］胡塞尔：《笛卡尔式的沉思》，张廷国译，中国城市出版社 2002 年版，第 268 页。

有在作为整体提供关于生活世界中现象的系统的说明和预测的意义上间接地具有意义。依据于现象学的明见性原则，生活世界中的直观经验相对科学理论而言更具有更为基础和本源的意义。

在前科学的在历史中长久地持存的生活世界中，理性不仅体现在理论实践中，而且也规范着我们的价值体系、伦理生活和审美体验。科学的危机不仅仅是客观科学的思维和理念对我们生活的抽象化，而且更在于客观科学不仅成为知识的典范，而且它的规范被外推为一切科学的合理性规范，这导致所有精神科学，尤其是关于价值和道德的科学面临着被剥夺合理性的危机，伴随而来的是价值和道德的相对主义、虚无主义。由此，前科学的时代中那种用理性来规范我们的一切理论和实践的理想丧失了。我们的价值、伦理和审美的理性都丧失了其在生活世界中的根基，面临缺乏其合法性根据的威胁。这又会导致我们的整个精神生活的危机。

那么，整个精神科学如何摆脱客观科学的侵害而获得其在理性的科学体系中的合理地位呢？事实上，当我们论证了客观科学是更为本源的生活世界的主观性实践的成就，是隶属于生活世界的派生性的理论实践；它不能作为我们理性的科学的最终规范时，我们就已经获得了一条为精神科学奠基的先验途径：既然在生活世界中，客观科学不再作为评价一切科学的规范，也不作为我们生活的规范性根据，生活世界本身成为衡量客观科学和其他科学的最终的根据。我们就可以摆脱客观科学观念的精神桎梏而重新沉思建立我们的奠基于生活世界的理性的普遍的科学的系统，为我们的理性的、有意义的生活奠基。

这样，我们需要对客观科学、精神科学和我们的生活的所有样式做一个彻底而系统的理性的奠基。显然，这种奠基需要建立一门关于生活世界的先验的普遍科学，揭示生活世界的本质形式和诸种派生生活的本质类型，使得前述这些科学都能被看作生活世界的局部而在这种普遍科学中获得理性的奠基。在胡塞尔的设想中，这种普全的普遍科学就是"生活世界现象学"。① 这种理想中的生活世界现象学虽然是主观性的科学、观念的科学，但是它可以系统地澄清客观的科学如何作为主观的精神的成就，

---

① ［德］胡塞尔：《笛卡尔式的沉思》，张廷国译，中国城市出版社2002年版，第257—274页。

也使得客观科学通过回归生活世界而获得其意义。而且，它可以为我们的价值科学、伦理科学和美学奠定基础。最终，所有客观科学和精神科学，都应该是作为生活世界科学体系的不同分支，奠基于生活世界现象学。而生活世界现象学则最终要奠基于一门关于超越论自我的纯粹现象学。

由此可见，只有建立一门超越论的生活世界现象学，并使客观科学和精神科学成为奠基于其上的生活世界科学，从科学世界向生活世界的回溯才能最终完成，科学的危机得以克服。

不仅如此，当每一门科学都作为生活世界科学的分支而获得其意义时，在自然态度下的因科学理论的本体化谬误而构造的超越的幻象就会完全消失，导致对生活世界的抽象化、理念化的重构被终止，披在生活世界之上的理念外衣被剥离。从而，人类精神生活的危机有希望得以克服。

三　结论

自然主义作为自然态度在当代哲学中的主要表现形式之一，在关于客观科学的哲学研究中根深蒂固，而且对当代精神科学的研究影响巨大。但是如我们前面所论证，科学中的自然主义并不是科学的本质性因素，它是自然主义哲学披在科学身上的外衣。现象学对科学的彻底反思就是为了澄清科学的本来面目，揭示科学是如何作为生活世界中主观性的成就，最终克服科学和人类生活的危机。我们先前的分析揭示了客观科学如何作为主观性的成就从生活世界中意向构成及科学理论如何由于自然主义的本体论化而产生先验幻象，并探索如何借主义先验现象学的视角，找到客观科学重返生活世界的途径。但现象学的彻底反思的最终实现，需要一门先验的生活世界现象学，并使客观科学和精神科学奠基于其上。这个任务对于现象学的沉思来说，还只是刚刚开始。

第二节　主体间性与由生活世界向
先验主体性的回溯之途

一　先验还原的路径与先验主体间性问题的回溯性分析略论

在将所谓客观的科学还原为奠基于生活世界的主体性的意识生活的成就之后，生活世界成为作为严格科学的现象学的主题。

正如胡塞尔所说，使生活世界成为主题的方式有两种，一种是自然态度下对生活世界的朴素的态度的考察；另外一种是以彻底反思的态度考察生活世界以及其中的对象如何被主观性地给予进行的分析，而现象学对生活世界的研究就是以后一种彻底反思的方式进行的。

日常的周围生活世界的现象和事实，对于我们而言都是习以为常，并通常自然而然地接受了其作为客观存在的。但对于现象学而言，要真正反思生活世界的意义及其主观性的经验的构成。首先要悬置我们对生活世界的自然态度，也就是对生活世界的总体上的存在判断以及各种预设的信念和判断。这种悬置并不是对生活世界的现象和经验的彻底的排除，也不意味着生活世界中的直观经验没有意义，而是对生活世界的存在判断的一种方法论的中止判断。

对于现象学而言，生活世界除了经验性的、事实性的直观经验的部分，而且还有其形态学的本质结构，一切生活世界中的历史性的发生构成的现象，都以这种本质性的结构为先验奠基的。而且，生活世界不是与主体性无关的、自在的、独立的存在者的集合，而是相关于主体性的存在，世界朝向主体性而显现自身。对于主体而言，生活世界是超越性的意向相关项的整体，或者说是主体性的超越性的总体视域，称之为世界视域。这里的意向性不仅包括主体的直观的意向行为指向世界的意识意向性，而且因为生活世界之中的主体性是具身性的，因此，主体性还以一种具身性的意向性与世界内在相关。

不仅如此，生活世界是一种交互主体性地构成的直观经验的领域，关于生活世界的超越性经验具有主体间性的"客观性"。不同的主体以独特的视角直观生活世界的某些侧面或者维度，或者说生活世界以特殊的角度显现给每一个主体。但对于共在于世界的共同体，生活世界的多角度、多维度的显现，形成了一种多种视角相互映照的、相互补充的、对于生活世界的综合性的直观经验的统觉方式。每一个主体性的直观经验的构成，是以对他人已有的关于对象的经验的接受为前提的，甚至主体性的经验构成总是已经以所接受和继承的社会的传统与常态为前提的。因此，主体性与生活世界的意向性关联，还体现为一种主体间性的、社会性、历史性的与世界的意向性关联。

事实上，生活世界是一种多个主体的共同体以主体间性形式历史性地构成的公共的经验的领域。对于主体而言，生活世界有其代际之间的经验的延续、传统的时间性的传承以及共同体所在的常态性，主体性关于世界的经验就是以接受这些传统、常态以及历史地沉积于生活世界之中的经验为前提，以主体间性的形式构成的。

因此，对于生活世界之中的直观对象的经验分析，显示了一种在直观中的多个不同主体的视域的融合，以及所由此形成的主体间性。主体性的意向性的视域之中的对象，依然显现为对于很多主体具有的"客观性"，即便是实际上只存在一个主体，这些对象仍然显现为是对所有主体性开放的、能为其他主体从不同的视角直观的、主体间性的特征。生活世界中的超越性对象的经验，指向了一种具有先验性的、本质性的主体间性。

而对于生活世界的具有普遍性的本质结构的分析，也会显示为这种形态学结构对于所有的主体性都显现为同一性的形式、结构和规律性。因此这些生活世界的本体论的本质结构具有一种主体间性的"客观性"，对于任何可能的主体性，生活世界都会显示为具有其统一的结构和秩序的直观经验的整体性视域。

生活世界的这种本质性的结构，作为变动不居的生活世界的底层的先天的本质形式，并非自在存在的本质，而是与主体性相关的、具有其先验根源的意向相关项。这种本质结构的构成，是以先验主体性的意识的本质结构、主体性的具身性的因素为其先验的基础和构成条件的。而且，生活世界是一种由共同体的长期共存过程中历史性地发生构成的，因此，生活世界的本质结构也是具有历史性的、发生构成的维度。在这里，先验现象学显示为是一门关于意识和经验的本质的历史发生构成的现象学。

也就是说，对生活世界的历史性的发生构成的先验现象学的阐明，必然指向了一种为生活世界奠基的先验主体间性。而生活世界本身就是先验主体间性问题进一步展开所呈现的主题。而先验主体间性问题，就是先验自我与他者自我主体之间的关系问题，对它的阐明，涉及对胡塞尔的先验现象学的基本理论和先验自我的本性的理解。当然，先验主体间性问题，并不是改变了现象学的先验哲学的方法论和整个理论的根本基础，而是先验主体性问题深化必然要触及到的问题。因此，从生活世界的本体论分析，必然会导向先验主体间性问题。而先验主体间性问题的阐明，需要追溯它在先验自我意识的最为原初的层面的本质结构中去分析其根源和先验的构成机制，才能获得彻底的分析和奠基。也就是说，对于先验主体间性问题的阐述，同样需要彻底的先验还原方法，最终需要在原初给予的意识之流的内在时间意识结构中，去寻求其如何奠基于先验自我意识的根据和形式。而先验主体间性问题的探讨，必然导致对先验主体性的彻底化阐明。

因此，从生活世界开始，对先验主体间性问题的分析，会最终导向对先验主体性的回溯，也会伴随着一种进行向先验自我意识的还原。或者说，可以借助对先验主体间性问题的线索，展开由生活世界向先验自我意识还原之途。

当然，对于本书的研究主题而言，先验还原只是对科学展开彻底反思的前提，由科学的理念世界回到先验主体性的最原初的层面，对先验问题在原初给予的意识之流的彻底分析，是为了进一步为先验主体间性和生活世界问题的阐述奠基，其目的是为了能以纯粹现象学的本质直观和先验还原的形式来彻底地反思生活世界的本体论问题及其先验的根源问题；最后，在此基础上，为根植于生活世界的科学的意向性的构成以及科学的理念世界的本体论和意义等问题的先验阐明奠基。

对于我们以先验主体间性问题为切入点展开由生活世界开始的先验还原而言，从对胡塞尔的先验主体间性理论的分析切入是一个比较恰当的方式。这是因为胡塞尔在其著作和手稿中对于先验主体间性问题进行了大量的现象学分析，并且提出了几种不同的解决方案。很难说这些理论彻底解决了先验主体间性问题，但这些理论的洞见对于我们理解整个先验现象学的框架和思路，以及对我们探索主体间性问题至今还有很大的启发。因此，在下文中，将以胡塞尔所阐述的三种类型的主体间性的分析来导向对先验主体间性问题的先验分析，最终回溯到对先验自我意识的结构的分析。

二 胡塞尔的主体间性理论与问题

胡塞尔提出的基本的主体间性理论可以归纳为先验或构成性的主体间性、"视域意向性"的主体间性、传统中匿名共同体构成的主体间性。这三种类型的主体间性实际上是阐明了主体间性的三个层面：传统中匿名共同体构成的主体间性涉及生活世界理论，这种主体间性是对社会的、历史的、文化的和具有传统的生活世界中主体间性是如何通过多主体互动、社会地、历史地、发生地构成的阐明；视域性的意向性则侧重于阐明在世界视域中对意向的对象的直观如何已经以主体间性为前提而构成的本质结构；先验的或构成性的主体间性则主要阐明主体间性的先验结构以及其如何作为任何对对象的直观的客观性的前提和来源，即任何客观性的经验已经是以主体间性为其基础而构成的。胡塞尔在其著作和手稿的很多地方或者集中或者分散地阐述这三种理论，对于后来的研究提供了理论洞察、思路和线索。①

问题在于，这些论述在何种意义上在先验现象学的意义上阐明了主体间性问题？对于先验主体间性的阐述是否实现了彻底的先验分析，并因此而彻底化了先验主体性的哲学纲领？另外还有一个问题，这三种理论内在的逻辑关系如何？

事实上，从胡塞尔的先验现象学的最核心部分即内在时间意识现象学的角度看，这三种角度的主体间性阐述，还需要追溯和还原到内在时间意识中，才可能阐明先验主体间性的问题的先验起源和构成机制，同时也刻画了先验主体本身的限度和结构。这三种理论的逻辑关系也会在这种现象学的先验分析中被阐明。对这些问题的分析是下文将尝试完成的任务。

本章的主要工作是，以对世界的意向性经验为切入点，以胡塞尔的三种主体间性理论的问题为线索，由意向性问题回溯到使这种对世界的客观经验成为可能的先验主体间性在先验自我意识中的起源。本文的主要任务是，以对三种主体间性理论中的先验阐明的梳理、延伸为基础，把对主体间性问题的分析回溯到先验自我意识的结构分析，核心的任务是，通过引入原初意向性概念，深化对内在时间意识的结构的分析，尝试阐述先验主体间性如何在内在时间意识之流中的最终来源和构成方式。

按照胡塞尔的思路，对主体间性的先验阐明，需要依循的路径是在先验自我意识的层面的先验分析。如前所述，对于外在对象或世界的经验的主体间性的存在和意义问题的本体论分析，必然会引出主体间性的先验起源问题。因此，这里对主体间性的分析基本思路是从对对象的意向性的经

---

① 可参见［丹麦］丹·扎哈维《胡塞尔现象学》，李忠伟译，上海译文出版社 2007 年版，及参考文献中的论文。

验回溯到对主体间性的构成模式，再到这种意向性和构成模式在先验主体性中的奠基和起源问题。我们当下最直接的经验是我们处于交互多主体性的、社会性的生活世界中的经验，因此在这里对主体间性经验的先验还原采用胡塞尔后期在《危机》中所阐述的从生活世界开始的先验还原的路径是恰当的。由于这里的主题是先验主体间性问题，因此这里的先验还原将主要集中于直接相关于主体间性问题的领域。在以下分析过程中，将以对胡塞尔的三种主体间性的理论的简要阐述作为先验分析的指引性的线索。

主体间性首先体现为，日常生活世界中，自我主体与他者主体共在。这种具体情境中的主体间性称为经验的主体间性，为每一个主体与他者的具体遭遇中经验所充实。从时间上而言，每个生命开始之时，婴儿尚在母体中时，已经与母体共在而经验着主体间性。在自我和他者遭遇中，自我主体能够通达他者主体，反之亦然。这种对他者的经验的特殊在于，自我把他者经验为超越性的、外在的存在，即这种对他者的通达方式并不类似于对自我主体的内在，因为他者主体对自我而言是超越性的，恰如外在的对象或世界对自我主体而言超越性；但与主体经验外在对象不同之处在于，这种对他者的经验是把他者经验为类似于自我的另一个主体、他我；自我能够经验到他者的经验对自我而言是超越性的、外在于自我主体的主体性的经验；这其中被自我经验到的他者主体的经验，包括他者对世界的经验以及对我的经验。

另外，主体间性的另外一维度体现在自我主体和他者主体都能够经验世界中的同一个对象，即这些对象乃至整个生活世界，都显现为可以被主体间性地经验的。

经验的主体间性在生活世界中有其传统与文化的前提。主体总是已经生活于与其他主体共在的生活世界中，这种生活世界充满了世代传承的传统和文化的经验沉积。在这种文化中，主体间性早已以文化、语言、具身性的方式被建构起来。这种主体间性的环境早在我们出生之前已经存在，并且世代传递，沉积在我们所处的日常生活世界中。因此，在生活世界中，主体的经验的构成已经是主体间性地构成的，而这种构成模式以及为其奠基的生活方式、语言、观念等是多个主体在历史中代际共同建构并历史地延续和传承。因此，每个主题总是已经处于主体间性的世界中，"在世界中共在"。

　　第一种主体间性是代际间延续的、继承传统的共同体构成的主体间性。生活世界是一个历史性地发生构成的主体间性的经验视域，这些生活世界的经验是在一种跨代际的传统的延续和接受中发生地构成并沉积于生活世界的结构之中的。生活世界中的共同体有其基本的常态性的规范、原则和习俗等的限定，因此，这种主体间性的经验是一种历史性、文化性、遵循特定常态性规范的共同体所构成的。因此，这种常态性也非先天固有而一成不变的，而是历史性地发生构成的。对于每一个主体而言，他需要接受从他人那里来的关于世界的经验和传统作为构成自己的关于世界的经验的前提。这些预先给予的、主体必须接受的主体间性的经验，是通过语言与生活形式等方面预先地沉积在生活世界的经验基本结构中的。

　　这种主体间性并非只有事实性的层面，也蕴含着一种先验主体间性的类型以及相应的本质性结构为其奠基。日常生活世界中的主体间性的具体经验，虽然有偶然性的因素渗透其中，但仍有生活世界的本质结构以及经验的主体间性构成模式奠基。不仅生活世界以及其中的传统也是受其历史地发生构成的本质结构所支配的，而且为其奠基的超越性的经验，也是遵循主体间性、历史地发生构成的先验形式。根据胡塞尔现象学理论，这些经验的发生构成的本质结构都可以通过现象学的本质还原揭示。

　　也许这样的疑惑是难免的，这种代际间延续的、历史的且在生活世界的社会性环境中构成的主体间性，既是社会性、历史性地发生构成的，但又有其本质性的结构。这里的本质结构与历史发生如何不矛盾，又在先验主体性和意识的深层结构具有什么样的本质根据？这样的问题胡塞尔在《几何学的起源》①中以历史现象学的方式有所论述，但却并没有回溯到原初给予的意识结构中去论述，更谈不上进一步阐明上述传统的、代际的主体间性的先验起源。这个问题意味着必须彻底化对意识的历史性的发生构成以及相应的主体间性问题的先验阐明才可能探明这种社会性、历史性地构成的主体间性的先验根源。

————————

　　① 参见［德］胡塞尔《欧洲科学的危机与超越论的现象学》，王炳文译，商务所书馆2001年版，附录 B。

另外，当对这些主体间性的经验构成的本质结构进行先验分析的回溯时，就会发现在这种代际延续的、传统的、历史发生的本质性结构中有丰富的奠基的层次，其中比语言、传统和文化等更为普遍性和根本的奠基性层次是自我、他者与世界之间的最为底层的普遍性的本质关系。这种三者间的本质关系体现在胡塞尔所阐述的视域意向性所显现的经验的结构之中。

可见，从先验还原角度分析主体间性的意向构成的结构时，代际的、传统的匿名主体共同构成的主体间性是更为高层的、丰富的主体间性，而与视域意向性相对应的视域意向性的主体间性则处于意识构成的更为基础层次，先验的分析需要从前者回溯到后者。

第二种主体间性即视域意向性的主体间性。这种主体间性的分析，简而言之是指通过从主体对直观对象的视域意向性的视角切入对先验主体间性问题的分析和阐述，同时也是从主体间性的角度对主体和世界的关系的阐明。

这里的视域意向性（Horizontal Intentionality），是认为为意向行为所指的超越性的意向对象，总有其内在视域，这个视域具有整体性，与对象自身的统一性相关。在我们知觉超越的意向对象时，对象总是以某些侧面呈现给我们，而有些侧面并不在直观中显示给我们，但是对象视域的整体决定了这些显现的侧面和未显现的侧面是一个整体，未显示的侧面总是与显现面一起"共现"，因此可能被我们在直观中间接地把握。但对象的某些侧面对自我的当下显现与另一些侧面的同时显现是不相容的。

所谓视域意向性的主体间性，是指对象的任何意向性对象的显现总是已经预设了存在着开放的主体间性作为其前提条件，对象的意向构成一开始已经是主体间性的。对于那些未能为我直观把握而只是由于对象的整体性而共现的对象的侧面，却可以为可能存在的其他主体所把握，也就是说，对象的视域决定了对象是对多个主体开放的。这种对象视域的开放性指向了一种先验的主体间性，胡塞尔称之为开放的主体间性。主体对意向对象的任何认知，总是已经以这种开放的主体间性为前提的，后者总是已经在前者中起作用。换句话说，对意向对象的构成，是多个主体共同发挥构成功能，多个主体的多种可能视角都有构成性的贡献。

视域意向性的更重要的意义不在于它指向视角可以互补的多主体，而是可以显示多个主体对于同一个对象的经验具有相似性或同一性，从而使主体成为多主体共同体中的一员。而且这种经验的相似性或同一性不限于对对象的认识，同样重要的是主体间的经验的共同性，以及由此而获得的对同一主体的经验的相似性，这些关于对象及对他者的经验的相似性进一步指向了开放的主体间性。这种开放性典型地体现在自我、他者与世界之间的相互开放、相互显示和相互照亮。

另外，这里的视域意向性可以延伸到主体间的交互意向性关系。如前所述，相对于自我主体，他者主体具有双重特征：一方面，他者也是同自我一样是主体；但另一方面，他者主体对自我而言是类似于外在对象的、超越性的存在，可以作为客体化的对象而被意向性地把握。因此，自我主体对于他者的意向性的经验中，他者主体也向自我显现为有一个内在的整体性的视域，对应着他者作为对象以及作为主体显现所具有的可能性的自我的统一体。也就是每一个可能的其他主体的显现，是对自我主体与所有其他可能主体而言，都是主体间性地构成的；每一个主体的显现，预设了匿名的主体的共同主体间性的构成。这样，不仅外在对象是以主体间性的"客观性"形式显现的，而且每一个主体的显现，也具有类似的"客观性"特征。按照这种逻辑，甚至在内在的反思、自我主体的自我构成，也可能存在着"客观性"显现的样式和过程。

还有，需要强调的是，这种主体间的交互意向性相关于主体之间的相互经验和通达，因此就其视域意向性的类型而言，不同于主体对外在对象的意向性的类型。

这种意向性视域所揭示和显现的主体间性，根据什么以及如何作为对象构成的前提？主体间的视域意向性区别于主体与对象间的视域意向性的本质特性以及二者之间的关系是什么？对于第一个问题，在视域意向性的论述中，胡塞尔并未进一步追溯，而对于第二个问题，胡塞尔根本未曾论及。这些问题都需要回溯到先验主体性的内在意识结构的分析中去阐明。

第三种主体间性即先验主体间性问题涉及生活世界中的共同体关于超越性的对象的、客观性的经验如何先验地被构成的机制问题。

关于超越性的对象的经验的主体间性与客观性先天地相关。经验的主体间性意味着主体的这种对超越性的对象的经验不仅仅是个体的经验，而且相异主体的经验是可以相互验证的、一致的，因而是主体间的公共的经验。而我们对超越性的对象的经验的客观性的评定的最主要的标准之一是它是对于相异的主体而言共同的，而且我们相信对所有可能存在的主体而言都是如此。

主体间性意味着自我对超越性的对象的经验必然以他人对这同一个超越性对象的经验为前提才是客观性的。这种超越性的、客观性的经验，通常在具体的自我与他者的遭遇中构成。这种自我与他者都是作为具身化的主体而遭遇。自我对超越性对象的经验，同时伴随着对他者的经验以及对他者对超越性对象的超越性的、客观性的经验的经验。由前面视域关于意向性的讨论可知，在这里，对超越性、客观性对象的经验以自我主体与他者主体的相互经验为前提。当然，任何一个具体的主体间性的经验可能会是错的，但这并不影响主体间性与客观性的本质性关系。

先验现象学需要进一步追问的是，自我对超越性、客观性的对象的经验，如何不依赖于上述具体性层面的与他者的遭遇而本质上就是主体间性的？换句话说，先验主体间性主题面临这样的问题：第一，如果这个世界上仅仅存在我一个人，那么我的世界经验是否以及如何依赖于一种先验主体间性的模式而被构成？第二，更为根本的问题是，为这种主体间性的超越性、客观性的经验构成模式奠基的主体间的交互经验如何先验地构成？对于第一个问题中"是否"的问题，胡塞尔对此问题的回答是肯定的，但并未给出具体模式的阐释。这种肯定意味着肯定自我主体对超越性、客观性的对象的经验的任何构成行为受一种主体间性的构成的普遍性模式的支配。对于"如何"的问题，扎哈维的方案是，主体这种主体间性的构成模式的形成依赖于自我与他者的第一次遭遇的原初的主体间性经验，这种遭遇永远改变了自我主体的经验的范畴，使之成为主体间性的经验构成模式，从而使主体对超越性的、客观性的经验的构成成为可能。[①] 而后续的主体间的遭遇以及对超越性对象的构成，只是对这个原初地形成的主体间性的意向性构成的直观充实。

扎哈维的这种阐释把问题推进了一步，初步回答了对超越性经验的先

---

① ［丹麦］丹·扎哈维：《胡塞尔现象学》，李忠伟译，世纪出版股份有限公司、上海译文出版社 2007 年版，第 124 页。

验主体间性的构成模式如何形成的解释。但这种解释蕴含着这样的预设：自我主体与他者未遭遇前，是无法形成原初的主体间性的经验范畴，因此也就无法构成超越性、客观性的经验。这意味着主体间性是后来构成的，在此之前，孤独的自我主体的意向性经验是有一个前主体间性的"纯粹主观性"的模式和阶段。如果要为扎哈维的阐释辩护，那么可以说，由于胎儿从一开始在母体体内时，已经与母体处于一种主体间性的关系中，因而原初的自我与他者遭遇的原初的经验、意向性构成对象模式的转化在时间上看一开始已经同步地形成。但时间上的同步并不意味着在构成的先验逻辑上是同时的。

这种解释引发的另一个问题是，自我主体与他者在第一个原初遭遇的经验，是依据于什么样的先验规则因而是具有本质性的类型还是纯粹偶然地构成的？如何构成的？

还有，在经历了原初的主体间性经验后，永远地改变了的主体对超越性的经验构成模式如何能够在时间的流转中保持这种主体间性的经验模式？

这些问题表明，以往对主体间性的先验分析，已然追溯到了其先验构成的层面，但仍然遗留下很多问题。因为先验构成问题最终需要基于先验意识的结构进行分析才可能阐明。

第三节　结　论

从科学所构成的抽象的理念框架的世界图景向生活世界的还原，对于阐明科学的意义而言，只是初步的、预备性的阐述，只有在澄清了科学理论是根植于生活世界而发生构成之后，其先验阐明才能最终实现。而从生活世界向先验自我意识的先验还原，则是为了使科学、生活世界以及主体间性问题获得彻底的先验阐明，所有的奠基问题归结到在先验意识的最原初的层面去分析意识的自我构成以及构成关于他者和世界的经验的先验主体间性的运作形式的问题。

在对奠基的最终层面进行先验阐明之后，就可以立足于先验的态度和视角，对于具身性的主体性、先验主体间性以及生活世界的先验发生构成的形式和本质性的机制进行进一步的先验阐明。最终，则是对科学的理论构成的意向性的经验结构以及历史的、先验的发生构成机制以及本体论等问题的阐明。这些立足于先验态度和视角的分析，将是后面诸章所要展开的对第一章所设想的自然科学现象学的理论奠基问题以及主要研究的主题的研究的理论前提和基础。

第三章　先验主体间性的现象学

第一节　先验主体间性问题概述

主体间性问题是现象学的核心问题之一，对于我们理解自我、主体、世界和社会等，都具有非常重要的意义。先验主体间性问题能不能在现象学的框架内得到很好的解决，或者说先验现象学能不能和一种先验主体间性兼容对于先验现象学自身的成败也是关键问题之一。实质上，先验的主体间性能否建立的问题，涉及到对先验现象学的重新理解问题，即是否可以把胡塞尔现象学重构为一种先验主体间性的现象学。正如扎哈维所说，"胡塞尔常常写道，他对先验主体间性的现象学处理的目标是使他的构成分析完成，并且只有他对主体间性的反思才使得对先验现象学的充分和正确的意义是可理解的。"① 因此，对于主体间性问题的现象学研究对于现象学本身而言具有非常重要的意义。

一　主体间性问题及其现象学的分析进路

（一）主体和主体间性问题

主体间性问题是关于对他人的经验的问题。它和所谓的他心问题有很大的相关性，或者很多人往往把二者等同地看待。他心问题一般的表述是我们如何获得关于他人的心灵的知识或如何感知他人的心灵状态的问题。而这种概括并没有全面地涵盖主体间性问题的主要内容。主体间性问题更恰当的表述是主体之间的关系问题，或者说主体之间的可通达性问题。

---

① Zahavi, Dan, "Intersubjectivity." In S. Luft & S. Overgaard (eds.): Routledge Companion to Phenomenology. London: Routledge, 2011.

　　主体性和主体间性是相互依赖和互补性的观念，我们对主体间性问题的理解和分析，总是涉及到对主体性问题的理解。事实上，主体性和主体间性是内在相关的。因此我们必须把它们作为一个内在关联着的整体来分析。

　　对于现象学来说，讨论主体间性问题是为了彻底澄清自我和他者的内在关联，并克服胡塞尔的先验现象学所可能面临的唯我论和怀疑论倾向。通常，人们对于胡塞尔现象学的主体间性理论的印象主要是来源于胡塞尔在《笛卡尔式的沉思》中的表述。在那里，胡塞尔强调先验自我作为一切意识生活的阿基米德点、意向构成对于意识现象的关键作用，以及对先验还原的突出。这使得人们质疑胡塞尔的现象学会不会堕入唯我论的泥潭而不可自拔。对于意向性构成的强调会使得他者无法获得和自我一样平权的主体性的地位。因此后来的现象学家们纷纷抛弃胡塞尔的先验现象学进路而另辟蹊径地探讨如何使现象学摆脱唯我论困境的主体间性问题的解决方案。

　　而在胡塞尔看来，先验现象学和主体间性并不是不相容的，他从早期到晚期的整个现象学研究中，主体间性问题一直是最重要的问题之一，而且他设想了不止一种解决方案。走向先验的主体间性，对他而言不是改弦易辙，而是对现象学的主体性视角的彻底化和他的整个构成性理论完善所必然要解决的问题。他认为，"彻底地执行先验还原最终会通向先验主体间性的揭示"①，"只有主体是一个共同体的成员，他才是经验世界的（Hua 1/166），即只有当自我是伙伴（socius），即一个社会性的成员时，他才是其所是（Hua 15/193），且彻底的自我反思必然导致绝对的主体间性的发现（Hua 16/275，472）"，而且"他相信这个主题包含着理解客观实在性和超越者的构成的关键"②。

　　可以说，对于主体性的理解不同，解决主体间性问题所面对的问题和所要解决的问题也会相应地不同。很多的人对主体性（包括对现象学的主体性观念）的认知还仍然停留在康德式的理解阶段，即：1. 把自我和

---

　　① ［丹麦］丹·扎哈维：《胡塞尔现象学》，李忠伟译，世纪出版股份有限公司、上海译文出版社 2007 年版，第 118 页。

　　② 同上书，第 132 页。

他者都看作是孤立存在的主体，我们都被封闭于自己的经验的世界中。2. 这种主体对他者的认识类似于对其他客体对象的认知，都是对超越性存在的对象化、主题化的认知。3. 我们不能直接获得关于他者心灵的知识。这种前提设定对我们理解和解决主体间性问题造成了关键性的障碍：在这种设定之下，自我不可能直接认识他者，只能通过自我和他者的类比来判断他者心灵状态。因此，按照这种思路，以第一人称的视角去解决主体间性问题是不可能的。

因此，只有重新理解主体性，才可能为主体间性问题的解决找到新的路径。

（二）主体间性问题的现象学视角

由于主体性涉及主体的自我觉知和非主题化的自我经验，因此主体性的问题必然不能限于从外在于主体的第三人称的视角去理解。对于作为主体之间的关系的主体间性问题，也无法从第三人称视角得到全面的描述和分析。对于主体性问题而言，第一人称视角的分析是首要的和奠基性的。由于对于主体间性问题的分析，总是以对主体性问题的理解为前提的，因此对于理解主体间性问题，对它的第一人称视角的分析不仅是必要的，而且是首要的和基础性的。因此，可以说从第一人称视角对主体间性问题的理解是对它的其他理解方式的前提和基础。也就是说，对第一人称视角的研究并不排斥其他理解方式，反而会为它们的理解的深化提供一个更为一般的基础。

因此，现象学对主体间性问题的分析，总是以第一人称视角的分析为其基础。众所周知，语言具有典型的主体间性的特征，而且从语言的角度切入主体间性的研究是当代哲学的流行的做法。但是，虽然现象学家们不拒绝语言角度的分析，但他们总是试图以前语言和外在于语言的方式去探索主体间性问题，因为对于内在地关涉于主体性的主体间性问题而言，以第一人称视角的内在分析，才符合现象学的明见性原则。

毋庸置疑，我们都具有关于他者的具体经验，经验性的主体间性经常性地出现在我们的日常生活中。在自我的视域中，他我显示为自我的他我经验；同时，自我显示为他的他我经验；同时，这种自我作为他我，能被自我经验到，而且是通过他我在自我中的显现而被经验到。但是，这种经验性的主体间性的发生，要依赖于自我与他者在具体情景中的相遇，而且往往伴随着很多的随机性的条件，例如面对面的注视、身体的互动或者语言性的交流，因此这种经验性的主体间性是带有偶然性的。而我们寻找的是作为这种经验性的主体间性的先天的条件，即一种先验的主体间性。

我们必须论证是否存在作为经验的主体间性的先验根据的先验主体间性的存在。

（三）先验主体间性面临的主要问题和困难

先验的主体间性问题的核心任务在于论证如下的问题：一，他者如何作为与自我主体具有平权性的主体，也就是如何证明他者也是和我一样的主体。二，自我和他者以什么方式相互通达，就是这种主体间性是通过什么方式建立和实现的。前者需要论证，他者并不仅仅是我的意向对象，而是和我一样的主体，是他我，而我是作为其他主体中的一员而与他们共在。后者要解决的是揭示和描述自我与他者的交互主体性实现的途径和内在机制。这两个问题实际上是相关的，对于第二个问题的解决，是彻底解决第一个问题的关键。

第二个问题是解决主体间性问题的关键，也是困难所在。因为如果没有对自我如何经验他者的方式有深入的理解作为基础，对第一个问题的解决容易沦为形而上学式的假设。这个问题的困难在于，对于自我的觉知和对于他者的经验完全是两种不同类型的经验，前者是自我主体的自我觉知，有内在性和直观的明见性；而后者则是相关于外在的、超越性的对象的经验。他者是超越性的、他异性的、意向性的存在，我们无法直接通达他者的心灵，而只是通过他们的具身性的行为和表情来经验他们。

在这里，我们首先遇到的一个问题就是如何克服传统的心理学造成的对我们的身体和心灵的错误理解，前者被理解成完全是物理对象，而后者被看作是隐藏在内的心灵状态，二者是截然二分的、没有关联的存在。在这种理解模式下，最为流行的心灵理论是移情理论。而哲学家们以往是以移情的方式来理解自我对他者的认知方式，即以对自我主体的表性、行为和经验的内在关联的体验为基础，投射到他人身上，根据他人的表情和行为与我的表情和行为的相似性，认为他人具有和我自己的体验类似的体验。

这种方式往往被人诟病，不仅是因为它并不是建立在对他者心灵的直接经验上，而是往往采用推理、模拟和投射来间接认知他人，更主要的是它对我的自我体验和对他者的经验的理解都做了歪曲。正如舍勒所揭示的，这种传统心理学的类比移情理论背后隐藏着几个基本的预设：第一，自我对他者认识的出发点是自我的意识，而这种自我的意识是纯粹精神性的、直接的、无中介的。我之所以能够认识他者，就是因为我已经认知了自己的心灵。我只能认识我自己早已经经验的。第二，我们无法直接经验他人的心灵，而只能知觉他们的身体性的表情、姿势和行为。[①] 现象学家们大都认为，这种理论的预设是受传统心理学的框架所影响而形成的成问题的和未经证明的偏见。我们自己的心灵并不只是自我一个人才能经验的，他者也可以经验。我们对他人的经验，虽然不同于我们自己内在的体验，但也不等于只有类比推理的通达方式，我们可以有不同于自我体验的经验他者心灵的方式。[②]

因此，现象学的主体间性研究要突破传统心理学和传统移情理论的困境，就需要通过重新理解自我主体、自我体验的方式、他者、对他者的通达方式、移情等基础性的概念而重新理解自我和他者的关系。

而对于现象学对主体间性问题的解决，还面临着另外一个任务：后来的现象学家们必须摆脱现象学尤其是前期的胡塞尔的先验现象学所面临的唯我论困境。在前期的胡塞尔那里，对先验主体的意向构成的强调，容易导致把他人和主体间性看成意向构成的产物。这使得自我和他我之间的平权性成为了问题。因此，对先验主体间性问题的解决，首先需要重新理解现象学意义上的主体性的结构，需要解决先验主体间性是如何被奠基的，也同时要使得先验主体间性是一种构成性的主体间性，也就是我们从先验的主体性的意向构成转向先验的主体间性的意向构成。只有这样，才可能解决现象学要建立一种原初的先验主体间性的努力和作为现象学的方法的先验还原之间看似的矛盾和冲突，以新的视角去理解现象学视野中的主体间性问题。当然，后期的胡塞尔为克服前期现象学的唯我论危险而努力地以先验的主体间性研究来重新理解现象学的主要问题。"胡塞尔的后期现

---

① M. Scheler. , *The Nature of Sympathy*, London: Routledge & Kegan Paul, 1954 , p. 244.

② M. Merleau – Ponty, *Sense and Non – Sense*, Evanston, IL: Northwestern University Press. , 1964 , p. 113, p. 114.

象学可以被看作是一种对可以被称为先验哲学的主体间性转向的明确地捍卫。"①

我们需要寻找到一种自我主体可以通达他者主体的先验基础和进路。先验主体间性问题，其要义在于自我和他我作为主体必须具有平等性、平权性。

二　现象学家们对主体间性问题的主要探索

（一）现象学对主体的重新认知：具身化的主体性和主体间性

对于主体间性问题的困境，现象学家们大多采取舍勒和梅洛·庞蒂的解决进路，即采用具身化的知觉方式来解决如何经验作为主体的他者的问题。这种解决方案突破了传统把主体看作精神性的看法，认为我们的心灵是具身性的，因此他者的身体不再是一个物理对象，而是鲜活地在世间生活着的具身化的主体，是具有心灵和精神的身体。如萨特指出的，"他者的身体总是在一个情境中或有意义的语境中给予我，这种给予由那个身体的行为和表情共同决定。"②

如前文所说，我们对主体间性的理解总是已经预设了某种对主体性的理解。现象学家们对主体性问题的理解首先就是以对主体性的重新理解为前提的。不同于康德式的闭合而纯粹意识的内在的自我在场，现象学家所理解的主体是具身化的，也就是主体不再被看作是纯粹的意识和物理的身体的复合体，而是意识渗透着身体，而身体则是有心灵的身体。对于具身化的主体而言，他的心灵状态和精神并不是隐藏在身体里的，而是渗透在他的身体性的一切表情、动作和行为中，通过它们而表达出来，害羞、愤怒和快乐不再是不可见的情绪，而是具身化的行为和活动。而这些表情、动作和行为不再是简单的物理运动，都是作为主体的心灵的表达性的显现。不仅如此，他者的具身化而使得其心灵不再是对自我而言不可见、不可知的，我们可以通过其具身化的外在表达而通达它。

这种主体是朝向对象和他者，并对其开放自身。正是在这种开放性中，在它和世界的相互关系中，他才实现自身。它在这种我们对世界和他

---

①　cf. D. Zahavi, *Husserl and transcendental Intersubjectivity*, Athens: Ohio University Press, 2001.

②　J. - P. Sartre. , *Being and Nothingness*, London: Routledge , 2003, p. 369.

者的认知，也不再是纯净的意识里的构造物，而是具身性地认知的。也就是说，"身体并不是先被给予我们，然后才被用于研究世界。相反，世界是作为身体性地被研究着而给予我们的，并且身体在对世界的探索过程中向我们揭示。换言之，我们是通过知觉到自己的身体，以及它和对象相互作用的方式，才知觉到知觉性的对象，也就是说，如果没有一个伴随的身体性的自我知觉，无论是主题性的还是非主题性的，我们就不能感知到物理对象"①

具身化的主体间性就体现在我与他者的相互面对及互动性的活动和行为中。我们的彼此冲突和碰撞也是主体间性的表达形式之一，而且这种情景典型地具有自我和他者作为平等的主体的意义。

具身性的主体对自我的经验并非像以前人们所设想的那样是完全透明和充分的。如舍勒否认主体对自我的最初的熟知是纯精神性的，也否认这种熟知先于我们对自身的表达性的运动和行为的熟知。

对于他者的认知而言，具身化的认知也是属于直接的、类似知觉的而非推理和类比的认识，但是这种认知和第一人称的自我经验是一样的吗？对于自我主体具体经验他者的形式，现象学家们的看法往往有差异，大多数现象学家都认为对于他者的经验不同于第一人称视角下的主体的自我体验。

在这种新的理解框架中，移情的观念并非完全没有用，而是要对它进行重新理解。"我们可以接受海德格尔的主要观点同时仍然认为移情是有用的。我们可以简单地认为我们对他者的理解是情景化的，并认识到，如果正确地理解，移情不是把自己感性地投射到其他人，而是一种把行为经验为心灵的表达的能力，一种能够在他人的表达性的行为和有意义的行动中通达他人心灵的能力。"②

舍勒坚持认为，我们能够移情地经验他者的心灵。③ 但是其他现象学家大都持否定的态度。胡塞尔认为，就直接性而非推理性而言，移情具有

---

① ［丹麦］丹·扎哈维：《胡塞尔现象学》，李忠伟译，世纪出版股份有限公司、上海译文出版社 2007 年版，第 111 页。

② Dan Zahavi：2011，"Intersubjectivity." In S. Luft & S. Overgaard（eds.）：Routledge Companion to Phenomenology. London：Routledge .

③ M. Scheler. , *The Nature of Sympathy*, London：Routledge & Kegan Paul, 1954 , p. 220.

准知觉的性质，但是就它并不直观地给予自我关于他人心灵的经验而言，它又是非知觉性的，我们对于他者的身体性的显现的认知毕竟不同于主体的自我经验。[①] 自我经验与对他者经验的差异，不应该被看作主体间性的缺陷，唯有如此，自我才能把他者经验为不同于自我的他者。

　　现象学家们通过具身性的来解决主体间性问题，获得了很多对主体性以及对自我和他者的关系的洞察。但是这些研究往往并没有对其具体的经验性的主体间性的先验根据、先验条件进行系统而全面的分析。例如，具身性对于我们认知世界和经验他者具有根本的重要性，可以说具身性的主体塑造了我们对世界和他人的经验。但是这种世界经验的主体间性使得它并不完全依赖于自我的具体状态。而且，具身性并不能彻底消除身心之间的界限，身体具有双重性，它既是构成我们关于世界的经验的前提而具有非对象性，但也可能在自我的注视中作为我们经验的主题化对象、客体。因此，它对于先验主体而言，仍然具有某种外在性和超越性。这样的话，我们立足于先验主体性而对主体间性问题的先验澄清就无法停留在具身性的主体性层面，而需要对先验主体性进行更为彻底的分析和阐明。

　　（二）胡塞尔对主体间性的先验维度的论述

　　在胡塞尔看来，我们对主体间性的分析不应该停留在对自我和他者的具体相遇和对他者在具体情境中的经验的层面上，主体经验他者的内在机制并不如舍勒和列维纳斯等人所认为的那样是不可分析甚至神秘的，也不是超出主体的任何能力和条件的、带有偶然性的遭遇。现象学家的任务是要对主体间性之所以可能的条件进行先验的澄清。从胡塞尔现象学的视角看，先验主体间性并不是某种在这个世界中客观实存的、能从第三人称的视角来描述和分析的结构，而是一个自我自身也参与的，主体之间的关系。换言之，先验主体间性只有通过对自我的经验结构的阐明，才能够被揭示出来。这不仅指出了自我的主体间性结构，也指出了主体间性的自我的根植性。[②] 我们需要具体地分析和刻画自我经验他者的途径和机制、具身性和主体间性之所以可能的先天条件，而对先验主体间性的理解必须以

---

　　① 　Dan Zahavi: 2011, "Intersubjectivity." In S. Luft & S. Overgaard (eds.): Routledge Companion to Phenomenology. London: Routledge.

　　② 　［丹麦］丹·扎哈维:《胡塞尔现象学》，李忠伟译，世纪出版股份有限公司、上海译文出版社 2007 年版，第 132 页。

对主体间性在先验主体的意识结构中的根据的彻底分析才有可能。"一个进行得足够彻底的先验还原不仅仅导向主体性，而且也导向主体间性"①，因此胡塞尔主张在先验现象学的框架内对主体间性问题进行广泛分析。

而且，在胡塞尔看来，自我、他者和世界是三个相互补充和相互依赖的维度。我们对主体关于世界的经验的客观性的界定总是以这种经验的主体间性的有效性为条件的。也就是说胡塞尔主张超越性、实存性和客观性的经验都是主体间性地构成的。因此对自我和他者对于世界的经验的分析是澄清先验主体间性问题的重要前提。胡塞尔认为舍勒等人过于专注于具体的经验分析而忽略了主体间性与客观性构成之间的内在关联。

这里需要澄清的是，当胡塞尔说通过对先验主体性的彻底分析来解决先验主体间性问题时，其先验主体显然不是孤立的、内在封闭的、作为整个主体和世界的显现都需要经过先验还原而导向的、意识的阿基米德点，而是开放的、处于先验的主体间性的社会中的主体性。在胡塞尔看来，对于先验主体性的分析最终必然达到先验的主体间性。

三 意向性视域的分析进路

先验主体间性一直是胡塞尔的先验现象学关注的重要问题之一，因此胡塞尔对先验主体间性做过多种形式的、大量的分析和描述。对应于自我和他者的不同的关联方式，提出了三种类型的先验主体间性：1. 在我们的视域意向性中预先发挥其作用的开放的主体间性；2. 在我们对具体的他者的具体经验中的主体间性；3. 属于代际传承的、规范性的、约定性的和传统性的先验主体间性。这里先论述前两种先验主体间性。②

当代现象学家扎哈维在《视域意向性与先验主体间性》一文中，通过对前两种先验主体间性问题的分析，论证了胡塞尔的先验现象学也是先验主体间性的，并不会像通常误解的那样，会陷入唯我论的困境。下面将对扎哈维的论证做一个简要的描述，并就其中的主体间性问题做进一步的分析。扎哈维首先将胡塞尔的视域意向性问题作为切入点来论证我们认识

① ［丹麦］丹·扎哈维：《胡塞尔现象学》，李忠伟译，世纪出版股份有限公司、上海译文出版社 2007 年版，第 132 页。

② Cf. Dan Zahavi："*Horizontal Intentionality and Transcendental Intersubjectivity*". *Tijdschrift voor Filosofie*59/2，1997，pp. 8—9.

意向性对象已经是预设了存在着开放的主体间性作为其前提条件。在我们知觉超越性的意向对象时，对象总是以某些侧面呈现给我们，而其它的侧面则始终对我们隐而不显。按照胡塞尔的视域性理论，对象存在一个整体视域。虽然有些侧面并不在直观中显示给我们，但是对象视域的整体决定了这些显现的侧面和未显现的侧面是一个整体，未显示的侧面总是可能被我们在直观中间接把握。但是这种主观的可能性并不存在于主体的想象中，也不是必然在未来的某些时候为我们现实地直观。①

对象的某些侧面对我的当下显现与另一些侧面的同时显现是不相容的。但是，存在可能的其他主体，我不能当下直观的某一对象的侧面，可以为这些可能的主体所把握。也就是说对象的视域决定了对象是对多个主体开放的。这种对象视域的开放性指向了一种先验的主体间性，胡塞尔称之为开放的主体间性。我的对意向对象的任何认知，总是已经以这种开放的主体间性为前提的，后者总是已经在前者中起作用。换句话说，对意向对象的构成，是多个主体共同发挥功能并有构成性的贡献。② 当然，我对对象的知觉是我自己的活动独自地构成的，但这种构成已经是以开放的主体间性为前提了。

接下来需要论证开放的主体间性和对具身化的他者的具体知觉之间的奠基关系，即对具身化的他者的具体经验是开放性的主体间性的前提，还是开放的主体间性使得主体对具身化的他者的认识成为可能。

初看起来，胡塞尔好像赞同第一种观点，即对他人的具体经验是构成我们相关于开放的主体间性的可能性的条件。对这种观点胡塞尔有两种可能的论证，一种是论证我们对他人的具体经验使得我们共同的世界视域不断扩大，因此对他人的具体经验是视域意向性所指向的开放的主体间性条件。但扎哈维论证地说当我们谈到我们不断扩大的客观世界之时，已经预设了不确定的他者的开放的视域性。另一种论证是，当我能像其他人经验我一样去经验他人，当我认识到我被给予他人的方式和他人被给予我的方式相同，我仅仅是大家中的一员的时候，我才能够构成关于世界的客观的经验。

---

① Cf. Dan Zahavi：*"Horizontal Intentionality and Transcendental Intersubjectivity"*. *Tijdschrift voor Filosofie*59/2，1997.

② Ibid.，pp. 2—3.

即便如此，我们关于他人的具体经验既不能解释也不能奠基视域意向性中所涉及的开放的主体间性。但是如果我们的视域对象性能为我们指向开放的主体间性的话，那么我的视域意向性，进而我对显现对象的觉知暗示了一种先天地指向外在主体的构成性的贡献。

哲学家们对胡塞尔晚期手稿的研究揭示，在上述两种先验主体间性中，对他人的具体经验的主体间性奠基于视域意向性所指向的开放的主体间性。扎哈维以主体的意向视域中，以对对象的知觉侧面和共显却未知觉的侧面之间的关联关系的分析，指出其他未知觉侧面是可以为其他主体知觉到的，进而认为这指向了存在先验的主体间性。

因此，扎哈维认为，胡塞尔对先验自我的彻底检查最终不可避免地导向了先验的主体间性问题。

从胡塞尔的视域意向性切入主体间性问题分析的优点是明显的：1. 此论证避开了自我如何经验他者问题所遇到的诸多困境，转而以视域意向性论证了多主体性，从而间接地论证了主体间性。2. 此论证并不像以往很多现象学家那样把目光局限于主体之间，而忽略了自我、他者和世界是一个统一的整体，对于主体间性的彻底论证必然要涉及多个主体之间以及他们与世界之间的复杂关系。但是此论证也存在着一些疑问：1. 从视域意向性是否能够真正指向主体间性？因为当由主体对对象侧面认知的局限性，所指向的不同于主体当下视角的其他视角的认知，其主体是真正外在于我的主体，还是自我的想象中的变型？因为自我的经验与对他人的经验存在巨大差异，因此缺乏对其他人的具体遭遇的情况下，如何实现由自我的视角指向外在于我的其他主体的、与自我视角互补的其他主体的视角，而不使其沦为自我的想象变更中的自我主体？2. 即便视域意向性揭示了开放得多主体性，但这些主体都只是建立了与对象之间的意向性，虽然以之为中介建立了间接的主体间性关系，但主体间直接通达的可行性并没有被揭示出来。

所以视域意向性的更重要的意义不在于它指向视角可以互补的多主体，而是可以显示多个主体对于同一个对象的经验具有相似性或同一性，从而使主体变成为多主体共同体中的一员。而且这种经验的相似性或同一性不限于对对象的认识，同样重要的是主体间的经验的共同性，以及由此而获得的对同一主体的经验的相似性，更进一步指向了开放的主体间性。这种开放性典型地体现在自我、他者与世界之间的相互开放、相互显示和相互照亮。

四　原初的意向性与原初的先验主体间性

（一）由对象意向性的视域意向性到对他者的意向性

上文以视域意向性为切入点，以其指向多主体性来论证先验主体间性。我们把它做一种扩展，即把他者也看作一个有整体视域的对象。这样的话，对他者可以有互补性的多主体的视角，其中典型的三种是第一人称的视角和第二人称及第三人称视角。这样对使得每个主体获得了多主体的认知方式。而且这种方式也指向了一种先验的主体间性。这种先验主体间性克服了前面的开放的主体间性的间接性而为主体间的直接通达打开了通道。

在此基础上，我们再推进一步，由对象性的意向性回溯而寻求其奠基性的原初的主体与他者及世界的关联关系，从而突破在对象性的、主题化的层面认知他者，即由具体的主体间性回溯原初的先验主体间性。在这个过程中，意向性是我们探索的主要线索。

（二）原初的意向性

在现象学中，意向性往往是和对象性意识、主题化意识相关联的，由于他者也可以作为意向性意识的对象而被认知，因此主体和他者可以通过意向性关系而通达。但是，在主体间性问题中，他者是其他的主体，而不能仅仅被看作认知的对象。况且这种对他者的对象性的意向性构成是通过移情而实现的，对移情的方案的批评也伴随着对它的拒斥。因此一般意义上的意向性理论很难解决主体间性问题。

但是，自我主体和他者，以及世界，并不仅仅靠这种主题化的意向性构成才关联在一起，在前主题化和对象性的层面，主体和他者、世界应该具有更为本源性的关联。

有人提出原初意向性的概念，用来解决主体间性问题。他是通过分析梅洛—庞蒂的具身性知觉理论而提出了具身性的主体有一种先于对象化和主题化的具身性的原初的意向性。这样就可以建立自我和他者以及世界的三者间的更为原初的通达的通道和关联方式。①

---

①　Almäng, Jan., *Intentionality and Intersubjectivity*, Acta Universitatis Gothoburgensis, 2007, pp. 100—105.

但是具身性的身体或主体具有主体和对象的双重属性，它既是主体与世界的关联形式的根据和塑造者，是非对象化的，但也可以被对象化而作为认知的客体。因此，这个层面的原初意向性并不能作为经验性的主体间性的最为根本的先验基础。

先验的主体间性在先验自我的结构中有其本质性的规定，或者说先验自我本质上就是先验地主体间性的或社会性的。因此，我们必须要在意识的先验结构中寻找先验主体间性的最终基础。如果自我、他者和世界在比具身性更为本源的层面上相互关联着，那么这种关联是否也对应着一种原初的意向性呢？这就是下节中要探索的问题。

第二节　原初意识之流与内在时间意识

自我主体对他者主体的经验的构成是一种对既是超越性又是主体性的经验的特别形式的构成。而先验主体在构成超越性的对象的同时，也进行着自我构成行为，这两个方面不可分割而且相互依存。在具身性的先验主体性的构成中，这两种形式经验的构成模式综合性地运作。而这种自我主体的具身性经验的构成对于自我对在他者的经验的构成中具有根本性的奠基性作用。因此，要寻求主体间性在先验主体性中先验根源，就需要深入到先验主体性的先验分析。

先验主体性具有复杂性的结构（包含具身性的主体性），其中最为核心而根本的层次就是先验自我意识，因此对先验主体性的分析首先集中于对先验自我意识的深层意识结构进行彻底的分析。在先验现象学中，所谓先验自我意识其实是一种原初地被给予的意识之流。因此，对意识的结构的分析的中心任务，就是对原初的意识之流的分析。对先验主体间性的阐明，需要论证先验自我意识是否在本质上就是先验地向他者开放的、主体间性的或社会性的。

一　内在时间意识与先验自我的原初意识之流

对于先验现象学而言，先验主体性的最核心的部分就是所谓先验自我意识。这里的先验自我既不是笛卡儿意义上的心灵实体或任何心理功能的最终载体，也不是康德意义上的孤独的先验意识主体，而仅仅是指原初给予的意识之流。这种原初的意识之流是先验主体的意识生活的最底层的层面。这种原初的意识之流是整个自我意识生活的同一性和统一性的根源，因此被称为先验自我意识。更一般地说，它往往被与第一人称视角联系在一起，或者就被看作是对第一人称视角或主体的自我觉知的名字。

这种原初的意识之流的最主要的形式就是意向性的意识行为—意向相关项结构以及非意向性的意识体验。对于意义以及意义对象，是通过意向行为感知或者直观到的，而对于意识行为本身，是被体验到的。因此，意识具有双层的结构，除了对意向性对象的意识，意识还具有一种非对象性的自我觉知或自我显现的结构。因此，意识之流在体验或者意向地觉知之时，也具有一种原初的、非对象性的对自我的觉知（self - awareness），这里的自我仅仅是指意识之流本身。这种自我觉知属于意识的最深层的结构，它显现了意识的行为与经验的前反思的内在结构。

在胡塞尔的内在时间意识理论中，意识之流的这种自我觉知、自我显现的内在结构被称之为内在时间意识。内在时间意识是这种原初的意识之流的原初的先验形式结构。它使得原初意识之流在其时间化的变动不居的延绵中，仍然保持着意识之流的整体的内在统一性和某种自我同一性，因而这种流变的意识能够称之为先验自我意识。

这种结构的第一个维度是纵向的时间性的维度。按照内在时间意识理论，原初意识之流的结构被刻画为由原初印象—滞留—前摄等三种意识构成的延绵不断的意识的赫拉克利特之流。也就是意识表现为一个时间性的场，在这个场之中，核心处最亮的是"当下"的意识觉知这个点，与其相区别，其具有前摄性意识，对应于即将到来的意识，也具有后滞性的部分，对应于即将过去的意识。因此，原初的当下意识与滞留意识、前摄意识并没有一个明确的界限，而是有一个连续变化的意识带。如果三者的关系做个譬喻，就像这个意识场中间是最亮的，而向将来和过去延伸的部分，逐渐暗淡。前摄意识不断进入当下，当下的意识又立即变为过去的滞留意识，整个意识的所有部分都在这样的由时间性的统一场中不断同步变动。这种变动中，意识保留了历时性延绵中的有序性和自我同一性。它使得滞留的意识和当下的意识以及将要到来的意识处于一个时间性的历时性序列当中。

也就是说，整个意识流处于一种前后的序列之中，前后之间，既是具有前后的连续性和同一性的一面，又是不断地流变的，因而具有相似性，但又是差别的。在这种差异性和变动性中，这种原初的意识流也能够保持一种内在的统一性。它不仅使得意识在历时性之流中的统一，而且使得意识的各种类型的可能的经验，都能统一在同一个原初的意识流中，并且使得这些不同类型的经验相互能够区别开来并保持各自的特性。

内在时间意识并不是意识的一个独立的部分或者层次，而是一种具有自我觉知的原初意识之流的统一性结构。这里所谓的意向性，并不是客体化、对象化的意向性，而是前对象性、前谓词的意识的自我统摄、自我统一性的关联机制。这种意向性是一种最为原初的意向性。

先验自我意识的体验以及自我觉知的意识，是非主题化、非对象性的、前反思的、前谓词的意识，因此被称为自我意识。这种自我意识的存在，使得对原初意识之流的反思成为可能：反思之所以可能，是因为在反思之前已经意识到了所要反思的对象，尽管这种原初的意识是非对象性的，只有反思才使得体验、意向行为被主题化、对象化。这种意识的原初的自身意识也就是使得现象学直观的方法论得以可能的先验奠基。前面所述的内在时间意识结构其实是通过现象学的直观对自我觉知意识到的原初意识之流的先验结构的描述。归根结底，先验主体的原初地发生的意识和被现象学的直观所反思性地、主题化地把握的意识，是同一种意识之流的两个方面。

由上述可见，作为先验自我意识的原初意识之流具有一种时间化的内在结构和动态的统一性、自我同一性，也具有原初的自我觉知。但这种内在时间意识结构所显示的所谓自我，并非任何传统意义上的自我（ego），而仅仅显现出主体的意识是第一人称地被自我给予的、具有自我统一性的。它所包含的所有原初自我体验和反思性的自我经验是内在的而非超越性的。先验主体因为这种内在经验而使自身区别于其他主体和超越性对象，先验自我或者先验主体性由此区别而显示自身是有界别的、有限的主体。相对于在世界之内的、具身化的自我或经验自我，这种原初意识之流层面的先验自我意识与其说是自我，倒不如说是一种"无我"的意识。

二　原初的意向性与先验主体性

首先概述一下原初意向性的概念。在现象学中，意向性往往是和对象性意识、主题化意识相关联的，由于他者也可以作为意向性意识的对象而被认知，因此主体和他者可以通过意向性关系而通达。但是，在主体间性问题中，他者是其他的他主体，而不能仅仅被看作认知的对象。况且这种对他者的意向性构成是通过移情而实现的，对移情的方案的批评也伴随着对它的拒斥。因此一般意义上的意向性理论很难解决主体间性问题。

如前所述，Jan Almäng 提出原初意向性（Primordial Intentionality）的概念，用来解决主体间性问题。他是通过分析梅洛·庞蒂的具身性知觉理论而提出了具身性的主体有一种先于对象化和主题化的具身性的原初的意向性。[①]

但这种意义上的具身化的原初意向性有其局限性。具身性的身体或主体具有主体和对象的双重属性，具身性的主体性奠基于先验自我意识的原初的层面，因此，具身性层面的原初意向性并不能作为经验性的主体间性的最为根本的先验基础，对于原初意向性的阐明必须在最为原初给予的意识之流的内在时间意识的结构中去探索。

如上所述，先验自我意识所具有的内在时间意识的先验形式，使得先验自我意识能够对刹那生灭、动态流变的意识流进行自我统摄，使得其始终保持为既是历史性地延绵、变动、自我差异化而又具有内在统一性和自我同一性的、第一人称地自我给予的意识现象的整体。

这种自我统摄，作为一种原初的、前反思的、自发进行的意识的自我构成行为，奠基于内在时间意识的先验形式以及意识的自我觉知。这是一种自我的认知、自我把握、自我统摄、自我构成、动态的自我统一化以及自我同一化的动态过程。从理解角度看，这种自我统摄、自我构成可以类比于意向性构成，因此也可以分成意向性行为和意向性对象、构成与被构成、主动与被动等两个方面。从这种角度讲，内在时间意识包含着一种原初的意向性（Primordial Intentionality），由于意向性的两个方面其实是不可分的、非对象性的，因此也可以称之为原初的自我意向性（Primordial Self - Intentionality）。内在时间意识的统摄行为和觉知行为类比于意向性行为，被其统摄和被觉知的意识内容，类似于意向相关项，而这种先验主

① Jan. Almäng. , *Intentionality and Intersubjectivity*, Acta Universitatis Gothoburgensis, 2007, pp. 100—105.

体性的意识生活的整体，则类比性地称为先验主体性的内在视域。

先验主体性"内在视域"不同于对超越性对象的直观的视域，而是非对象性的先验意识的自我觉知、意识体验的可能范围。这个视域由内在时间意识先验形式所规范，并先天地限定了先验主体性的类型上的本质特征。只有在对先验主体性的反思性的自我意识中，这种视域才被对象性地认知。这种内在视域使得先验自我意识显现为作为一个自我、主体。同时，这种先验主体性的内在视域包含所有意识体验的范围，也包括所有先验主体的意识行为的范围。而意向性的意识行为又具有其本身的视域，因此这种先验主体性的内在视域统摄了整个意识生活的范围。这也就是为什么胡塞尔说具体的自我、他者和世界，都在先验自我的意识生活之内，而先验自我意识却并非世界之内的对象的原因。

相比对超越性的、客观性的对象的意向性意识的视域，先验主体性的内在视域是一种内在的、原初的视域。虽然这种视域只有通过本质直观的反思才能把握，但它原初地存在于先验自我意识的本质结构中，却并非对象性的存在者。

从这种原初的意向性视角看，原初意识之流整体就是这种先验主体性的内在视域的最内在的层面。对于先验自我意识而言，内在时间意识的形式，并不只是意识的空洞的、静态的形式，而是原初意识之流的如何自我意向性指向、自我构成并被自我体验充实的先验形式。原初给予的意识之流的延绵过程，就是一种先验主体性的原初的时间化的连续的自我构成的过程。

需要说明的是，这种自我构成统摄的方面和被统摄的方面是这里出于描述的方便进行的区分，实际上并不是两种不同的意识，也不是一般意义上的客体化的意向性行为和意向对象的关系，而是同一种意识的两个方面。由前述先验自我意识的自我觉知的本质特征可知，自我觉知并不能区分为觉知行为和被觉知者，它是一种非对象性、前反思、前谓词的意识的自我体验。而先验自我意识以内在时间意识的先验形式的原初的自我统摄和自我构成，也是非对象性的原初的行为，并不同于普通的对象化、客体性的意向性行为。

这种内在时间意识中的非对象性的、前谓词的最为原初的意向性，是现象学所描述的对象意向性的先验基础。首先，对象意向性行为是一种对象性、客体化的认知行为，它指向乃至构成意向对象。而对象意向性或者是对超越性、客观性对象的意向性，或者是对意识行为的反思性的内在的意向性。这种对对象的指向、立义行为，把对象把握为一个具有内在视域的统一性的整体。相比这种对象性的认知和把握对象的行为，内在时间意识中意识的自我觉知、自我统摄是一种更为原初、内在而被直观地充实着的意识行为，是一切意识行为的最底层。而且，如果说这种原初的、非对象性的、意向性的构成形式是先验意识的原初构成行为的话，那么对象意向性的意向构成的先验形式，可以看作是奠基于这种原初意向性并由其原初地构成的一种朝向所有可能的对象的意识运作的先验形式。因此，从奠基层次而言，对象意向性需要奠基于内在时间意识中的原初意向性。

三　先验主体性的自我构成

先验主体性奠基于这种原初的时间性的意识之流，但它并不限于这种作为意识的最深层的"无我"层面，因此它不仅显现为内在时间意识层面的自我构成，而且还有一个对主体性自身的更丰富的层面的自我构成，最终构成具身化的先验主体性。

由前述关于胡塞尔的意向性理论可知，作为意识体验的意向性行为与作为认知对象的意向相关项是内在相关的，作为原初给予的意识之流，先验自我意识并不仅仅是一种主体的意识体验，而且是与意向相关项内在关联的。这种意向相关项在原则上可能是意义、对象或者他者。但孤独的主体只存在于想象中，真实的主体的意向性行为总是指向他者或者对象的。因此，先验主体性不能被理解为脱离意向性对象的纯粹的自我意识。

因此，这种自我构成与对超越性、客观性的他者和世界性经验的意向构成是先验主体性的时间化地存在的基本形态的两个不可分割的方面。这两种构成都具有各自的本质性的结构。其中，先验主体性的自我构成与作为超越性的他者的经验的意向构成是先验主体性的构成行为的两个并行的基本维度，它们分别属于先验主体性与先验主体间性的构成行为。而对于超越性的、客观性的对象的构成，是必须要奠基于前述的先验主体性和先验主体间性的构成基础之上的。另外，对他者主体的经验的构成之特别在于，这是一种对既是超越性又是主体性的经验的构成。先验自我主体性的自我构成在奠基次序上处于更基本的层面，而且这种构成不仅原初地就获得意识体验的直观充实，而且获得具身性的体验和对象性经验的直观充实。对他者主体性的构成，虽然与自我主体性的构成并没有先后之分而言，但却奠基于先验主体性的自我构成。

先验主体性的自我构成（包括具身化以及经验自我的构成）的本质结构，在现象学以往的论述中并未得以详细展开。在这里，本文将依据胡塞尔的内在时间意识理论予以尝试性的描述。这种自我构成的结构的描述，既要适度类比于超越性的意向构成的特性，同时需要尽量澄清二者的本质区别。

这种先验主体性的自我构成并不是孤立地进行的，而始终是伴随着意识对外在的超越性经验的构成。与对超越性对象的构成相比，超越的意向性需要对超越性对象的客体化直观中被给予的充实，而先验主体性的自我构成则是内在地、直接地、非对象性地被给予，因此先验主体性的构成并不直接依赖于外在的超越性视域（如世界视域）及相应的直观充实，但它与超越性的构成过程是互动的、不可分的，因而间接地依赖于主体与世界的关系。

关于作为原初给予的意识之流的先验主体性的自我构成，已经在上述关于内在时间意识的部分予以描述。这种先验主体性的构成是在原初意识之流的是时间化的、历时性的、延绵的直观给予中获得的直观充实而构成的。而具身性的先验主体性则是奠基于此之上的更为具体化的先验主体性。

接下来，需要进一步阐述具身性的先验主体性的自我构成。

第三节　具身性的主体性的构成

在胡塞尔那里，主体性不仅仅显现为先验自我意识，而且显现为具身性的主体（embodied subject），即指具有肉身的、在时空中的、占据有限空间的主体。因为这种知觉性的经验相关于、奠基于主体所具有的肉体这个条件，因此这种被时空性地给予的主体被称为具身性的主体。这意味着肉身也具有一种主体性的功能。

按照现象学的感知意向性理论，在对超越性的对象的感知中，对象的某些侧面显现给我们，而其他的侧面并没有被我们原初地直观到，对象的显现是带有某种角度性（Perspectivity）的，同时，这种角度性显现也总是对于主体的显现，对象显现的角度反显了主体的感知是有角度性和立足点的。因此，对象在时空中的显现方式总是已经预设了主体自身已经是被时空性地给予的存在者。

　　具身性的主体的知觉经验也具意向性的经验和非意向性的体验的双重结构。这里的意向性的经验具体是指对空间性、世间性的对象的知觉，而这里的非意向性的体验是指伴随着这种知觉的、非主题化的、对身体的位置和运动的经验所伴随的体验，可称之为动觉经验（kinaes-thetic experience）。正如胡塞尔所说，"这里还须注意的是，在所有对事物的经验里，活生生的（lived）身体作为一个功能性的、有生命的身体（因此不是作为纯粹的物）而被共同经验到。（Hua 14/57，cf. 15/326，9/392）"①。

　　这种动觉经验是非对象性的、前谓词的经验，类似于一种身体性的体验或自我觉知。由于这种动觉经验相关于、奠基于主体所具有的肉身，是一种身体性的自我给予性，它标明了一种身体性的自我敏感性（self-sensitivity）。它本身原初地不是对对象的认知。因此，"胡塞尔才能够宣称每一个知觉包含一个双重的作用。一方面，我们有一系列的动觉经验。另一方面，我们有一系列受驱动的、功能性的和这些经验相关的知觉性现象。尽管动觉经验并不被解释为属于被感知的对象，尽管它们本身并不构成对象，它们表明了身体性的自我给予性，且由此揭示了与知觉性现象相关的统一体和结构（Hua 11/14）"②。

　　这种动觉经验是一种具身性的主体的自我给予的根本特征。这种动觉经验并不限于伴随知觉，而且是为一切对于对象的知觉经验所预设的、为知觉奠基的。具身性主体对超越性、客观性对象的知觉的本质形式和根本特征，都相关于身体及其感官，可以说具身性规定塑造了我们对空间性经验的先验形式。胡塞尔认为，"身体是对空间性对象的知觉以及与其作用的可能性条件（Hua 14/540），并且每一个世间性的经验都以我们的具身

---

　　①　转引自［丹麦］丹·扎哈维：《胡塞尔现象学》，李忠伟译，世纪出版股份有限公司、上海译文出版社 2007 年版，第 107 页。

　　②　同上书，第 106 页。

化为中介，并因其而可能（Hua 6/220，4/56，5/124）"。① 动觉经验显示了具身性是一个与知觉现象相关的、为知觉对象的构成提供了前提条件和基本形式框架的功能性主体。

另一方面，具有主体性构成功能的身体是可以被主题性、对象性地认知，或者说身体往往被看作是一种空间中的对象。首先，这种伴随着知觉性经验并为其奠基的、原初的、非对象性的、前谓词的身体性的动觉经验，类似于一般的意识体验，也可以在后来的现象学直观的反思目光里被主题化、对象性地认知。其次，我们可以把身体经验为空间中的对象。在这种身体意识中，身体不再是主体性的，而是被经验为一种外在时空中的、与其它事物相似的客体。

因此，主体对身体的经验是双重的：一方面，原初的、非主题性的、前反思的动觉经验伴随着主体的知觉经验并为其奠基；另一方面，身体可以被反思性地经验为主题性的、对象性的存在者。在前一种经验中，活生生的身体是主体性的功能的体现形式，它属于先验主体性的维度。在后一种经验中，身体成为被反思地认识的对象。这种对身体的对象性经验，既可以是视觉性、触觉性的感知，也可以是内在的反思中对体验本身的直观把握。可以说，在这两种经验中，身体分别是作为主体性的功能参与对经验的构成和作为客体性的对象被主体性构成。

在这里，动觉经验是原初的、在先的，对身体的反思性的经验是后来构成并奠基于前者。如果没有对身体的原初的具身性的动觉经验形式，对身体的对象性感知就不可能发生。而且，这种奠基性关系意味着对作为客体的身体的对象化的把握是以发挥着主体性功能的身体的参与而意向性地构成的。因此，身体的对象化是具有主体性功能的身体的自我对象化。"换言之，将身体作为对象建构起来的活动不是被一个非肉身化的主体进行的。相反，我们所处理的是功能性身体的自我对象化。这个活动被一个已经是身体性存在的主体所施行。"②

胡塞尔认为，身体具有的主体性功能，可以被概括为是一个具有情

---

① ［丹麦］丹·扎哈维：《胡塞尔现象学》，李忠伟译，世纪出版股份有限公司、上海译文出版社 2007 年版，第 104 页。

② 同上书，第 107 页。

感、意志和运动能力的统一体。"原初地，我的身体被经验为一个活动和情感的统一的场域，一个意志结构，一个运动性的潜能，（Hua 11/14，1/128，14/540，9/391）。"① 这种具有主体性功能的身体。作为活动的场域，原初地，身体并非一个空间中的、被角度性给予的对象，而空间原本是身体性意识和运动的场域。被知觉的运动对象并非在先的，而是动觉经验的原初具有的动态性才使得对运动的意向性构成成为可能。身体的主体性也体现在，我们的意志、欲望和情感内在地相关于肉身，"嵌入"在肉体中。

但是，另一方面，我们对身体意识的明确的认知都是分化、局部化的。虽然我们有整体性、全身性的自我体验，但我们的更多经验是功能分化的，如眼、手、身体、四肢分别具有不同的感官形式和功能。同时，这些不同的感官形式也伴随着感受和知觉的局部化，大多数感受和知觉往往是对应于身体的不同部位。

胡塞尔认为，作为主体性功能的身体意识原初地是统一的，而后来才有自我分化以及局部化而演化出次级的意识系统。"胡塞尔宣称，身体原初地是作为一个统一的意志结构，一个运动的潜能——作为'我能'和'我做'，而被给予的。随后，这个系统被分裂开，并且被理解为属于身体的不同部分，直到后来感觉才被局部化（localized），从而我们才面临的次级系统，如手指、眼睛、腿，等等（Hua 4/56，155，5/118）。"② 这种身体意识的自我分化和区域化的论述似乎与皮亚杰的发生认识论中相关儿童心理发展过程的描述有暗合之处。

这种身体意识的分化、局部化和向次级系统的演化与身体意识的对象化内在相关，身体意识的分化、局部化使得我们更容易形成对身体意识的对象化的反思，而身体感受、触觉和视觉能够使我们把身体的局部作为对象而去认知。

主体对身体的双重经验显示了身体兼具有主体性和客体性这双重本性。这种双重性本性使得主体对自我身体的经验是一种兼具有内在性和

---

① ［丹麦］丹·扎哈维：《胡塞尔现象学》，李忠伟译，世纪出版股份有限公司、上海译文出版社 2007 年版，第 107 页。

② 同上书，第 108 页。

超越性的独特的经验，身体的动觉经验是一种主体的内在经验，而对身体的对象性经验则使身体成为超越性的存在者。这两种经验作为对同一个身体的两种不同显现方式，在一定条件下可以实现相互的对应、融合和贯通。例如，当主体面对镜子时，尤其是对着镜子做出各种表情、手势和身体姿势时，主体的体验性的意识和从镜子中直观的外形现象逐渐建立起对应关系，并在对这种对应性熟悉的过程中使得内外两种经验逐渐融合，最后乃至于在主题性的反思中，这两种对身体的不同经验实现了某种贯通性。

　　另外一个更加复杂的体验类型是身体的不同部分之间的触觉感受，"重要的是，触摸和被触摸的关系是可逆的，因为触摸的也被触摸到，而被触摸的也在触摸着。正是可逆性证明了内在性和外在性是同一事物的不同表现（Hua 14/75，13/263，Ms. D12 III 14）"①。最典型的例子是双手之间的相互触摸，这是一种非常独特的双向的双重体验，每一只手都既是具有感受的主体性，又是作为被感受的客体。而且，在相互触摸中，一只手不但对自己有一种非对象性的觉知和对象性的感知的自身意识，而且还被另外一只手以外在的、超越性的对象的形式而感知。还有，由于身体自身的统一性结构，使得每一只手的自我意识和被另一只手的认知处于同一个主体之内。

　　这种双手相互触摸中的交互的经验，显示了主体的经验的一种新的、变异的构成形式。如果说每一只手的自我经验体现了一种自我性的话，则它对于另外一只手的经验是一种类似于对超越性的他者的经验。并且，因为身体自身经验的双重性和统一性，对每一只手的自我经验和作为他者的经验都能够通达，因此这在某种意义上显现了"自我性"能够通达他者性，尽管这种对他者的自我体验的通达是间接的、通过两只手共属于同一个身体的统一性而达成的。

　　这种身体的双重性经验所构成的"双重感觉的自我性（ipseity）和他者性（alterity）之间显著的相互作用，使我能够识别和经验到其他的被体

---

① ［丹麦］丹·扎哈维：《胡塞尔现象学》，李忠伟译，世纪出版股份有限公司、上海译文出版社 2007 年版，第 110 页。

现的主体"①。这种双重的自我性和他者性虽然隶属于同一个身体而并非两个独立的个体之间的相互经验，但它在主体内部构成了一种主体经验他者以及主体之间相互经验的先验构成形式的原初基础或者雏形。"当我的左手触摸右手时，我以这样的方式经验自身，既预期到他者经验我的方式，也预期到我经验他者的方式。"② 需要说明的是，这种自我具身性经验的构成形式的建立，只是为对他者的识别和经验进行原初的奠基。先验主体间性的经验构成形式的真正建立还需要自我经验构成形式的进一步变异性的演化。

主体的身体的原初的动觉经验和自我客观化的对象性认识之间的具有相互作用的模式，不仅动觉经验为身体的自我对象化认知奠基，而自我对象化的经验也会反过来影响动觉经验的形成，因而具身性的主体性的自我构成，就是建立在这种双重经验的互动形式之上。

另外，主体对身体的对象化知觉可以说是最为原初的对象化认知，因为这种对象化认知就是具身性主体在对其身体的原初的觉知的基础上，通过反思性的目光反转，而实现的一种自我对象化的认知。这种原初的对象化的认知经验构成了主体的对象化认知的原初的运作形式并为主体后来的一切对象化经验的构成奠基。由于作为对象的身体跟外在的对象一样具有一些共同的属性，如广延、质量、硬度、颜色、光泽等，因此，对二者的对象性的构成形式应该有相似性而内在相关。具有原初性和在先性的身体的自我对象化认知所建立的主体的先验构成形式，为主体对世界性的对象的认知形式的构成奠定了基础。

但是，尽管如此，具有主体性—客体性二重属性的身体的对象化，毕竟是一种自我对象化，不可能完全等同于对外在的世界性对象的认知形式。如上所述，双手之间触摸的经验并不完全等同于自我主体对他者主体的经验一样。自我的真正对象化，需要奠基于主体间性的具体经验情境的基础上，"根据胡塞尔，这个自我理解不能直接通达，只有通过另一个主体对我的身体的感知（在某些方面，高于我自己的感知（Hua 5/112），

---

① ［丹麦］丹·扎哈维：《胡塞尔现象学》，李忠伟译，世纪出版股份有限公司、上海译文出版社 2007 年版，第 110 页。

② 同上书，第 111 页。

例如，在对我的颈项和眼睛进行感知的时候），且通过对这个视角占有，我才对我的身体采取一个具体化和抽象化的观点（Hua 14/62—63），将其作为其他对象里的一个对象"。①

　　一方面，对身体的自我对象化和对外界对象的构成之间具有类似性和奠基关系，我们总是通过以具有主体性功能的身体为中介才可能去感知外在对象的，"我们是通过觉知到自己的身体，以及它和对象相互作用的方式，才觉知道知觉性的对象。也就是说，如果没有一个伴随的身体性的自我觉知，无论是主题性的还是非主题性的，我们就不能感知到物理对象（Hua 4/174）。"② 另一方面，主体的自我构成和对外在对象的构成之间具有某种交互的依赖性。"对对象的探索和构成意味着一种同时发生的自我探索和自我构成。这不是说我们体验自己身体的方式是一种对象意向性，而只是说它是一个被体现的主体性，被一个自我给予的意向性所刻画……世界是作为身体性地被研究者而给予我们的，并且身体在对世界的探索过程中向我们揭示（Hua 5/128，15/287）。"③ 因此，就具身化的主体性而言，主体性的自我构成和对外在对象的意向性构成之间往往是相互依赖、相互作用的。甚至可以说，身体意识和世界意识是内在相关而不可分割地共同存在的。"胡塞尔论证说，对自我中心的空间的构成预设了一个功能性的身体，并且，对客观空间的构成预设了身体性的自我对象化（Hua 16/162）。简而言之，构成性主体是被发现的，且由于这个身体性的主体总是已经将其自身解释为属于这个世界的，就必须再次推断，一个关于无主体世界的论题是很有问题的。"④

　　现象学的世界是意识意向性地指向和构成的世界，而世界作为超越性的对象的整体，无法被还原为自我意识的产物。而且他人也是无法简单地被还原掉的。"正如胡塞尔自己所说，每个经验都拥有自我（egoic）和非自我（nonegoic）的维度（Ms/ C 102b）。"⑤ 现象学意义上的主体并不是

---

　　① ［丹麦］丹·扎哈维：《胡塞尔现象学》，李忠伟译，世纪出版股份有限公司、上海译文出版社 2007 年版，第 111 页。

　　② 同上。

　　③ 同上。

　　④ 同上书，第 112 页。

　　⑤ 同上。

康德意义上的孤独的灵魂，也不是笛卡儿意义上的意识，而是一种对他者和世界开放的主体性。"正如梅洛—庞蒂曾说的，主体性本质上朝向它自己所不是的东西，并对其敞开，无论它是世间性的东西还是完全的他者（Other），正是在这种敞开性中，它向自己揭示自身。因此，被我思所揭示的并非是闭合的内在或者纯粹内部的自我在场，而是一个朝向他者性的开放性，一个外在化（exteriorization）和永恒的自我超越的活动。正是通过对世界在场，我们才对自身在场，并且正是通过对自身给予，我们才能意识到世界。"①

最后，先验主体性自我构成获得身体性的体验和直观的充实，最终成为具身性的先验主体性。在具身性的先验主体性的构成中，具身性（与身体内在相关）具有双重性特征：一方面，它使得先验主体性自我构成为具身性的先验主体性的前提和基础，具身性具有前谓词的、非对象性的特性。另一方面，它又因为具身性以身体的存在为前提，而身体具有超越性的对象的一面。因此，对身体性的经验塑造了先验主体性对超越性对象的意向性构成的本质性形式，为一切超越性的经验的构成提供前提和奠基。因此，具身性使得先验主体的原初意向性成为具身性的原初自我意向性（Embodied Primordial Self – Intentionality），同时也使构成超越性经验的意向性成为具身性的原初意向性（Embodied Primordial Intentionality）。与此具身性的先验主体性的两种意向性相对应，其自我构成视域和超越性构成视域也被具身化。这种具身化的内在视域既可以被主体觉知，也可以被反思性地把握为具有统一性的自我主体。具身性的先验主体性也具有对自身的体验和觉知，同时也可以在反思性的意向性经验中对这些具身性的体验进行对象性的把握。同时，也可以以把握超越性对象的方式以具身性意向性对身体本身进行把握。这意味着具身性的先验主体可以对其自我构成具有充分的体验和对象性的（兼具内在的对象性和超越性的对象性）经验。

具身化的主体对自身的超越性的认知，是与对外在的、超越性对象的感知互动地进行的双向地经验的过程。这种自我对象化是主体在一种与世

———————

① ［丹麦］丹·扎哈维：《胡塞尔现象学》，李忠伟译，世纪出版股份有限公司、上海译文出版社 2007 年版，第 112 页。

界中的超越性的对象的遭遇中对自身的外在性的投射，可称之为镜像性的构成过程。就像主体偶尔在镜子中看到自己的形象，在一种熟悉又夹杂着陌生的认知中意识到自己可以作为一个对象、客体。通过不断变换表情、动作、触碰对象，逐渐使具身性的自我体验与镜像中获得的经验融合起来。这种融合蕴含着主体对经验的一种新的先验构成的综合性的模式形成。

当自我在具体的情境中通过身体接触外在对象时，在获得对对象的超越性经验的同时，也体验到自我身体的触觉，并把自身具身化为具有肉身的身体。例如，皮亚杰的"发生心理学"描述了婴儿是如何历时性地由混沌一片的、非对象性的体验的阶段逐渐形成对自我的意识与对世界的意识：把自我与世界区分开来并确定自身的界限，并逐渐形成对二者的认知。在这种具体的经验性的意识发生过程中，先验主体性也具有一种内在的综合性的发生构成，对具身性的身体的本质性的认知模式以及奠基于此的对外在的超越性对象的本质性认知模式也相性地构成。在此过程中，发生心理学中经验性的历时性的过程，可以看作是奠基于先验主体的自我时间化并在社会性的生活世界中的具体经验中的转化了的对应形式。

由此，具身化的主体对自身的经验可以在内在性与超越性、体验与对象的两种形式间自由转换，两种经验的相互充实和融合，通过先验主体性的意识的自我综合的构成，形成对具身性的主体性的自我构成以及超越性的经验构成的新的、综合性的先验形式。这种先验的经验对象的形式为主体对他者的经验奠基，并成为自我主体经验他者的本质形式发生构成的根本前提。

第四节　具身性的先验主体间性的构成

包括胡塞尔在内的大多数现象学家都认为，具身性的主体性是主体间性之所以构成的前提条件和关键因素，但对于主体间性如何奠基于具身性的主体性并构成出来，以往的论述中并没有比较具体的阐述和论证。下文基于胡塞尔的先验现象学的观念框架，对先验主体间性问题的阐述将集中在描述先验的主体间性如何由具身性的主体性的自我经验构成以及获得充实，并在此基础上论证先验主体性如何原初地就是先验主体间性的。在此基础上，就可以回答为什么先验主体对一切超越性的对象的构成以先验主体间性的运作形式为前提和基础。最后以内在时间意识的奠基作用分析先验主体间性为什么是历史性地构成的。

一　先验主体性的开放性与空洞的主体间性

这种具身性的主体对自身的综合性的先验的经验构成形式，不但在时间性的延绵中动态地构成自我主体，而且是自我主体经验和构成关于他者的经验的先验基础。借助想象性的直观和对自我的具身性体验与直观的经验的沉积，这种具身性主体用以进行具身性自我构成的先验形式可以实现一种变异的形式，主体已经可以以想象性的意向性去构成所有可能的类似于自我的主体并以想象性的直观使之获得充实。这种想象性的构成的他者，并不只是自我的变异形式或者位格变化，例如作为这种构成的可能性的极致的形态，乃至可以想象性地构成截然异于自我的、超越性的主体。这种对差异性的他者的想象性的意向性构成是具身性的自我构成形式的自然的变异形式，这种变异的主体性构成形式使得具身性的先验主体性成为开放性的主体性：具身性的先验主体意向性地指向并构成任何可能经验的其他主体，当然，这种被意向性空洞地指向的、变异性的想象性中构成的主体，最初只是在想象性的直观中充实，这种被想象性直观充实的他者相较于被感知的他者而言，仍然是关于他者的空洞的内在视域。但这种被意向性指向的可能的他者内在视域始终存在被主体对他者的感知性的直观充实的可能性。

这种对他者的意向构成的机制奠基于前述的具身性的主体性对自我体验和超越性经验的构成形式，通过对他者构成和具身性的主体性的构成经验的相互充实，预设了二者的对应性的自由想象的转化性、意向性意识对自我主体与他者的构成形式及可能的经验结构的相似性的比较，而进行的想象性的类比构成。

这种先验主体以一种空洞的意向性指或者想象性地构成向任何可能的其他主体的经验构成先验形式的出现，彻底地转变了先验主体的结构。由此，先验主体对任何内在或超越性的经验的构成都以可能的他者主体与自我共在为前提，即对任何超越性经验的构成预设了不同于自我视角的他者视角的构成的多种可能性，或者说具身性的先验主体对经验的构成以先验主体间性的形式运作。由此，具身性的先验主体性转变为原初地开放的、社会性的、先验主体间性的自我。但这种先验的主体间性仍然是空洞的，而需要具体的自我与他者的遭遇的经验才能获得充实并实现主体经验自我、他者和世界的先验形式的最终转化。

二　具体的主体间性与先验主体性的经验模式的彻底转化

前述的空洞的主体间性成为先验主体的经验构成的先验的、普遍性的运作形式。但未获得直观的主体间性的经验充实之前，这种先验主体间性仍然是自我与可能的、与自我差异的程度尚未确定的他者的共在。这种"不定型"的、多种可能性的他者对应于他者的内在视域的"不定型"，在自我与他者的具体遭遇中，大多数类型类似于自我的想象变异的他者并不能获得直观的充实，而只有那种超越性的、异于我的、独立存在的他者的内在视域才恰恰能够被直观的主体间性经验充实。这种充实，使得他者的类型由不确定转化为"确定型"，自我经验他者的方式或者说主体相互对方的先验形式也获得确定。因而，原先空洞的、未定形的先验主体间性在这种自我与他者遭遇的对他者的直观的充实中被构成为确定形式的先验主体间性。这种先验主体间性的运作形式的确定性构成，是对先前的先验主体性向先验主体间性转化的最终实现。

自我的具身性经验的特点是，自我的情绪、体验和精神状况，都可以显现在自我的具身性的眼神、表情、声音、语言和肢体动作等方面，这些可以被对象化地认知的现象，并非完全是物质性的肉体的物理运动，而是具身性的体验和经验的显现方式，具身性主体的身体和经验是相互对应的、不可分割的一体两面的形式。如前所述，在这种形式中，主体的具身性的体验和超越性的意向性的自我认知相互对应、贯通和融合而形成一种综合性的自我构成形式。自我和他者共同具有的这种具身性的这种特性，使得自我通过对他者的超越性的外在经验间接地、部分地通达他者的体验、情绪和精神状态成为可能。

于是，在自我与他者的具体的遭遇中，他者的身体动作、面部表情、声音等时时刻刻会激发起与自我构成经验形式的回忆、比较和联想，充实和不断纠正之前我对他者的空洞的意向性指向和想象性的构成。

某种程度上，对他者经验的进路与主体自我经验的方式是截然不同的：从先验构成的奠基次序而言，在主体的自我经验中，体验的先于意向性的、内在性的先于超越性的、原初性的先于反思性的、具身性的先于对象性的；而对他者的经验是超越性的，因而是对象性的经验先于具身性的经验、超越性的先于内在性的，我对他者的内在性的经验只能通过外在的动作、表情和语言等间接地把握，自我对他者的经验始终是意向性的而无法体验。

但是，自我与他者同为具身性主体的特点，使得自我对他者的通达截然不同于对物理客体的经验，我把他者的身体经验为具身性的、显现和表达主体性经验的身体而不仅仅是类似于物体的存在者，自我对他者的意向性经验可以通过眼神、面部表情、身体动作和语言等方面的互动和交流等方式实现。尤其是通过具身性的方式的相互经验不完全是对黑箱式的他者的间接认知，而是具身性的主体间的某种程度上的直接相互经验。因此，自我与他者相互是超越性的，但可以相互通达的。

自我与他者的这种形式的相互可通达性，才使得先验主体间性的形式得以被直观地充实，先验主体间性的运作的主体的经验构成形式得以构成。

三　先验主体间性作为主体构成超越性经验的原初的先验运作形式

胡塞尔认为先验主体性原初地就是开放的、社会性的、先验主体间性地运作的。但按照本文以上的分析来看，自我尚未获得原初的第一次经验性主体间性的经验性之前，先验主体对可能的他者的意向性指向是空洞的，其先验主体间性的运作形式也没有被具体地构成。那么自然而来的疑问是，如何理解此先验主体具有的先验主体间性的原初性？对这个问题，按照本文的论证思路，可以进行如下理解：首先，在先验主体间性尚未被具体的主体间经验充实之前，先验主体的主体间性的经验运作形式因为对他者的直观经验的缺失而是空洞的，但它毕竟在主体依于其具身性的自我经验在想象性的直观中获得某种程度的充实，并非完全空洞。其次，这种向先验主体间性的转化，并非主体主动地、反思性地构成的结果，而是主体性在内在时间意识的层面就已经进行的原初地自我构成，具身化的主体性在先验地奠基的层次上并不是最底层的，但这是先验奠基的逻辑次序，并不意味着具身化在主体的自我构成的时间上是在后的，在时间上主体性原初地就是具身性的。再次，这里讲的先验主体间性的原初性主要是指在意向构成的奠基层次上讲，对超越性对象的意向性的构成以先验主体间性为前提和基础。这个问题简要地论证，对空洞的主体间性而言，它是由主体的具身化自我构成衍生出来的变异的先验构成形式，而具身性的主体的构成属于先验主体的自我构成，在奠基层次上比超越性的经验构成更为根本、更为内在、更容易得到经验的充实。因此，具身性主体自我构成的原初的、空洞的主体间性的构成在类型与超越性的构成比较而言是内在的，在意向性构成的奠基次序上更为根本。最后，即便对于需要直观充实的构成才得以最终永久性地转化的先验主体间性的运作形式，也早在生命之初已经得以初步完成。因为在胎儿尚在母体之中时，已经具有了与母亲具身性的相互经验，因而使得先验主体间性得以最终构成所需要的原初第一次的具体的主体间性经验得以满足。因此，从以上几方面的论述可知，对于主体在世间的超越性经验构成而言，主体间性是在先的、先验主体的原初地运作的形式。

这种对超越性对象的构成的先验主体间性的运作形式，使得超越性、客观性对象一开始就是主体间性有效的、公共性的、客观性的存在者。如前所述，具身性的主体原初地经验的超越性对象就是自己的身体，并进而能够以经验超越性对象的方式经验同样是具身性主体的他者的身体。因此，这种对身体的先验主体间性的经验的形式，为一切与身体有某种类似性、具有空间性的超越性对象经验奠基。而对超越性的、客观性的对象的构成形式，都可以看作是奠基于身体的主体间性的经验形式并由它转化的变异类型的意向性构成形式。由于对身体的具身性的经验构成形式具有的主体间性，奠基于它的对超越性对象的构成也是主体间性的。这就是世界显现为主体间性的构成的先验机制。

四 先验主体间性的历史性构成

如前所述，先验自我意识是自身时间化的，内在时间意识的先验形式，使得当下的原初印象的经验构成与已经过去却仍然滞留的经验关联起来并统一在时间性的意识序列中。这种延绵的原初意识之流的动态的自我统一性不仅体现在前后经验的形式上的一致性，也体现在其内容上的相关性和变化的连续性，以及每一种类型的经验的构成方式的自我同一性。这种统一性不仅统摄过去的经验与现在的经验，而且也把将要到来的前摄性的经验统摄进具有时间意识形式的原初意识之流内。先验自我意识在其构成的主观性时间历程中，经受一些对经验的先验构成形式的永久性的转化，却又能够保持其先验主体性的经验构成形式的历史的统一性和一贯性。这是由于具有其时间化的统一性而得以自我构成和持存的。

对于具身性的主体而言，由于这种自我构成奠基于先验自我意识的原初意识之流，因此其自我构成也是时间化的主体性，这体现为它在时间中历史性地自我构成并构成超越性的对象。具身性与主体间性及世界性相关，因此，具身性主体的时间在其自我构成中转化为主体间性有效的客观性的时间样式。

先验的主体间性由具身性的先验主体性转化而来，因此，先验的主体间性的运作形式本质上仍然是时间化了的。这种先验的运作形式之所以能贯穿于主体的经验的历史之中，是因为主体对展显现在时间中的经验内容及其构成形式统摄而使之具有统一性，但这种统一性也许是借助于对过去经验的不断回忆或者现在尚不清楚其机理的内在时间意识的统摄作用。过去的先验构成行为总是在对当下的经验构成的形式和内容影响，而现在对将来也类似。这种先验的主体间性不仅体现在先验自我意识层面，也体现在具身性的身体层面。具身性的主体性的自我构成和超越性的构成形式并非是在一个静态的平面上的构成形式，而是显现为在主体间性的客观性的历史中持存或转变的过程，从胎儿阶段开始的主体间的发生构成，或者主体体验到的社会性的、主体间性的代际延续的传统和经验，都体现出主体间性与主体性都是历史性地发生构成。

第五节　结　论

对主体间性问题的阐述有很多层面和角度。本文主要阐述在先验现象学的视角中如何理解先验主体间性问题。这里以对胡塞尔的主体间性理论分析为线索，由对生活世界中的意向性对象的分析向意向构成的先验分析回溯。在以往的研究基础上，进一步推进对主体间性的先验起源的分析，最终以对先验自我意识的原初意识之流和内在时间意识理论的分析来阐明先验主体性问题。本文主要完成了两个问题的论证：1. 先验主体间性是如何先验地构成的；2. 对超越性对象的先验主体性的意向性构成形式是原初地以先验主体间性的形式运作的。

　　但是这里的论证是初步的、尝试性的。很多理论困难并没有解决。从先验现象学角度对主体间性问题的阐明，固守于第一人称视角和明见性原则使得其对主体间性问题的分析的理路是一贯的而分析方式具有其严格性和彻底性的。但同时带来很多的理论困难。例如对他者的经验的构成，在对一个对象的经验非常有限的情形下，在何种程度上我可以把他构成为一个主体而非像人的物体，何种程度上该构成是错误的，这里的界限非常模糊。又如，按照先验现象学构成层次和奠基次序，生活世界是主体间性地构成出来的，主体间性在奠基次序上是在先的，自我与他者共在于同一的生活世界是多个主体视域融合的结果。但在主体的经验中，生活世界又是一个具有传统的、有代际的延续的、有经验沉积的已有的公共的领域，主体总是已经在共主体的世界中，对主体间性的经验又是以这个多主体共在的同一的生活世界为前提构成的。在下一章中，通过对生活世界中的代际传递的、常态性的先验主体间性的阐明，才能使这种看似的悖论式的问题得到解释。

第四章　先验生活世界:历史的、发生构成的自然与社会

　　尽管胡塞尔的生活世界概念可以在其很早期的著作中找到,但直到其后期的著作《欧洲科学的危机和先验现象学》中,胡塞尔才对生活世界的概念和理论做出了最为系统化的阐述。在这部著作中,对生活世界的理论阐明主要是出于克服所谓"欧洲科学的危机"的动机。

　　在胡塞尔看来,"欧洲科学的危机"① 实际上是由近代以来自然科学而来的自然主义、科学主义的强势带来的精神科学和人类生活理想的危机。

　　科学所标榜的客观主义认为,科学的方法提供了独立于任何特殊的视角、经验和主观性的真正客观的认知方式;只有科学才能够认识真正的实在;科学也提供了知识的典范和标准,它为一切知识提供了判断标准;只有运用科学理论的术语才可能对实在提供精确的刻画,一切其他的术语应该被还原为科学的理论术语和概念。胡塞尔认为近代以来科学获得的巨大成功使得其遗忘了自身的真正基础和在生活世界中的真正的意义的来源,其只关心技术的进步和实际应用的有效性,其所标榜的客观性却遮蔽了其主观性的起源。它的强势地位强化了它的排它性,它对方法论和知识标准的局限性的缺乏反思和普遍性的外推,对其他知识如人文和社科类的学科、前科学的知识乃至日常生活经验都标记为一种非科学的知识,非科学意味着其知识和认知在其正确性、合理性和真理性等方面都是不足或者缺失的。而自然主义者中的物理主义强纲领的持有者,甚至会认为我们日常的术语框架都是模糊的、朴素的、有问题的,我们努力的方向应该是用科

---

　　① 参见［德］胡塞尔:《欧洲科学的危机与超越论的现象学》,王炳文译,商务印书馆2001年版,以下文中简称《危机》。

学的、规范的、理论的术语框架去取代这些前科学的日常生活术语系统。尤其是对主体性的直观经验的描述的语言框架的排斥，也伴随着对这种第一人称视角的自我体验和对世界的经验的表述的排斥和否定。隐藏的预设是认为只有自然主义的、第三人称视角的、"客观的"经验和认知才是符合科学的合理性标准的、正确的，而主体性的第一人称视角的经验在我们的认知的范围内是模糊的、不准确的乃至无意义的，需要排斥的。

根据胡塞尔的理论，科学主义的盛行引起了"欧洲科学的危机"，而克服这个危机需要对科学主义的彻底的批判。而对科学主义的批判预设了一个更好的解决科学的理念世界与我们的日常生活的合理关系方案。胡塞尔的设想是引入生活世界的理论，以其作为标准来衡量人类生活的合理性的参照系，进而在生活世界理论的基础上，阐明如何才是为理性的、有意义和目的的生活作奠基。正如扎哈维所述，"根据胡塞尔，克服现在的科学危机以及愈合科学世界和日常生活世界之间的灾难性决裂的唯一方法，是批判这个占统治地位的客观主义。这就是为什么胡塞尔开始他对生活世界的分析的原因。尽管这个生活世界构成了科学的历史性和系统性基础，它已经被科学所遗忘和压制。"①

因此，所谓克服"欧洲科学的危机"，首先意味着通过引入生活世界的理论，对科学理论和前科学的实践取向的经验关系的澄清和阐明，这种澄清蕴含着对自然主义、科学主义的批判和对科学的划界，但不仅如此，更是对科学的先验基础、合理性及其限度的阐明。根据胡塞尔，厘清科学理论与前科学的生活世界之间的关系，就能克服科学主义的强势和侵略性带来的欧洲科学的危机和人类生活的危机。至少，借助现象学的视角，以彻底的反思，对科学进行划界，澄清科学的意义和限度，以及其与生活世界的关系，可以促进我们理解科学的本性，克服这个时代对科学意义和价值的过度诠释带来的理论混乱和实践的迷失。

第一节　自然态度下的日常生活世界

在胡塞尔那里，生活世界的概念包含多重含义。就自然态度下的生活

① ［丹麦］丹·扎哈维：《胡塞尔现象学》，李忠伟译，世际出版股份有限公司、上海译文出版社 2007 年版，第 136 页。

世界而言，可以被区分为前科学的原初的生活世界以及科学与技术的经验渗透于我们的日常生活而不断沉积其经验于原初的生活世界之后形成的新的日常生活世界。首先，生活世界是被直观地给予主体的、被感知地经验到的世界。因此，生活世界是每一个主体的意识行为的相关项，是主体的经验结构的必然组成部分。其次，随着科学与技术日益渗透和改变生活世界，生活世界的经验不再限于直观的经验的领域，还有理论预设以及科学的观念融合于其中。日常生活中，人们已经对生活世界有种种的经验包括对它的独立存在的信仰。而现象学的任务则要通过哲学反思，克服对生活世界的自然态度，把它作为最为主要的哲学主题之一来探讨。

在自然态度下，生活世界又被称为周围生活世界、日常生活世界，是预先被给予的、我们生来就处于其中的生活环境，这里不仅有与我们共处的其他的自我，有多个层次和结构的人群、族群、社会、国家、世界等，还有动物界、自然界等。对于这些在日常生活中司空见惯的人、事和物，我们自然而然地认为它们是客观存在、外在存在的。而且我们认为这是一个主体间性的世界，或者说我们信仰我们与周围的人、其他地方、其他国家的人生活在同一个世界中。甚至很多人愿意相信，无论地球上是否曾经有人类或者文明出现，乃至有一天人类不再存在，这个世界都是独立地、自在地存在。也就说我们对它有一种总体上的存在信仰或者存在判断。而近代以来自然科学的兴起不断地加固着这种自然态度的存在信仰，自然主义者乃至二元论者往往会认为，世界是否存在及如何存在，归根结底是与主体及其意识结构无关的，至多是承认世界具体显现给我们的方式与我们的认知条件有一定的关联。

随着地域、文化、族群、信仰等的不同，生活世界显现出其内在的各种形式的差异性、多样性，而且随着时间的延绵，生活世界又是不断流变的，分繁杂多的事物转瞬即逝，犹如赫拉克利特之河流。因此，以往大多数的哲学往往把日常的、经验性的生活世界看作是与本质性的、先验的观念相对的偶然性、变动不居的世界。如果我们的周围生活世界是完全偶然的、缺乏固有的规定性，则人类无法正常地安居和展开有意义的生活。但同时我们必须要承认，生活世界的诸多差异性中又具有许多共性，如空间形式、时间形式、物质的基本特征、事情之间因果关联基本规律等方面的同一性、相似性和统一性。我们的文化是变动中又有稳定性和连续性，因而是世代辗转传承的，对传统和习俗是有继承的。因此，人们又愿意相信世界本身具有相当的稳定性和延续性，因而不会出现世界在某一瞬间前后突然生灭或彻底改变，乃至很多人认为，在世界的历史演进过程中，前后事件整体而言具有某种或强或弱的因果性的关联，因此世界的演化是可以理解的而不至于是某种奇迹或者匪夷所思的任意显现。

这个人类共在的生活世界是主体间性的、历史的、文化的世界，沉积了我们代际传递的生活经验。其中，近代以来兴起的科学研究和技术实践也成为人类文化的普遍性的一部分。首先，借助于各种精心设计的科学仪器和观测试验方法，科学的观察和实验极大地扩展了我们的经验的范围和丰富了我们经验的内容，也很大幅度地提高了观测和认知的精度和准确性。不仅如此，科学所获取的知识和建构的理论判断，也逐渐随着技术而渗透于我们的日常生活。因此，随着近代科学的诞生和发展以及技术的发达，生活世界中除了前科学的直观经验和经验归纳知识，科学给我们提供了关于世界的全新的经验、抽象观念和理论预设。随着时间的流逝，这些经验和理论预设逐渐融入了生活世界，成为生活世界的经验的一部分。建立在生活世界的基础上的科学，又源源不断地以其经验沉积于作为其基础的生活世界之中。

因此，相比前科学时代的纯粹直观经验的生活世界，现有的生活世界的直观经验中夹杂和渗透着种种抽象的理念和理论（其实前科学的生活世界也有种种假设性的观念和理论），是一种杂糅着科学理念的非纯粹的生活世界。如果出于分析的方便，把直观的生活世界称为原初生活世界，则渗透着科学与技术的生活世界成为我们新的日常生活世界。因此，通过日常生活的实践，被胡塞尔区分开的科学理论的世界和生活世界的区域实际上具有了某种程度的相互交融，一方面，如上所述科学和技术渗透到生活世界的各个方面；另一方面，也可以说借助科学与技术所提供的观测和实验的中介，我们的直观经验的世界视域在不断扩展，世界以更为丰富而多样的形态呈现在我们面前，其中包含微观的世界现象和宇观的世界现象通过科学的技术与观测手段间接地向我们呈现。

对于现象学的反思而言，首先需要总体上悬置对生活世界的自然态度下的存在判断或者存在信仰，即对随着科学的繁荣而更加盛行的自然主义的警惕和批判，对生活世界是否是与主体无关的、自在存在的、客观实在的领域这样的问题中止判断。只有悬置存在信仰才能通过先验还原揭示生活世界的先验起源。其次，我们需要去探寻表面上变动不居、充满偶然的生活世界是否有其本质特征，即其是否有某种先天确定而具有普遍性的形态学结构或本质性的诸规定。这是属于生活世界的本体论问题。再次，需要澄清生活世界与主体性或主体间性的关系，以及通过先验还原澄清生活世界的先验起源以及其如何被发生构成的问题。因为对生活世界的本体论的分析最终必然会导向对其先验起源的问题。在这种先验的追溯中，最适合采用的先验还原方法，正是胡塞尔晚期在其《危机》① 中阐明了由生活世界向先验自我的还原路径。最后，需要澄清原初的生活世界与科学理论构造的理念世界之间的奠基关系，以及科学理论如何作为生活世界的主观性的成就而被构成，才能为追溯科学理论的意义根源和确定科学本身对于当代生活的意义。在这个过程中，伴随着对澄清当代的被科学和技术渗透了的杂糅型的日常生活世界的意义问题的奠基，澄清科学理论本身的构成问题，需要对科学在实际的历史中的起源及发生构成的阶段和本质方式进行反思和阐明。

第二节 生活世界的本质形式:形态学结构

胡塞尔对生活世界理论的相关阐述，更多的是从批判近代以来的科学理论构造的理念世界造成的对生活世界的遮蔽以及科学由于太成功而遗忘其意义来源的角度而言的，如随着科学主义的盛行，科学的抽象理念对象及规则往往被误认为是比生活世界中的直观经验对事物的形态学结构的描述更为本质性和精确性地反映了关于世界的实在。

对科学理论的意义的澄清，首先涉及到科学理论的实在论问题和真理问题，同时也涉及如何理解生活世界中的直观经验的本体论地位问题。因此，对科学理论的本体论问题的分析，也需要有相应的对生活世界的本体论问题的阐明。而且根据胡塞尔对后者的阐明是真正澄清前者并为前者奠基的前提和基础。生活世界的本质特征或者形态学结构，就是用现象学的

① [德]胡塞尔：《欧洲科学的危机与超越论的现象学》，王炳文译，商务印书馆 2001 年版。

本质直观的方式探寻其本体论问题。当然，生活世界的本体论问题的分析，最终会引向对生活世界的先验起源问题的分析。

如前所述，生活世界具有其相对比较稳定的形态、结构和特性，但在前科学的经验中，对它们的描述往往又是含混和不精确的。胡塞尔在《危机》中对伽利略以来自然科学发展的分析尤其是在《几何学的起源》①中的分析表明，正是出于对于这种前科学的经验描述的含混性和不精确的克服的动机，才有了近代以来的科学通过对几何学的理念化和自然的数学化的描述来追求对生活世界的对象和事物的描述的精确性。这种抽象化、理念化的对世界的刻画之所以可能，必然需要生活世界有其稳定的、不变的结构。如果生活世界本身缺乏内在的本质性结构，那么其本身则是混乱的，任何基于生活世界经验的理论构成将成为不可能。

从胡塞尔的现象学的角度看，尽管这种生活世界的现象无法被精确刻画，但其在区域本体论领域有其本体论上的相关物。而且，现象学则寻求对生活世界的本质性的形态学结构的描述。因为这种形态学的结构是支配生活世界的历史演变的基本本质规则的体现。而奠基于生活世界的一切人类的生活和事业，则最终受这种本质规则的规范和奠基。胡塞尔实际上坚持认为，对于任何可能的生活世界来说，都存在同一个一般的本质结构，无论它们在地理、历史和文化上有多大差异。

生活世界可以看作是社会性的、主体间性地构成的公共生活的场域，因此一切社会性的事业包括科学共同体的科学研究和技术应用，都以生活世界为前提和奠基根据。因此，对于生活世界的本质性的形态学结构的揭示，是为我们的生活如一切理论认知、知识学科、伦理实践和感性审美实践等奠定基础的前提。根据胡塞尔，严格地来说，只有以一门生活世界的本质科学为前提，并让一切知识学科包括科学奠基于这门生活世界的本质科学，这些知识学科才能在生活世界中获得真正的奠基。基于这种奠基关系，才能阐明这些学科各自在整体之中处于各自的合理而恰当的位置及其意义和限度，才可能解决自然主义及科学主义所造成的对科学的方法所适用的范围和科学理论的效用的过度诠释和对知识与精神生活的扭曲，这种

---

① ［德］胡塞尔：《几何学的起源》，载《欧洲科学的危机与超越论的现象学》附录 B，王炳文译，商务印书馆 2001 年版。

阐明才使得现象学所追求的基于理性的沉思的有意义的人类生活才成为可能。这种沉思的任务自然也包括对科学的真正意义的澄清以及对"欧洲科学的危机"和人类精神生活危机的最终克服的方案设想。

这种结构并非经验的自然科学用数学语言刻画和构造的抽象的理论和抽象理念可以把握，而需要通过现象学的本质直观的方式才能描述，因为这些生活世界的本质结构不是一个自在存在的世界的结构，而是与主体性相关的，为主体的意向性所指向的，乃至是作为先验的主体间性的成就而被构成的，而这种主体性及其相关项的本质性结构，需要基于第一人称视角的哲学反思即基于现象学的本质性直观方法才能洞察。

对于生活世界的本体论分析需要区分为一般性的本体论分析和区域性的分析，后者涉及到不同的科学领域（化学、生物学、物理学等领域）的本体论分析，二者之间具有内在的同一性又有差异性。那么生活世界的本质结构是什么样的呢？除了胡塞尔在相关著作中包括关于区域本体论的论述中有少数的描述以外，以往的现象学著作中对生活世界的结构描述和分析并不多。胡塞尔主要描述了一些形式化的方面，如所有事物都处于时间和空间形式、物质有些基本特性、事物之间的因果关等；又如从类型上，生活世界可以分为文化世界、动物世界和包括植物与无机矿物的世界等；每个世界都有自己的本质性的层次结构和内在的共有特性，尤其是人类的文化世界所展现出的精神性、理性以及文化性的丰富性和多样性。

胡塞尔相关于生活世界的本体论的正面论述之所以少，可以这么理解，胡塞尔对生活世界的理论阐释，首先是从批判近代以来科学主义造成"欧洲科学的危机"并为了解决这个问题而澄清科学理念世界与生活世界的关系这样的问题进行的，因此其工作主要集中在批判伽利略以来科学的抽象理念对自然的数学化和远离直观现象的理念化对生活世界的遮蔽，对生活世界经验的本质性结构的展开的、系统的阐明，还需要后续的现象学家的努力。

对于科学的本体论问题的反思而言，需要在对生活世界的一般性的、普遍性的本体论问题分析的前提下，进入科学所研究的各个领域的本体论问题的分析，如数学、物理学、化学、生物学等领域的本体论问题分析。这种有待进行的细化的分析是胡塞尔所谓作为本质科学的本体论尤其是区域本体论的自然延伸和深化的分析工作。

现象学意义上的生活世界是与主体性相关的、主体间性的经验领域。生活世界并不是自然态度下的自在地存在的所谓"客观世界"，生活世界的本质科学也不是某种传统的自然哲学的翻版。生活世界是对主体显现的、作为主体的意向性关联项的现象领域，是主体的超越性的意向性直观的整体视域。生活世界的本质结构和显现形式，都是相关于主体性的本质特性的，某种程度上可以说生活世界是为我们而显现的存在。

对于先验现象学而言，主体是有构成功能的、具身性的主体，而生活世界的本质结构与主体性的本质特性以及构成经验的方式具有内在关联。从现象学的第一人称视角考察，便可以发现生活世界的显现形式和内容都与主体性的生存结构相关。正如扎哈维所引述的，"胡塞尔让人们注意到每个生活世界都和功能性的身体（functioning body）相关这一事实。他继而主张，正是这个肉体性和一切所属物（如性欲、营养需要、生和死、共同体和传统）组成了这个普遍的结构，所有可想象的生活世界都依照它构建（Hua 15/433）。"① 如前所述，具身性的身体在构成我们的经验的过程中具有核心的重要性。如具身性主体所具有的种种感知形式和感官、身体结构、生理运行的韵律、呼吸、饮食、欲望、生命的展开形式、阶段性和周期等都参与塑造着我们的动觉、体验、感知模式、空间经验、时间经验和对现象的构成的模式。因此，主体性的这些经验构成的本质性的形式和内容都对生活世界的本质结构具有构成性的功能和作用。

而且，如前所述，具身性的先验主体对超越性对象的经验的构成都是先验地主体间性地运作的，而作为超越性对象的整体视域的生活世界，是多个主体的交互主体性的视域融合构成的主体间性的整体视域以及整体性的对象领域。因此，生活世界的经验是具身性的先验主体以先验主体间性的形式构成的。而且，主体作为多个主体中的一员，总是与其他主体以某种关联的方式共同从事理论或实践活动，主体间性的关联方式是以团体、阶层、行业、民族、职业、社会角色等方式建构其结构。因此，对于主体而言，其是处于社会之关系网络中的主体，总是处于社会性的、主体间性的存在方式中。因此，从多个主体共在的模式作为整个社会的组织结构的

① ［丹麦］丹·扎哈维：《胡塞尔现象学》，李忠伟译，世纪出版股份有限公司、上海译文出版社 2007 年版，第 142—143 页。

最根本的奠基性的基础和背景而言，整个精神生活、文化生活的社会的都是主体间性地构成的复杂的结构化体系。从主体与自然世界的关系而言，不仅人类对自然的探究和认知是主体间性的、社会性的，甚至主体对作为人类活动的关涉领域的自然界的经验都是被先验主体间性地构成的。因此，整个生活世界的本质结构和运行模式，是由主体间性的、社会性的、组织性的本质结构奠基的。而且，由于主体间性的社会是出于时间性地流变的历史性的经验的长河之中，因此主体间性的社会结构也会随着时间不断地演变。因此，整个生活世界的本质结构是由先验主体以先验主体间性的、社会化、组织化的方式构成的。并且，生活世界的这种主体间性的、本质性的结构并不是一成不变的，它在世界经验的历史性的构成、沉积和演化中作为本质性的相关项，也是历史地展开和演变的。

因此，对于处于生活世界中的具体的个体和共同体的具体行为而言，具有历史、文化的生活世界首先是作为非主题性的、作为背景和视域的、充满以往逐渐形成的历史的经验沉积的、具有构成功能的奠基性的层面。其次，生活世界作为具有构成功能的"能构成"的方面，对于主体的主体间性的构成经验的行为具有基础性的奠基作用，但作为"被构成"的经验包括科学共同体在科学实践中获得的经验会逐渐在生活世界中沉积，逐渐地改变生活世界中主体间的共在的模式和社会的结构，最终改变生活世界的形态学结构本身，这也就是生活世界的形态学结构在人类文明的不同历史阶段的演化。

另外，对于不同的民族、文化和宗教信仰，其地域、文化理念、历史境遇等不同，生活世界的经验沉积不同，因此其生活世界的形态学结构的呈现样式和演化方式也有所不同。因此，对于不同的地域、民族、文化，其生活世界呈现为多种形态学结构的亚生活世界类型。但在这些亚生活世界中的形态学结构的层级和内容的差异背后，具有基于先验主体性及主体间性的本质特性和生存论结构的所有可能的生活世界的最为底层的、奠基性的、具有根本性的一般的、本质的普遍性结构。

总而言之，生活世界的结构有其奠基性层次结构，首先是主体性的本质特性和生存结构是作为底层的奠基层面。其次是主体间性的社会结构，对生活世界的经验的具有整体上构成性的功能。还有，先验主体性的、先验主体间性的本质结构对包括自然世界经验在内的整个生活世界的构成具有综合性、整体性、背景性的构成作用，并决定了生活世界的本质结构的最为基层的作用。最后，生活世界的本质结构对于我们关于世界的经验（包括我们对自然乃至宇宙的经验的构成）具有整体性的构成功能奠基作用。

第三节　先验主体间性的生活世界

从胡塞尔现象学的理路看，只有对生活世界的先验分析，才能最终克服对生活世界的自然态度，也才能为克服科学主义、客观主义的自然主义、物理主义的态度奠定真正的基础。生活世界是主观性地构成，并且是先验主体间性地构成的，生活世界根植于先验主体间性。因此，至少对于胡塞尔的先验现象学而言，生活世界理论并不像很多人认为的那样，是建立了一个现象学的新的奠基基础并是对之前先验主体性立场的决裂，实际上对生活世界的现象学阐明，是使先验现象学的视角拓展到主体间性、社会乃至整个人类文化生活和历史领域的必然要阐述的核心领域。同时，对生活世界及人类的历史文化领域的先验现象学阐明，也能促进对胡塞尔的先验主体性问题的进一步深化理解，先验主体性在原初层面上就是先验主体间性的、向生活世界敞开的。因此，对生活世界的先验分析也是对先验现象学的整体框架的重新而全面的阐述的重要组成部分。

现象学对生活世界的形态学结构的分析，并不是必然克服了自然态度的，也可以与前述的日常生活世界的阐明一样，是一种自然态度下对生活世界的本质结构的阐述。很多现象学家赞同胡塞尔现象学的本质直观或者本质还原的方法，也可以运用描述现象学的本质还原方法研究生活世界或社会的本质结构。只不过，从先验现象学的观点看，只有进行先验还原的分析，生活世界的主体性的构成根源才能获得澄清，诸如关于生活世界的本质结构、基本特征的决定性因素、如何被意向性地构成等问题才能获得彻底的阐明。并且，生活世界因为地域、文化、民族等的不同而具有的差异性的本质特征也才能因为对各自对应的主体性及主体间性的本质性奠基因素的阐明而获得明见性的理解。另外，生活世界的内容及其本质结构随着历史演化而具有的历史发生的构成及其结构的变化，也需要从其与先验主体性及先验主体间性的内在关联才能获得真正的阐明。因此，从以上这些方面的论述而言，对生活世界的先验分析不仅是必要的，而且是彻底阐明生活世界理论的基本问题的根本前提。

对于胡塞尔的先验现象学而言，生活世界问题其实是前述的先验主体间性问题的延伸。由前面关于先验主体间性的部分的论证可知，主体对超越性经验的构成都是以先验主体间性的方式运行的，先验主体性的经验结构在最为根本的层面上就是先验主体间性的。如前所述，每一个主体性都对应有一个作为超越性对象总体领域的世界视域与之相关联，因此这个世界视域先验地就是主体间性地构成的。对于不同主体，其世界视域及对世界经验的构成都有差异，只有多个主体性的世界视域相互融合，才会形成具有"客观性"的、交互主体间性的更为普遍性的世界视域。这种普遍性的世界视域就是我们这里所谓的生活世界。只不过这种主体间性的生活世界不再停留于一种作为背景的、非主体性的、空洞的整体性视域，而是获得多个主体在历史之中的长时间的经验的充实而构成了丰富的对象和层次结构的对象世界。由此可见，生活世界是奠基于先验主体间性，从而最终奠基于先验主体性的。

对生活世界的本体论的分析会引向对其先验起源的分析。在上文分析生活世界的形态学结构时，为了分析哪些层面的因素以及它们如何决定这种本质结构的形式和内容特征，实际上已经初步论述了生活世界是作为先验主体性和先验主体间性的构成的基本主题。也就是说，生活世界的基本结构是关联于那些为其奠基的、具有构成性功能的具身的主体性、主体间性所形成的关联关系和社会结构等因素，是被先验主体间性地构成的、社会性的经验领域，可以称为世界经验的领域。

从《危机》中对近代科学的理念化及其对生活世界的遮蔽的分析可知，胡塞尔所揭示的从生活世界的本体论分析开始的从生活世界向先验主体性或者先验自我还原的进路，其实还包括从科学的理念世界向生活世界的回溯的部分。前面第二章，论述科学理念构成的理念世界向作为其构成的原初基础和意义来源时，已经是对科学理论的理念世界的先验追溯和先验还原的第一步；当我们论述生活世界的先验主体间性问题时，已经是向先验主体性的还原的第二步；而回溯先验主体间性的先验主体性中的根源时，是先验还原的第三步。

通过先验的还原，澄清科学理论、生活世界的经验具有先验主体间性的根源，最后回溯到先验主体性、原初给予的意识之流及其先验形式内在时间意识之中时，就到达了先验还原的最终根基。需要说明的是，前面第二章对先验主体间性的论证已经是沿着这条进路，通过逐步的分析向先验自我的先验回溯性的分析，已经是以一种简要的回溯进入了先验自我意识的最终层面。而最终在对先验主体间性的先验主体性的根源的分析的基础上，又进入了在先验主体性基础上对先验主体间性的构成机制如何构成的阐明（见第三章）。

生活世界作为先验主体间性问题的延伸、扩展和深化，会涉及到诸如文化、社会结构、传统、常态、发生构成、历史性等问题的先验意义，也会涉及到原先社会学、历史学、人类学、人种学、发生心理学、精神病理学等领域。因此，可以说，对于先验现象学而言，先验生活世界的问题是对先验主体间性问题的彻底化的阐明。先验的分析最终要贯彻于所有的经验与现象的领域，因此是先验哲学领域的极大地扩张，不再局限在传统的、康德式的对经验性、世间性的事物和先验领域的截然二分的视野。

生活世界中的常态、传统问题。虽然对于单个的主体性的经验构成而言，也会面临着已有的传统、常态、常识、背景知识等问题，但主体原初地就是向他者开放的主体间性的主体。正如扎哈维所述，"一开始，胡塞尔结合他对发生在单个、孤独的主体的生活里的被动综合（passive synthesis）的分析，考察了常态的影响。但是，正如胡塞尔最终意识到的那样，主体间性也起着重要的作用。我从记事起就生活在人们当中，而我的预期是根据主体间性地传递下来的统觉形式而形成的"①。

生活世界中的常态、传统、真理乃至生活世界的亚类型，都根植于具身性的先验主体性的本质结构以及多个主体的先验主体间性的共在形式。当主体间性对超越性的经验的统觉形式不同时，对生活世界中的经验的构成的形式也就不同。

对于生活世界中的主体而言，共同体所构成的经验的统觉形式可以分为一般性和特殊性两个层面。一般性的统觉形式都是对于整个生活世界的所有人而言，而特殊性的统觉形式可能因具体的社会阶层、团体、民族、

----

① ［丹麦］丹·扎哈维：《胡塞尔现象学》，李忠伟译，世纪出版股份有限公司、上海译文出版社 2007 年版，第 144 页。

时代等而有种种差异。因此，当作为生活世界中的具体的共同体的成员时，主体形成预期所根据的不仅有普通意义上的主体间的经验的统觉形式，更有社会的团体、阶层乃至整个社会所形成的更为丰富而多层次的一般性的和特殊性的统觉形式对于主体的经验发挥着构成功能。与这些一般或者特殊的、具有构成功能的本质性的统觉形式相对应，在经验性的层面对应因素有诸如共同体共同所持有的基本信念和预设原则、知识背景、共同的情感、欲求、实践等方面。与共同体对经验构成的本质性的统觉形式相对应，从经验事实的层面看，对于高度专业化的共同体，对其思维和认知形成具有规范性的是其共同的传统、基本教条、教育、术语体系、方法论等，如对于类似于科学共同体的专业团体而言，类似于托马斯·库恩所说的范式的因素在构成统觉形式方面具有基本要素的作用。对于共同体中的个体而言，无论是思维的方式、行为的规范和所使用的专业术语等，都是通过训练从共同体其他成员那里得到传承而学习到的。对于现象学而言，通过对这些具体的经验性的事情的描述和分析，通过本质的直观描述和阐明其所依据和奠基的具有普遍性的共同体的经验构成的统觉形式也是先验生活世界现象学的基本任务之一。

依据于主体间性的统觉形式，多个主体共在于世、经验同一个世界才有可能。但对于具体的主体间性经验而言，共识和异议问题是随时都可能产生的。

当从生活世界的角度考察多个主体的共在形态时，也就是对于处于社会群体中的多个主体，主体之间关于经验的共识和异议问题才会真正凸显出来。对于主体间性问题而言，多个主体之间对于经验者的世界的共识以及意见分歧都是现象学要处理的问题，而对于由多个主体组成的具有特定的社会性的结构的社群、圈子或者团体，对话、交流、协商，以求形成共识以及处理分歧是在交往互动中维持其团体的存在和保持其实践一致的最基本的部分。

生活世界中首先面临的是常态问题。因为常态性是胡塞尔现象学中关于经验构成中的核心概念之一。首先，常态的意义在于对主体性及主体间性的新的经验构成的具体的和本质性的形式具有构成功能。类似于经验的先验主体间性运作形式的构成机制，主体性在原初地构成新的类型的具体经验的同时，主体性自身的经验构成行为的新的类型也奠基性地建立起来，在后来的同类经验的构成中这种构成形式不再是重新构成而是获得充实。这种伴随着对象构成的超越性经验的构成形式的形成也属于主体性的自我构成部分之一。所谓常态，第一，是指经验构成的经验的或者本质性的形式和模型方面而言的。如在主体性的具体经验构成中，一方面是形成比较稳定的具有经验的普遍性的经验构成的结构、原型和模式；另一方面形成主体性的经验构成的本质形式的自我构成。第二，这种常态的第二个层面通常通过主体之间凭借语言和符号的交流而外化为共同体乃至社会性的经验构成的范例、模型和稳定的思维结构等。还有，常态还表现为主体间性的共同经验、知识、基本预设和经验统觉形式。

其次，常态的意义还在于从具体的经验构成的层面上讲，可以这么理解："基本上，胡塞尔认为，我们的经验被对常态的预期所指导。我们的理解、经验和构成都被那些早先的经验所建立起来的普通和典型的结构、原型和模式所塑造（Hua 11/186）。如果我们所经验的东西和我们早先的经验相冲突——若它是不同的——我们就会具有一种常态性的经验，而它随后可能会导致对我们的预期的修改（Ms. D 13 234b，15/438）。"①

常态性是一个主体间性的概念，意味着对所有的主体都是同一的、普遍性的规范或标准，它预设了主体是正常的、成熟的、有健全的理性的。常态性根源于先验主体间性的理性标准，最终奠基于主体性的理性的本质性的功能，但这种先验主体性所具备的理性功能的"隐德来希"还需要具体经验中的诸多条件和因素的配合才能在时间性中被"激活"和"赋予灵魂"，即成长和成熟。常态性的标准在具体的生活中具有相对性，但基于先验主体性和先验主体间性的健全理性功能或者至少是遵循大多数人认同的评价标准。

常态性可以用以下几种区分标准来分类。虽然常态性应该是每个主体性所奠基的并能在实践中被构成，但具体情境中，与常态性相对应，就有非常态性。首先，以健全理智为区分那么常态性是指具有健全的理性，也就是成熟的、健康的、具有正常理智的人应该具有的能力。与此相对，非常态性的就指婴儿、感官不健全、精神不健康等的人。其次，按照特定的

---

① ［丹麦］丹·扎哈维：《胡塞尔现象学》，李忠伟译，世纪出版股份有限公司、上海译文出版社 2007 年版，第 144 页。

地域、血缘、文化和精神理念区分，如对于特定的地域、文化、国家、文明、或共同体而言，在共同的社会圈子内的人就是常态性的，而异地、其他文化、其他国家、其他异质的文明、共同体以外的人就是非常态性的。

通常，谈到主体之间的争论和分歧时，往往是对于持同一个共同体的常态性成员之间才会有对于具体问题的争论和分析，这意味着他们是在一个共同的基础即常态性前提下在谈论同样的对象或者事情。共同体的本性规范着常态性，只有作为共同体的成员，并通过共同体每个人才成为常态性的，其成员之间的共识是对于他们所遵循的常态性的标准而言的。例如科学共同体有其于其特定的范式或者传统建立的常态性规范，其成员遵循了这些规范才成为其成员，才具有常态性的协作和交流的可能性。

常态性是具有相对性的。"胡塞尔强调，只有共同体里的常态的成员的共识（争论），才具有相关性。当说到真实的存在必须对于每个人来说都是可经验的，正如他所说，我们所处理的是某种平常性（averageness）和理想化（Hua 15/141，231，629）。"① 这里所谓平常性可以理解为是在大多数情况下平均而言的，而理想化则指所谓常态性本质上是一种关于正常的、理性的群体的标准的理想化的观念，在具体的情境中并非都能满足其条件。无论从健全的理性还是从文化和精神理念等方面比较，常态性在具体的语境中具有相对的确定性，但常态性和非常态性的具体边界却具有模糊性。对于不同的圈子、群体或共同体，具有不同的常态性的标准，这是由于特定的预设条件和语境所规范和限定的。而且，在主体间性地被构成的文化演化和历史发展过程中，常态性和非常态性之间的区分标准也是相应于时代和语境而逐渐调整和改变的。

常态性也是评价正确与谬误的前提条件。因为，当说到真理或者谬误时，只是在共同体的内在语境中，对于常态性的成员，才有明确的意义和判断标准，而共同体的成员与非常态者的不一致，往往被看作无关紧要的。另外，常态性则预设了共同体内正常的成员达成共识是可能的，因为就其常态性标准而言他们都是成熟的、正常的、理性的人，而且共同体成员的分歧是以具有某种共同基础为前提的，这意味着他们认为是就同一个

---

① ［丹麦］丹·扎哈维：《胡塞尔现象学》，李忠伟译，世纪出版股份有限公司、上海译文出版社 2007 年版，第 145 页。

经验进行争论，因此共同体成员的共识才可能达成。从这个角度看，真理与谬误具有主体间性的客观性，但同时这种主体间性往往是相对某种共同体而言的、具有某种范围的相对性。

可见，对于不同的共同体，常态性的标准也不同，因此常态性具有多元性。对于每一个共同体而言，常态的主体之间的差异的经验，通过视域的融合、语言的交流、共同的实践和检验，就可以形成关于对象领域的经验的更为全面而正确的理解。当经验的差异是在不同的共同体的不同的常态性之间时，通过语言的交流和共同的实践，也可能实现视域的融合与观点之间的逐渐一致。因此，随着生活世界中主体间性的范围越广泛，常态性越具有普遍性时，对于世界经验的认识就会更具有全面性。当我们设想一种对所有人都普遍有效的真理为我们求知的目标时，这里的真理被作为一种具有范导性的理念，能够引领人们对于主体间性的普遍有效性的知识的追求。近代科学则是进一步发扬了这种对普遍有效性的真理的追求，期望能达成一种对于所有可能的理性的主体都无条件地有效的、"客观性"的知识理想。

传统的概念在胡塞尔的后期著作中被引入先验现象学，主要是要给先验哲学引入历史的维度，这就使现象学终于可以讨论经验在历史中的发生构成机制了。由内在时间意识的讨论就可以知道，主体的经验的构成是一个时间性的过程；作为主体的对超越性对象的直观的背景的视域，生活世界虽然原初地是非主题性的，但它却是沉积了世间代际传承和构成的经验，它是作为在先存在的、原初地给予的、承载着传统的、具有内在经验的结构的、使主体对外在对象的直观经验成为可能的背景场域，因此它原初地就具有传统的、历史性的维度。作为普全性的视域的世界视域，也是具有其历史的维度的，历史的经验和传统是预先地给予主体的，主体原初地就处于一个具有历史传统的世界中。而前面对主体间性的历史维度的讨论也表明，多主体共在的生活世界就是一个被预先给予的、具有传统的、历史地发展的场域，沉积于其中的经验也是一个有其传统的、在历史中发生构成的过程。

因此，在生活世界中的主体，总是已经被嵌入一个有活的传统、发展的历史的和发生地构成的社会结构和各种具体的主体间性关系的世界中。传统、历史、文化、习俗语言、意义、社会关系等都是被给予主体的，主体必须通过这些才能理解这个世界，并与他人沟通中接受沉积在生活世界中的经验。"常态也是习俗性（conventionality），它在其存在中超越了个体（Hua 15/611）。因此，在《观念 II》中，胡塞尔就指出了以下事实，即除了从他人那里起源的倾向以外，也存在风俗和传统所作出的不确定的要求："某人"如此判断，"某人"以如此这般的方式拿叉子，等等（Hua 4/269）。我从他者那里学习到什么才是常态的（并且首先和大多数从我至亲，即从抚养和教育我的人那里［Hua15/428—429，569，602—604]），因而，我就进入了通过世代之链而向后伸展到晦暗的过去的、共同的传统。"① 对于个体而言，先验的生活世界充满经验、传统和有意义，是具有历史性的构成性的功能，先验的主体的自我构成和构成关于世界的经验，都是在与生活世界中的其他主体的互动和共同构成过程中形成的。而且生活世界中，原先作为个体的主体所具有的经验、意义乃至价值和伦理观念，不再被看作孤独心灵的体验和立场，而是会在普遍性的视域中以主体间性开放性的方式被构成。主体意识到他是作为社会的一个成员而存在于世。

对于每一个主体，其常态性的生活环境和社会关系，都是历史性地生成的，其所处的共同体也有一个历史地构成的轨迹，为其所遵循的常态性是一种历史性的构成的产物，不存在先天固有的、一成不变的常态。作为常态性的个体，是历史性的存在，处于一种由历史关联起来的与若干代以前的其他主体的社会关系之中，作为一个历史共同体之中的一员。一般地讲，"常态性是受限于传统的规范的集合"②，常态性是历史地发生构成的，作为社会性的共同体的共同标准的常态，也是随着历史而发生地构成的，从来没有一成不变的常态性。常态性与非常态性在历史的发展过程之中不断地转化并通过传统而具有某种程度的统一性。因此所谓常态性的生活，也是一种历史性地构成并且具有阶段性的存在状态。那么，生活世界中的主体间性的共在，如科学共同体，是一种历史性的共同体。

生活世界是被历史性的共同体主体间性地构成的。因此，整个生活世

---

① ［丹麦］丹·扎哈维：《胡塞尔现象学》，李忠伟译，世纪出版股份有限公司、上海译文出版社 2007 年版，第 145 页。

② 同上书，第 150 页。

界并不是静态和停滞的，而是常态性不断地被历史地发生构成的过程，并不断地转化状态，在常态性与非常态性之间保持着相对的稳定性。

常态性及其历史的发生变化是奠基于生活世界的本质性结构的。生活世界中的常态的不断被构成并不意味着生活世界的变化是没有规则的。如前所述，在最为基本的奠基性的层面上，生活世界有其本质性的先天结构即形态学结构，但在更为高层的结构上，会有更多亚生活世界的形态学结构的类型，以及奠基于这些形态学结构的共同体的常态性的类型。生活世界的构成有一个历史地发生构成的维度，因此生活世界中的常态性乃至亚生活世界的各种类型都是被主体间性地、历史性地发生构成的。历史的发生构成需要一种历史性的直观给予的经验的充实，这种被给予的历史性的经验，是使得我们的历史不停留在生活世界的空洞的本质性结构，而活生生地不断被构成的前提所在。这种被给予的历史性的经验本身也是被主体间性地构成的，因此，先验的主体间性，是生活世界始终能保持其活力而不断地被发生构成的基本前提。因此，即便是生活世界最为根本的本质结构，也不是像康德的先验范畴一样是预先已经存在的，而是根植于先验主体性并被先验主体间性地历史性地构成的。

事实上，正是生活世界的历史性的共同体的主体间性的发生构成功能，才构成了生活世界的先验历史性的文化世界并赋予其意义。因此生活世界的先验性与历史性的融合，体现了主体性的构成功能是以主体间性的、历史性的发生构成的方式进行的，生活世界的构成是基于传统、常态而发生地进行的。而且生活世界在其历史中保持稳定的形态和有序的发展所奠基于生活世界的本质结构是被历史性地、阶段性地发生构成的，生活世界的每一类型的本质结构都有其在历史中的起源以及发展的过程，生活世界在历史中的发展过程也是生活世界的本质形态学结构被历史的共同体不断构成而发展的过程，而历史共同体的常态性也是被在传统中构成、发展并继承的。

与此相关，基于共同体的常态性的真理与谬误的区别，也具有历史性的相对性。无论是客观主义、客观的世界还是科学真理，都是这种被历史的共同体历史的发生构成的产物之一。

当然，对于《危机》时期的胡塞尔而言，对先验的传统和历史维度的阐述，主要是为了阐明科学的历史起源问题。

　　对于先验现象学而言，对科学的历史起源及其发生构成的探讨，主要不是为了寻求科学的事实上的起点以及科学的构成的实际过程，而是寻求科学理论构成的先验机制。从前面的论述可知，科学共同体是一种按照特定规范和常态性从事理论和实验的历史共同体。科学共同体的常态性也是在科学的传统和规范中发生地构成的，因而是历史性地构成、发展的产物。通过对科学的起源和传承并发展的过程的回溯性的考察，"胡塞尔的结论是，通过科学理性而成为可能的构成作用有一个起源，并且随着时间而发展，这可以被看作是对康德的先验哲学的静态本性的批评——对康德来说，先验范畴从一开始就全部地被给予了。"① 也就是说，从先验现象学的角度看，对包括科学经验在内的世界经验的主体间性的构成的先验机制是一个历史地形成和发展的。这种先验机制自身就是随着科学的实践而被历史地构成的，与科学实践有其起点一样，这种先验机制的构成和发挥作用有自己的历史起点，而且这种先验的构成机制会随着科学实践以及其他认知活动的历史展开而随着时间不断地发展。

　　从胡塞尔在《几何学的起源》中对科学理论在历史当中的构成的追溯显示，科学理论的构成最初源于实践生活之中，由于理论兴趣的牵引，像几何学的理念等新型的对象被构成。科学以对对象的精密表达的追求，构造出抽象的、理念化的几何学以刻画物理对象的形态，以数学化的表达式表述关于自然的定律和公式，称之为自然的数学化。这种新的类型的关于精确性的理论对象和理论系统的构成，通过科学与技术的广泛应用，逐渐被广泛应用，并且通过科学共同体的传统、教育、方法论和实践，被一代代地传承，最终成为在生活世界之中占据主流地位的文化形态之一。

　　科学的成功和标榜的客观主义逐渐地使人们遗忘了它在生活世界中的主观性起源，它的主流地位也使人忽略了它曾经也是作为一种新的常态性被历史性的科学共同体发生地构成的，它是生活世界之中的漫长历史之中不断地构成和发展的多种常态和传统之中的一种而已。科学有其本质性的内在结构以及发生构成的本质性的机制，但这些与所谓的先验范畴一样，需要在历史的、文化的、社会的发生构成中形成和发展起来。我们不应该

————————

　　① ［丹麦］丹·扎哈维：《胡塞尔现象学》，李忠伟译，世纪出版股分有限公司、上海译文出版社 2007 年版，第 148 页。

把它看作是原先固有的或者最终不变的经验的构成的唯一正确形态，科学所构成的客观性的科学的真理只是相对性的，是基于其常态性的标准而言的。

由上文的论述可知，从先验现象学的角度看，生活世界有其先验的、历史性的维度，是先验的历史的经验的发生构成领域，而与这些发生构成对应的主体间性构成方式也是有其起源、发展和传承的。因此，这种先验的历史发生构成所具有的本质的形态学结构，随着世界的文化的历史性的构成阶段，而展现出其不同的本质性特征和结构。对于不同的地域、民族、文化，历史性的经验构成的直观被给予不同，其历史与文化的显现的形态和结构也不同。可见生活世界的构成的类型是具有多样性的。随着时代的发展，各个地域的文化不断地增强了交流并出现融合的趋势。这些差异性的常态和视角的互相补充和融合，使我们能够更好地、更为全面地理解这个越来越具有普全性视域的人类文明的整体。我们并不清楚人类的历史是否像胡塞尔所认为的那样有一个内在的目的，但随着全球化与人类的普全性的、超越地域性的视域的建立，人类有希望去按照理性的沉思去设想和尝试构建更为理想的、有意义的、合乎理性的生活。

第四节　科学与技术时代的生活世界的先验分析

从科学及技术是否广泛渗透和深度介入生活世界的角度，可以把日常生活世界区分为前科学的原初的生活世界和科学时代的生活世界。相比于前科学的生活世界，科学技术时代的生活世界的特征在于科学成为一种具有支配性地位的主流文化，这不仅体现在科学的理念和理论渗透于日常生活的语言、观念和人们的生活方式等方面之中，更主要地凸显于科学与技术在主体间性的、历史性的、发生构成生活世界的基本结构居于支配性的地位。

对现时代的科学文化的哲学反思，不仅需要反思随之而来的、流行的客观主义以及科学主义对科学的合理性范围的扩大及科学方法的滥用等方面，还需要阐明科学共同体如何历史地构成科学理论的意识行为的本质结构和发生逻辑类型，而且应该反思科学与技术构成的先验主体间性的机制以及其在先验主体间性的生活世界中的奠基。

　　而要阐明科学理论研究在生活世界中的奠基问题，首先需要对科学与技术所根植于其中的生活世界的本质结构和先验构成功能的分析。事实上，科学技术作为一种在生活世界中有主流地位的历史性构成的文化，是在生活世界的结构之中处于核心地位的组成部分并对生活世界的构成发挥着关键性的作用。因此，对科学与技术在生活世界之中的奠基问题的阐明和对生活世界的现象学分析是关联在一起的，由于科学文化作为生活世界结构中的一部分，因此对前者的奠基问题的分析必须以对后者的整体性结构和根源的分析为前提，而对生活世界的先验分析，已经涉及一部分对科学文化本身的先验分析。

　　对于科技时代的生活世界的先验分析，不仅需要阐明科学和技术在生活世界先验构成功能及其形成中的核心作用和主导地位的分析，还需要描述过去和现时代生活世界本质结构及其产生的深刻变化乃至预见其未来形态结构的发展趋向。这是一项宏大的任务，非本书所能胜任。在这里，主要集中于对现时代生活世界的本质结构的核心要素的分析和对科学与技术在先验主体间性的生活世界的构成过程中的主要作用做一些概述。

　　随着近代以来科学传统自身的历史性的发生构成，科学与技术逐渐成为生活世界的重要组成部分并逐渐越来越深入而广泛地影响乃至逐渐主导生活世界自身的历史性发生构成。按照胡塞尔在《几何学的起源》以及《危机》之中对近代科学的历史发生构成的分析和描述，近代科学的事实性的起源和发展的线索，可以使我们通过先验的回溯性分析，揭示科学传统所蕴含的科学的先验发生构成方式的历史起源和发展的本质形式及其历史演进的逻辑。而且，按照胡塞尔的思路和线索，历史性的先验主体间性现象学的分析方法可以普遍性地应用于对生活世界中的经验的分析。因此，前述著作中阐述的先验主体间性现象学的历史分析的思路和方法可以用于对生活世界的历史性的发生构成的先验机制和所形成的本质结构的分析。

　　伴随着全球化时代的到来，原先因地域、民族、文化和传统而构成的具有差异性的历史和文化逐渐出现了合流的迹象，而互联网的兴起和信息技术的发达，把原先不同地域与文化的人们更为紧密地关联起来，并为人们构建起来了直观而生动的全球化的视野。我们总会从世界视域去考察局部性的事件和问题。对人类文明和历史的多元视角的整合中，科学的传统和理念逐渐取得了主流和支配性的地位，或者说人们越来越习惯从科学所构建的视野看待世界以及我们自己，也更习惯于用科学主义灌输给我们的关于世界的客观主义的理念去解释世界。

可以说，科学与技术的综合运作所构成的传统成为我们时代的最具有普遍性的新的常态性。这个起源于近代以来伽利略所建立的实证科学的新传统逐渐影响我们关于世界的观念，乃至我们关于世界的基本观念以及论证和验证理论和知识的方式，都是以类似科学的方法论和标准来衡量的，这意味着科学的方法论乃至伴随而来的科学主义所构成的本体论的观念，成为一种主体间性的构成关于世界的观念的基本前提和基本运作形式。事情不仅在于个体生活在一个科学与技术所塑造了形式的、赋予意义的世界之中，而且这是一个起源于过去的、现在作为主流的科学与技术的传统所统治的世界，不仅我对这个世界的理解需要以继承科学的传统所渗透、参与构成及赋予意义的语言与观念才能理解它，而且这是一个主体间性的、普遍性地与科学技术关涉的世界。作为科学共同体所传承和发展的科学事业，成为了最为主要的人类公共事业和世界性的文化的核心部分之一，科学所赋予地看待事物的视角和提供的评价标准，成为社会主流的评价标准，科学的方法甚至成为社会之中最为权威和影响力的衡量认知的方法论合理性的标准和规范。

科学作为一种主体间性构成的历史性的文化，具有独特的构成经验的先验统觉形式。科学共同体作为科学研究的主体，在科学的传统和语境中，以一种创造性的思想构成各种科学理论的假设，以间接的相关性的方式刻画世界的面貌。虽然科学对世界的阐明经由数学化的抽象理念以及由精心设计的科学实验和观察的中介，但与直观的生活世界中的经验的构成方式具有一致性并奠基于前者。科学理论的构成是以一种独特的主体间性方式进行的。科学共同体的科学研究，除了具身性的主体性的认知方式，还有主体间性的以科学范式规范的、科学的常态性的协作方式进行工作，以及作为具身性的感知器官的延伸的数量庞大、高度复杂的科学仪器、设备和各种装置的配合。科学的研究，涉及的不仅是作为研究者的科学家共同体，而且关涉到社会的各种辅助平台和资源、人力等的完备的供给体系。因此，现代的科学研究是与国家、区域或者世界规模的社会运作的背景关联在一起的超大规模的社会协作的方式运作，完全不同于早先哲人的沉思以及早期的工匠的作坊作业。

在这个全球化的、移动互联的时代，科学与技术的主体间性的经验构成形式不仅自我构成和发展，而且对生活世界的历史性的发生构成都具有根本性的推动作用，甚至可以说，科学与技术具是现时代生活世界中具有最强大的构成功能。因此，科学不仅仅是一种具有高度效能的认识世界的工具，而且通过与技术的关联的应用，具有变革和重新构成生活世界的作用。作为科学共同体主观地构成的成就的科学与技术，应该是先验主体性的构成生活世界的先验功能的一种外化的充分展开和实现。与前科学时代主体性对生活世界的先验主体间性的原初的构成方式不同，科学与技术提供了借助于各种中介的工具和间接性的路径构成生活世界，因此，科学与技术也可以看作是具身性的主体性的体现。同时，科学技术对于原初的具身性的主体性及主体间性也是一种重新构成，因为科学和技术改变了主体间的共在方式，也改变了主体性的行为方式、认知方式乃至对世界的经验方式和内容。

第一，科学和技术对具身性主体性及主体间性的扩展。科学和技术超越了主体凭借感官去感知超越性的对象的限度，把人类的认知领域由原先常态性的直观领域拓展到了从微观的量子的层面一直到借助仪器设备对外太空和宇宙中的天体现象的观测。从具身性的主体性的角度看，科学的技术与设备拓展和强化了主体的感知器官，或者说具身性的构成功能通过技术的手段间接地实现和加强，因而也在深度和广度上极大地拓展了具身性的认知的经验的范围。尽管这种借助技术与设备获得的关于世界的信息是通过种种中间环节的技术处理、以实验设计为前提、"观察渗透着理论"，但间接的直观也具有某种明见性。而且这种技术性的显现现象的方式是科学的共同体主观性地构成的、与具身性的经验世界的模式相耦合的，因此也可以算作广义的具身性的认知模式。

第二，现代技术重新构成了我们的世界视域。信息技术的发达使遥远地区的场景以直观的影音形象而呈现给我们的时代，科学与技术为我们构成普全性的生活世界的视域，因为地域、空间与时间的差异造成的直观视域的局限性在很大的程度上被克服了，我们甚至可以间接地直观宇宙之中天体的运行和星际的现象。

第三，科学与技术深度地介入乃至决定性地塑造了世界的主体间性的基本形态和我们的生活方式。如我们的交流和对话方式被通信技术所革新和构造，通过网络信息技术，原先的世界变得扁平、紧密，原先在地理上遥远的人群通过网络变得邻近，原先分散的地域和人群被全球化的经济、贸易、交通等的方式高度紧密地关联起来，休戚相关。现代社会的生活方式的巨大变化，很大程度上是因为科学与技术手段的推进。

第四，科学与技术在构成我们的生活世界的新的形态和本质结构的过程中具有重要的作用和核心的地位。我们的生活世界在看似稳定的表面下一直在随着技术而不断地变动，不断的技术变革下面涌动着的是对整个世界的根本结构、社会的组织方式和人们的语言和思维方式等的深刻变革，这种变革的具体发生方式和进路并非我们都可以预测。

科学与技术对现时代的经验的构成的主体间性的运作形式的构成可以分为几个方面。首先是按照科学共同体的方法论规范和常规性，科学的实验观察是主体间性地设计的，科学实验的程序必须是主体间性的、可重复操作的，科学实验至少在理论上是可以重复的、实现所呈现的现象应该可以重复性地出现，实验的结果的记录和解释是主体间性地可接受或者可以在共同的基础上探讨和争论的。其次，科学与技术在生活世界中的应用是面对作为用户的共同体的，不仅其使用涉及公共政策，而且这些应用会把原来关联度低的使用者关联起来，形成具有共同的行为模式和利益关联的群体。最后，互联网作为一种通信和沟通的技术，已经以一种极致的形式把世界各地的大多数人群直接和间接地关联起来了，互联网建构和极大地强化了生活世界中的主体间性的关联并重构了生活世界的整个运行模式和组成结构。

这种主体间性的构成不仅仅体现在模拟具身性或者对于具身性的经验模式的拓展，而且也是使得世界变得更加与主体内在地关联起来。很大程度上，对世界的主体间性的构成更多地呈现出积极的、主动性的发生构成的形态。这种积极的、主体间性的构成并不意味着一切都是按照具体的个体或者共同体的意志实现。在科学与技术的辅助下，主体间性呈现出与以往前科学的传统社会中完全不同的全新的沟通的形式。

现代社会的科学研究与技术创新具有复杂系统自组织形式进行自我发生构成的机制。在现代社会的背景环境下，科学共同体以及整个科学研究和技术应用是一个复杂的系统，它以复杂的非线性的关联方式自组织地运行。因此，虽然科学与技术所构成的新的常态性正在持续而稳定地发挥着构成功能，但是科学探索的限度在哪里，技术对生活世界与人们的生活的变革的深度和广度会到何等的程度，以现有的信息和知识并不能推知。

而以科学探索和技术的发明及应用为引擎的现代社会的发展，依然是主体间性地构成和推动的，但是这种以科学共同体、市场经济推动以及商业利益和人们的偏好牵引的社会的运行方式，是一种全新的、超越任何个体或团体掌控的、以整个人类的整体关联的超级规模的主体间性进行组织和运行的自组织系统。因此，在科学与技术对生活世界的主体间性构成形式具有某种超越性，超出主体的明确的意志，对于我们而言，很多结果是出乎意料的、超乎想象的，我们并不知道科学与技术的构成功能最终会为世界带来什么样的形态和模式，我们只是看到它所不断地呈现的深度的革新和对我们生活的全新的塑造。

科学与技术在生活世界中建立了一种新型的、具有高度规范性的主体间性的经验构成形式。这种主体间性也叫科学与技术构成的生活世界的具有高度规范性的新常态。在以上对科学与技术的对生活世界的经验的构成形式、生活世界的结构和运行形式的主体间性的发生构成的描述中，我们可以发现科学自身及其在社会中的技术化应用中所建立的高度规范的、严密的、"客观性"的以技术化的操作程序和规范运行的形式其实是一种科学与技术建立的新类型的主体间性的经验构成形式，这同时也是一种新的、科学时代的认知和社会实践的运作形式，进而成为生活世界的自发构成的本质形式，整个社会以一种"科学的"、高度精密而高效的、技术化的形式在运行。这里面蕴含着一种全新的生活世界的主体间性的发生构成的功能以及生活世界的本质的形态学结构的发生构成的规则和谱系。之所以说高度规范化是因为科学和技术所建立的这种主体间性的常态性带有对整个社会的运行有高度的规范和约束能力，它是一种强制性的规范，以至于整个社会的运行在形式、程序和发生构成的逻辑上有高度的相似性和统一性。

由于科学传统及其常态性的高度规范性在生活世界中的主导性地位，乃至于它对原初的、前科学的生活世界的结构和运作方式有一种根本性的、高度同质化的改变。胡塞尔因此惊呼现代科学的强势为生活世界披上了"理念的外衣"，使科学遗忘了它在生活世界中的根植性和意义来源，从而导致"欧洲科学的危机"与人类精神生活的危机。海德格尔也认为作为独特的去蔽的方式的技术的本质是一种"座架",它的问题在于以一种去蔽的方式占据支配性地位而遮蔽了更为原初的其他的去蔽的方式。甚至海德格尔担心地认为未来社会,一种他在独特的意义上指称的"控制论"会成为最重要而兴盛的一种学科。

关于这种危机与技术的关系问题,胡塞尔的看法比较传统,他并没有单独论述技术对生活世界以及人类精神生活的深刻影响。因为,根据胡塞尔的思路,近代以来的科学所引起的危机主要在理论认知层面,对于科学起源于生活世界的主观性起源的揭示以及对客观主义及科学主义的批判,以合理的方式看待科学真理的相对性,使一切科学都奠基于生活世界的本质科学的基础上,并使得它们也成为生活世界的科学,就能够解除这样的思想危机。因为胡塞尔预设了理论科学相对于规范科学和技艺性的应用而言是奠基性的、实践总是基于理论的认知的。因此,按照这种思路理解,技术是奠基于科学的,如果澄清了科学的本性以及以认识到它的合理性的范围,就能为作为科学的应用和社会实践方式的技术及其应用奠定基础,不会有海德格尔式的技术的本质的危机。而海德格尔则认为技术是较科学更为根本性而最终显现的形态,技术的本质的支配才是造成此在的生存和人类生活的危机的根源。

应该说,胡塞尔和海德格尔对现代科学与技术的一些严重的弊端的批判和揭示都有其合理性,其中海德格尔对技术的本性的阐述对我们理解科学时代的技术具有重要的启发。但是,对于科学、技术及二者之间的奠基关系和重要性等主题,还可以结合这两位现象学家的观点进一步深入探讨。

我们必须承认科学为我们理解世界提供了更为丰富的经验和各种精密的理论,也在很大程度上塑造了现代社会的形态和深度地影响着人类社会未来的走向。但这并不意味着我们需要把科学理论作为终极真理或者终极真理的唯一的或最优的探索路径,对科学的成就的肯定并不意味着我们必须接受科学的客观主义的世界观,更需要警惕科学主义对科学及世界的极端的观念。

回顾古希腊以来的思想发展和近代以来科学的历史和传统,科学与技术首先的作用是对未知世界的理论探索并以技术的方式显现新的世界视域和前所未有的直观经验给人类，其次，科学与技术作为科学传统之常态性知识，并非绝对真理，但也有助于人类的健全理智的发展，为人类文化适度祛魅，更使人类以理性的思维和方法认知和理解世界；再次，也为人类的生活的实际生存和生活的欲求的满足提供必要的技术工具条件；当然，作为先验主体性的理性的构成的成果，科学与技术还有一种可能的、积极的先验功能，就是为人类的理性的自由的精神创造性和探索理想的生活提供必要的辅助条件和技术支持。

对科学与技术的理性态度是厘清其合理性范围和界限。从现象学的观点看，科学本身是有其阐明真理和去蔽的功能，但科学主义的问题在于过度诠释了科学的效用和滥用了科学的方法，并以对世界的一种自然主义的过度诠释代言科学，这是对理性的僭越和虚构。因此，现象学的原则是立足于直观给予的经验以及作为科学的意义来源的原初生活世界，阐明科学本身的意义与合理性而使科学成为为我们的理性的生活服务的生活世界的文化，这也同时意味着对自然主义的平衡和限定，对科学主义的僭越的克服和对理性的狂热和偏执的节制。

总的来说，就目前科学与技术在生活世界中显现的形态分析，则科学的理论探索相对于技术的应用而言还是具有根本性的奠基作用，对身处于科学时代的人类而言，更可行的道路应该是基于对科学的沉思而规范技术的应用，澄清科学与技术的合理性及其限度而为生活世界的合乎理性的目的的历史性构成奠定基础。

对于现象学而言，现时代的科学与技术渗透到原初的生活世界之中而形成的新型的生活世界的形态本身的合理性及其问题在哪里？科学与技术在生活世界中的构成性功能合理性地位及其限度是什么？进而，科学时代的生活世界与原初的生活世界的奠基关系如何？这都是需要我们深思的问题。

根据胡塞尔的现象学的明见性原则，从理论和观念的科学的层面讲，直观地被给予的经验具有明见性，而理念性的、抽象的科学理论的世界是被奠基的、派生性的生活世界的一种新的、历史性地构成的文化的传统和形态。科学根植于生活世界，原初的、直观给予的、前科学的生活世界是我们经验的更为根本性的、奠基性的层面。原初生活世界中的非主体性、非对象性的经验是原初地给予主体性的，而主体对超越性对象的主体间性的直观经验奠基于这种原初的生活世界经验，而科学的理论的构成是基于生活世界中的主体间性的直观经验。因此以这种对生活世界的原初经验相对于科学理念的经验是更为原初的、奠基性的。自然科学的抽象理念世界随着其技术性应用沉积于生活世界而形成的生活世界的经验背景中，直观给予的经验是更具明见性的，科学的理念与技术的应用所建立的经验的观念，其明见性必须奠基于与直观经验的关联才能获得。并且，对于具身性的主体的直观经验的视域虽然也随着人类认知而扩展，但其具身性的经验构成方式保持基本形式，其内容的类型及显现的质料形式也保持不变。相比较而言，科学与技术所建立的理念化的经验，会随着科学文化的发展而变化和更新。因此，原初生活世界中直观给予的经验相对于科学的理念经验是奠基性的、根本性的。科学与技术给予我们的知识和实用工具，不应该遮蔽我们对世界的原初经验的方式和内容。

从规范性和实践性的科学的层面看，实践的科学必须奠基于理论的科学、实践的生活奠基于理论的沉思。因此，技术在生活世界中的广泛应用的主要动机之一是满足人类的生活的实际欲求。而按照柏拉图的说法，对于欲望支配的群体，美德即在于节制。因此，基于科学的应用的技术，属于实践技艺的层面，应该奠基于理性科学的沉思和规范科学的基本原则。

从生活世界的先验主体间性的构成性的形式看，生活世界的主体间性的、历史性的构成形式是具有层次的。生活世界的原初经验分为前谓词的、非主题性、非对象的原初给予的背景经验以及主题化的、直观给予的经验这两种最为基本的类型。与这两种经验类型相对应的是生活世界中最具有普遍性的、主体间性的经验的历史性的发生构成的基本形式。而科学的抽象理念世界的构成，则基于科学的传统所建立的新型的、更为高级层次的生活世界的经验的构成方式。显然，前一种原初生活世界经验构成的形式是奠基性的，科学的主体间性的经验的构成及其所需要的主体间性的科学研究传统的构成，需要直观的经验作为实证的基础，因此都需要根植于前一种经验构成形式才可能建立。

从主体的原初经验的构成的奠基层次，以及主体间性的经验的构成形式可知，生活世界的基本结构和形态以及人类的生活方式的发生构成及运作形式也是分为原初的、前科学的质朴的层面和科学化的、精确化的层面，前者是基本的、更为根本性的层面，而后者是奠基于前者的、派生性的层面。因此，从理想化意义上区分，科学时代的生活世界是一种可以区分出纯粹的原初生活世界层面和奠基于它的、与科学与技术混合在一起的科学的生活世界层面，显然前者是一种质朴的、具有前科学意味的、奠基性的层面。

随着科学技术渗透于我们的生活的每个角落，我们往往往往科学式地规范我们的生活形式而遗忘了我们在悠久的历史之中发生构成的我们与世界的更为根本、原初的关系以及被科学和技术所遮蔽的原初的生活方式。科学时代的自然态度也不同于前科学时代的存在信仰和世界观。在科学时代，由于科学观念和技术应用的影响，我们的自然态度，往往都是接受了科学式的语言框架和话语方式，科学与技术式的术语渗透于我们日常生活和语言。对世界的本体论预设，更多地接受自然主义的物理主义。

例如，主体对工业产品尤其是高科技产品的使用，本身隐含着接受科学与技术的解释世界的模式以及技术所赋予它们的动机。我们的基本感知、伦理和审美，也都受到科学和技术式的阐释的"污染"和遮蔽，因为我们总是习惯于对这些学科和知识的基本理念、原则和标准进行"科学式"的理论阐释和论证。而这些科学与技术提供的生活的便利和享受，本来都应该奠基于原初生活世界的基本形态和直观经验（包括伦理和审美的实践），而现实是这些技术的使用往往遮蔽这些原初的、质朴的经验的层面，作为主体的我们也往往遗忘了原初的生活方式和经验世界的形式。

因此，我们必须守护生活世界中仍然保留着的原初生活世界层面的生活形态，并且使它处于基础性和根本性的重要性的层面。这也意味着，让科学的生活世界奠基于原初的生活世界层面，使得科学与技术及其运作的合理性范围限定在奠基于原初生活世界的生活形态的基础上，同时不会遮蔽原初生活世界的维度和层面。

第五节　自然生活世界

在生活世界的整体结构中，自然世界是一个最为基础层面的关于超越性的对象的直观经验的领域。相比于历史的、文化的生活世界，自然世界是一个尤其具有超越性的、无限开放的、不断涌现的世界。这是因为日常生活中我们所直观到的生活世界只是其非常狭小的一部分，而大部分的自然世界很少显现于我们的直观经验之中，浩渺的宇宙和微观的世界只有对于自然科学的先进的探测仪器才略微地显现它们的局部。虽然自然世界的大部分仍然未在场向我们显现，但由于自然世界本身的整体性，我们可以由对其有限的部分的窥视而推测其更多的部分，如果把自然看作一个整体性的视域，那么我们对其部分的原初直观，已经使得其他未被直观的部分以某种形式共现于我们的观察实验。

自然基本可以被看作自然现象、自然对象以及它们的关系、自然过程所形成的整体。同时，自然具有无限的开放性，它总是显现为不断地涌现的、无有穷尽地现象的直观经验的视域。因此，自然的观念其实包含对象领域和视域双重含义，既是超越性的对象领域，也是开放的、特殊类型的世界视域，显现给我们的自然对象总是有限的，而自然世界的视域却是无限的。

从现象学的角度看，对于自然的概念，可以分为三类：基于日常生活世界中的直观经验基础上形成的、自然态度中的自然的观念、自然科学基于其专门的观察实验以及背景知识和理论模型形成的关于自然的观念，以及从先验现象学的维度所阐述的自然观念。

在日常生活的自然态度下，所谓自然的基本含义，是基于生活的常态性的、正常理智的人所直观地经验到的自然对象的整体领域，包含诸如天空、日月星辰、山川大地、江河湖泊、海洋、岛屿、动物和植物等组成的外在于我们而独立存在的物质世界。这种自然属于日常生活世界的一部分，因此也往往被赋予种种基于自然态度的信念、知识和想象的形象。

自然科学对自然的观念也具有复杂的结构，它一方面是根据科学的常态性和规范性的方式所认识和理解的自然，即纯粹通过观察实验的视角和科学理论的视角所认知的自然；另一方面，基于科学家或者科学共同体的哲学观念或立场所理解的自然，而这种理解往往会夹杂在对科学的观察实验的现象的解释以及对于理论表达式的语义解释等方面，科学家们的非反思的立场往往使得他们把自己的信念和形而上学立场附着在其基于科学的规范所进行的观察实验及理论的解释和理解之中。显然，科学家的信仰和知识可以不断变化，而科学的传统所形成的科学的常态性和规范更具有稳定性和延续性。因此，第一种纯粹基于科学的理论和观察实验的对自然的理解，更能显示科学的特性以及科学对自然的真实认识，因而是科学关于自然的更为本质而基础的观念。

从现象学的角度，可以把自然理解为一种为区域本体论的范畴和规律所规范和奠基的自然现象的整体区域，或者生活世界的最为基础的奠基性层面，或者先验主体间性地构成的关于自然对象的所有可能的经验的全体领域。当然，自然也是为主体所直观的自然对象的经验的、开放的、无限涌现的整体视域。

虽然自然具有整体性，我们对自然的意向性立义的综合性的统觉使得我们可以通过对它的局部经验而把它把握为一个整体，但相比于显现的自然，未显现的自然因为无法获得直观经验的充实，因此仍然保留在我们的指向宇宙的、空洞的整体视域之中。因此，自然科学需要通过科学与技术的中介，延伸和加强我们的具身性的感官的直观世界的功能，甚至建立了完全超越直观的认知世界方式的、高度技术化的认知自然的形式，通过技术的中介建立了主体与自然的间接的意向性关联。

借助于现代技术的支撑与自然科学理论的指导，人类对无边际的宇宙的探索的尺度越来越大。因此，自然世界的范围以人类技术手段所建立的意向性的关联延伸着人类对世界的直观经验的范围。通过现代的技术手段，无垠的宇宙间接地显现给我们，技术的中介所延伸到的范围，就是人类对世界的经验的范围。

人类借助技术手段所构成的对自然的主体间性的认知方式有其局限性。这些探测方式也受到人类的技术手段以及宇宙本身的演化状况的限制。前科学时代的自然范围被现代科学与技术极大地扩展和深化了。科学时代的自然的可能范围，就是技术手段与物理条件和理论所限定的物质世界的范围。自然的结构随着由我们的直观领域向外的延伸的距离，其直观的明见性也就越来越弱，而基于技术和仪器所延伸的、具有间接的明见性的自然世界，也随着探测的尺度越来越远离直观经验的领域，其间接的明见性也在不断下降。我们对于宇宙和微观世界的认知，大都是基于科学的理论模型所建立的解释框架而进行的抽象的理解，我们并不知道那些用理论参数所刻画的自然世界，是基于理论模型的概念工具，还是具有类似于直观对象的实在性。按照这种对自然的经验的明见性程度，自然显现为以直观的主体为核心的明见性不断下降的、有梯度的经验结构。这显示了我们对世界的认知，总是基于人类的理性所构成的主体性的视角的经验。

　　人类试图以人为的手段模拟或者重现宇宙中的一些可能的演化过程的努力遇到越来越多的技术性制约。目前虽然很难估计人类的探测宇宙的极限在哪里，但近些年来自然科学前沿统一理论探索的进展的缓慢，让我们意识到对于自然世界探索的视域，人类的探测手段在有限的时间之内并不能无限地推进，对于观察实验的范围的限制，导致科学的理论研究随之停滞不前，大统一的理论研究很多依然停留在抽象数学模型的构成的空洞设想阶段。

　　从现象学的角度理解，先验主体是有限的、具体的主体性，虽然多个主体通过科学共同构成主体间性的认识自然的有效方式，但自然作为先验主体间性的构成的经验领域，受主体性的先验自我意识的结构的限定。即便借助于技术性的手段，人类认知的自然世界的视域不断地延伸，人类关于自然的经验不断获得扩展并被充实，主体所能经验的自然的范围也是有其限度。除非有一天科学的进展以及哲学的研究会彻底改变我们关于意识、宇宙和时空等的观念，就像量子理论所揭示的，主体、意识与世界是内在地关联的、处于纠缠状态的整体，我们可以以更理想的方式通达宇宙。

　　科学在拓展我们关于自然世界的认识，同时也在以其特殊的理念化的理论模型遮蔽着我们以非科学的其它方式认知自然的可能性。对于我们而言，最为熟悉的经验自然世界的非科学的方式就是前科学的经验直观，这种方式至今作为我们经验世界的最为原初而基本的方式。我们认知世界和构成关于超越性的对象的经验的先验形式就是以对原初的包含自然在内的生活世界的认识形式为其先验基础的。因此，我们应该保持以直观的方式经验世界的优先性，科学对世界的认知应该看作是奠基于这种直观的经验方式之上的补充性的部分。我们在认知世界尤其是自然之时，应当始终保留我们对自然的原初的直观给予的明见性的经验作为我们关于世界的基本的、奠基性的经验，这样才可能理解自然的真正意义。

第六节　结　论

　　以上关于生活世界的论述，是为后面关于科学的意向性的经验的研究奠定先验现象学的基础。科学是基于生活世界的主体间性的、历史的发生构成的主体性的成就。主体间性的生活世界作为一个多个主体共在的具有先验的经验构成功能的整体，为作为其中一种传统的科学奠基。作为处于生活世界之中的科学共同体，本身就是基于历史的生活世界的经验而进行科学研究活动的。因此，对于自然世界的研究，也是基于主体对生活世界的整体经验的进一步的社会性的、理论性的活动。

自然世界作为科学研究的专门领域，在生活世界的整体中是一个被原初给予的奠基性的层面。生活世界也是具有多种维度，依据于不同的历史、文化和传统的动机牵引，生活世界的构成可以有不同的具体类型，这些具体类型的生活世界依然是基于先验主体间性的、具有其本质结构。这些亚生活世界类型涉及到文化际问题以及生活世界的先验构成的更为特殊的层面，因此在此不再专门论述。但这些具体的历史的、文化的生活世界，都基于具有稳定性结构的自然的生活世界的层面。

对于科学研究而言，自然世界并不是一个由特定的自然对象所组成的整体，而是开放的、无限地涌现的自然经验的视整体域，自然的现象就是通过科学的观察实验的中介而显现给生活世界之中的科学共同体的。对于科学研究而言，自然的概念与前科学的日常生活中人们对自然的理解有很大的差异。而且科学所接受的自然观念以经验是基于科学的观察实验以及科学所刻画的世界的理论模型的，因此在此论述生活世界的观念时并不特别地展开论述。对于科学研究而言，科学的观察实验是一切理论性认知尤其是理论的意向构成的根本前提和基础。因此，对于自然的世界视域，会作为科学研究获取关于自然的经验的基本方式，放在后面关于科学理论的构成之前的部分展开论述。

第五章　对科学理论的历史的发生构成的先验阐明

　　基于先验现象学的视角，生活世界是以先验主体间性的形式构成的超越性的经验领域，而自然领域也是属于生活世界的基本性的组成部分，因此自然领域也是主体性原初地以先验主体间性的形式构成的超越性的、客观性的经验领域。因此，自然世界也是具有先验主体性维度的、主体性的认知可以通达的经验领域。因此，从先验现象学的视角看，科学认知的意识结构和经验领域都是可以为现象学的考察所覆盖的领域，无论是科学的认知中主体的意向性的意识行为，还是作为相应的意向相关项的自然领域，都可以应用现象学的方法描述其本质结构和先验的发生构成机制。

　　按照先验现象学，科学不仅是科学家依据于观察实验的经验和数学逻辑工具构成的解释世界的理论工具，而且是扎根于生活世界的、由历史的科学共同体以主体间性的形式发生地构成的意识生活的成就。因此，现象学对于科学理论的构成的考察，不仅需要阐明那些为具体的理论构成奠基的意识经验的本质性的构成的机制和先验逻辑的谱系，而且需要揭示在生活世界中科学的理念、理论和基本观念在历史性的先验发生构成中起源、发展和变化的谱系。

　　在《危机》中，胡塞尔阐明了近代以来伽利略所代表的科学传统的起源、形成和发展的过程，可以概括为自然的数学化和科学的抽象理念化的思想历程。胡塞尔不仅阐述了近代以来科学的理念化的构成以及其对自身的来自生活世界的主体性的意义起源的遗忘，还尝试分析科学的历史性构成过程中所蕴含的先验的发生构成的本质机制以及本质形式。科学的历史性构成机制的探索中蕴含着分析一切人类的知识乃至一切人类历史经验的发生构成的普遍性机制的可能性。通过这种视角，胡塞尔的先验现象学把历史性维度融入先验哲学之中，从而先验现象学成为先验主体间性的、社会性的、历史性的、文化的现象学。本章的第一节、第二节主要是揭示科学理论的先验起源及其历史性的发生构成机制的论证。

　　另一方面，从以上先验主体间性的、历史性的现象学的先验分析可知，科学理论的构成是在人类历史中作为一种独特的文化传统发生地构成的主体间性的思想成就。从先验主体间性现象学的角度对科学理论的这种历史的发生构成的本质机制进行深入的分析，可以参照胡塞尔在其《经验与判断》① 之中对先验逻辑谱系学的阐述，因为它是对判断理论的最为系统的阐述，而科学理论是由普遍性的判断组成的理论框架体系，因此发生逻辑学可以用来分析科学理论的意向性构成的形式的谱系。本章的第三节、第四节，就是在前两节的先验分析的基础上，对科学理论如何由直观经验开始的构成机制进行先验的阐明。

　　在胡塞尔的现象学研究中，对于先验的、历史的发生构成的现象学，恰好是以近代以来几何学与自然科学的历史性的发生构成的起源和发展过程为例来展开阐述的，因此这种分析为先验现象学如何下降到历史性地发生构成的生活世界的经验性现象中进行先验分析提供了范例。因此，对于胡塞尔的相关论述的深入分析，不仅是本章所研究的重要主题，而且也为阐述先验的、历史的发生现象学提供了基本的洞见。胡塞尔在《危机》及其附录中对几何学的抽象化、自然的数学化以及近代以来科学的发展的阐述也表明，一方面，先验现象学必须要通过对自然科学问题的现象学理解才能彻底化自身的整个研究，胡塞尔对生活世界理论的论述和对近代科学的发生和发展的研究，是现象学的先验的、历史的研究所必要的阶段和领域；另一方面，这种研究伴随着对科学主义进行彻底批判，同时通过这种现象学发展的新的阶段，为科学在生活世界之中的奠基才能真正得以实现。可以说，面对"欧洲科学的危机"以及近现代科学及其对生活世界的改变和构成机制的思考，才使得现象学面临最为严峻的挑战，同时也是使现象学真正深入到对科学、自然乃至现代社会的本性的反思。

---

　　① ［德］胡塞尔：《经验与判断》，邓晓芒、张廷国译，三联书店 1999 年版。

第一节　几何学的理念化与自然科学
的发生的、历史的构成

在《危机》中，胡塞尔认为只有通过超越论现象学的彻底反思，使科学重新回归生活世界，欧洲科学的危机才能真正被克服。但是，无论是近代以来的客观科学以及相关的客观主义，还是我们人类的整个精神生活，都是作为人类的历史性视域中的构成物。因此，作为一种彻底的哲学反思，现象学对我们的科学和文化的探究应该深入到人类精神生活的历史的发生构成过程中去。

那么现象学考察如何才能真正深入到人类的历史性之中呢？胡塞尔在《论几何学的起源》① （以下简称《起源》）中，以对几何学的源初意义的历史构成的考察，论证了对科学和整个人类历史进行现象学的历史发生学研究的可能性。通过《危机》中对几何学意义之起源问题以及以此为基础对伽利略的新物理学意义之起源的揭示，"一道光芒闪耀在我们全部的事业之上，想以历史沉思的形式实现对我们自身的当下的哲学状况的思义，并希望我们因此而最终能够获得哲学的意义、方法和开端"。② 也就是说，胡塞尔认为这里的对几何学和物理学意义起源问题的揭示开辟了一种对思想和文化进行现象学的历史发生学研究的进路。

虽然胡塞尔的切入点是几何学的意义起源问题，但他认为，"我们的考察必然会导向最深刻的含义问题、科学问题和科学史一般的问题，甚至最后会导向世界史一般的问题；因此，我们的问题以及我们关于伽利略的几何学的说明便获得了一种例证性的意义"③。也就是说，这里实际上不仅是提出了一种从历史发生学的角度对科学作现象学研究的道路的可能性问题，而且提出了作为一门关于人类历史的本质一般的现象学研究是否可

---

① 本处所引的胡塞尔的《几何学的起源》文本见《胡塞尔〈几何学的起源〉引论》附录部分。（［法］德里达：《胡塞尔〈几何学的起源〉引论》，方向红译，南京大学出版社2004年版，第174—220页）。

② 同上书，第175页。

③ 同上书，第174—175页。

能的问题。如果这种研究可行，则是对现象学精神的在人类文化和历史领域的彻底的、最终的贯彻。

在本节中，我们首先论述胡塞尔对近代以来数学的转化和伽利略的新物理学的原初意义的构成的考察，正是这个考察揭示了现象学的发生学研究可能性。在此基础上，我们依据胡塞尔在《起源》中的洞察，论证对几何学的源初意义的历史发生构成的现象学考察的可能性。最后，我们要探讨是否可以把对几何学源初意义构成的论证推广到对整个人类历史的现象学考察。

对关于几何学的理念化以及以此为基础的对伽利略以来数学的自然化的批判，本来是为了揭示近代物理学主义的客观主义如何造成了当代科学和人类精神生活的危机，但胡塞尔却发现几何学和伽利略物理学的历史是一种在伽利略的揭示真理的动机牵引下的意义的构成史。

在胡塞尔看来，几何学在现象学中的独特意义在于，它与自然世界的基本规定性尤其是空间和物体的特性具有内在的关联，几何学被看作是一种区域本体论的本质科学，也就是几何学被看作是相关于自然的物质世界的空间以及对象的广延性的本质规定性的真理。而几何学也是自然科学刻画自然世界的理论所不可缺少的奠基性的理论，几何学直接相关于物理理论模型的意义和我们对世界的理解方式。胡塞尔对于"几何学的起源"问题的探索，其实相关于近代科学如何以抽象的理念化的理论构成方式构成科学理论的最为基础的发生构成层面。因为几何学的构成被看作是最为基础的关于世界的基本性质的理论构成，自然科学对于自然的数学化的理论刻画必须奠基于几何学的理念化的基础上才能进行构成。最为典型的例子就是爱因斯坦的广义相对论，以黎曼几何为工具，以几何化的方式来构成关于物质与时空的理论。对于这种理论的语义解释的方式，直接决定着理论所刻画的世界的模型和意义，也决定着我们如何通过广义相对论的数学方程表达式来理解关于世界的规律。

胡塞尔的独特的理论洞察是，通过对几何学如何由实践的需要最后产生抽象的理念化的本质科学的过程的考察，揭示出这种历史的发生构成之中有一种本质性的、发生逻辑的机制在其中。在这个过程之中，如何把历史哲学与本质的逻辑相结合，是整个先验的历史的现象学的难点，也是以后的先验现象学所要深入分析和论证的重点、核心的问题。

一　几何学的理念化和纯粹数学的产生（几何的历史发生构成）

胡塞尔认为，早在古希腊时期，几何学就已经开始理念化了。在欧几里得几何学中，几何学已经摆脱了那种经验性的研究方式，而采用系统化的演绎方式来统一地证明几何定理。这种理论以基本的定义和公理出发，按照必然性的推导展开，从而得到全部合理的定律的整体。这种真理性的体系整体中的所有定律都是可以直接地或者间接地洞察的。

但古希腊数学和逻辑学都只具有一种有限的封闭性的先验性，而近代以来的数学科学却是一种无限的系统的先验性，一种无限的，却是具有内在统一性的理念的体系。以几何学为例，这种新的几何学由基本的概念和公理为出发点，可以演绎地构成该对象区域内的所有的空间图形，"凡是在几何空间中理念地'存在'的东西，预先就在它们的全部规定中一义地决定了"。① 这种关于无限的"存在"的整体的思想以及一种系统地把握这种存在整体的科学的理念的构想，完全超出了古希腊以来的有限性的思维方式。人们不再满足于单个地、不完整地，好像是偶然地去认识几何学的理念世界中的对象，而是要以一种合理性的系统的方法来统一地把握这个理念世界整体。尽管可能无法在一次性的研究中把握，但是通过以这种系统化方法进行一种渐进的展开，最终能够把握整体区域中的每一个对象的客观的存在。

对于几何学的理念化构成，就历史的发生学的角度来看，我们首先接触到的是直观的生活世界中的物体的空间时间形式。一开始，无论我们在想象中怎么改变这些形状，它们始终不是几何学中的点、线、面、几何体。但是这些想象中的图像却可以获得不同等级程度的理想性。按照胡塞尔的理论，直观世界中的一切对象都有其类型上的预先确定性，因此它们在一切变化中都保持着类型上的同一性和延续性。因此当在想象中对这些对象及其关系不断进行变形和精确化时，图形逐渐获得了渐进的完善性。这种理想化随着技术的进步和思想的努力，这种完善化的地平线不断地向前推进，可以预期一种完善化的极限形态。我们的一系列个别性的理念化

---

① ［德］胡塞尔：《欧洲科学的危机与超越论的现象学》，王炳文译，商务印书馆 2001 年版，第 32 页。

的努力可以无限地逼近这些极限。如果我们以这种理念性的形态为研究的领域，就可以通过重新地规定它们而获得这些形态的普遍形式。这种纯粹的形态作为一起被理念化了的空间时间形式，是保持在纯粹的极限形态中的思想。这种几何学理念的过程，其实就是通过自由想象的变更获得本质性的理念的过程。

具体地说来，胡塞尔认为纯粹几何学的产生，可以追溯到前科学的直观世界中的测量实践和测量方法中去。他谈到，几何学的理念化是"以一些基本形态为基本规定手段，由此出发对一些理念形态，最后是对全部理念形态进行操作规定的几何学方法"[①]。这种测量涉及一种综合性的工作，测量只是其最后一步。首先要为山川、河流和建筑等现存之物的形体创造出概念，即"首先要为它们的'形状'（借助于图形的相似）创造出概念；然后为它们的量和量的关系创造出概念；另外还要为它们的位置规定创造出概念"[②]。这样，从比较具体的实用实践中的测量开始，逐渐扩展为新的形态领域的领域。"这种经验的测量技术以及它的经验的——实践的客观化功能，通过将实践的兴趣转变为纯理论的兴趣，就被理念化了，并且转变成纯粹几何学的思维方法。因此测量技术就成了最终是普遍的几何学和它的纯粹极限形态的'世界'的开路先锋。"[③]

这种理念对象作为意向性构成产物，具有一种本质的规定性，如几何图形的规定性和诸组成部分之间的形式规定并不依赖于任何人的心理状态，而是具有主体间的普遍客观性。例如，三角形的性质并不依赖于任何的语言和思考者的心理状态，也不因为文化的差异而有所改变。数学定律只依赖于数学范畴规定的对象领域的整体特性，而不涉及现实世界的任何特性。

近代以来，通过历史上早已形成的、并在主体间共同运用的理念化和构成的方法，这些极限形态就变成习惯性地运用的观念物，借助于它们，尤其是通过形式化和抽象化，我们就获得了一个无限的，然而却自身封闭的理念对象的世界。

---

① ［德］胡塞尔：《欧洲科学的危机与超越论的现象学》，王炳文译，商务印书馆2001年版，第39页。

② 同上。

③ 同上。

二　伽利略的数学化自然的设想（自然科学的历史发生构成）

在伽利略看来，自然之书是用数学语言写成的，我们必须通过数学的工具才能揭示出关于世界的规律。从现代的眼光看来，伽利略把本来是作为方法论层面的认识和刻画自然的方式本体论化为自然的数学化。伽利略的这种表述可以理解为我们只能以数学表达式来刻画自然的理论模型，也只有借助数学的中介来理解自然。当然迄今为止，还有很多科学家信仰比伽利略的表述更为激进的毕达哥拉斯主义的观点，认为从万有理论等所描述的宇宙的严密而精妙的数学结构可以推测，宇宙的本质不在于具体的物质形态而在于一种本质性的数学结构。因此，很难简单地说，伽利略的观点已经彻底过时了。

胡塞尔从近代科学产生的历史发生机制的角度来看，自然的数学化和数学—物理学的建立，是以纯数学的产生和反过来"下降"为应用数学为前提的。因此，更进一步的问题是探讨如何由几何学在规定直观世界对象的形态的成功，导致伽利略认为我们可以采用一种类似的方式而把整个直观自然的各个方面都自然化，以数学物理学获得对整个自然界的形式和内容方面都能客观地规定这样的理念的。

到了伽利略生活的时代，纯粹几何学已经反过来成为应用技术，用于系统地构成用于客观规定诸形态的测量方法学。通过这种方法，我们就可以克服主观把握的相对性，获得一种对经验直观世界中的各种形态的本质性的真理，凡是能应用这种方法的人都会得出这些真理。这种认识并不是从经验进行的简单归纳，而是以几何学的理想形态作为引导性的极标，从经验上给予的东西出发，不断上升，向几何学的理想形态逼近。

纯粹数学在形态的领域内的实践的不断成功，促使人们很自然地就会联想到，把这种认识直观世界的形态的方法推广到认识自然界是否也可能？

但是，我们不得不清醒地认识到，在这种纯数学的应用中，作为极限形态数学的理念只和空间时间中的抽象形态发生关系，而且是把这些抽象形态看作"理想的"极限形态与之发生关联。对于现实的对象来说，这种形式性的方法并没有涉及感性直观经验呈现给我们的质料性内容：颜色、声音、气味等感性的性质。因此，把数学全面应用到自然对象上，建立一种数学的物理学的问题是否可能的问题摆到了伽利略的面前。

为回答这个问题，必须考察当时人们对直观世界的总体看法。虽然感性直观的世界中，一切对象在时间空间、在形式特征和内容充实特征上总处于变化之中，但这种变化并不是纯粹偶然的。人们认为，"通过一种普遍的因果规则，这个世界中所有一起存在的东西都具有一种普遍的直接或间接的紧密联系，由于这种紧密联系，世界不仅是一个全体，而且是一个包罗万象的统一体，是一个整体（尽管是无限的整体）"①。尽管那些具体的填充物体世界的空间时间形态要素的质料充实——特殊的感性性质——不能像时空形态那样直接地被探讨，但它们必须被认为是"客观的"世界的表现；在所有主观理解的各种变化中，始终贯穿着一种把我们大家都连接起来的这同一个世界的统一的客观性和自在实在性。因此，在原则上，对直观世界的所有方面的客观化是可能的。

那么，如何才能像几何学应用于形态的理想极限那样，"从哲学上"严格科学地认识这个世界？根据与纯数学的应用相类比，"只当能发明出一种方法，这种方法能够从当时在直接经验中只是相对查明的贫乏的储备出发，系统地，在某种程度上是预先地构成这个世界和它的因果性的无限系列，并能令人信服地证明这种构成，尽管它具有无限性"②。

既然这些世界的非形态的方面无法直接地数学化，那么只能采取一种间接地数学化的途径，以使其获得"真正的"客观性。这就意味着，可直观物的特殊感性性质（"内容充实"）和本质上属于它们的形态，可以以一种完全特殊的方式按一定规则紧密联系着。如果变动不居的直观世界具有一种一般的不变的存在样式，那么它的两个方面必须是被预先规定的：首先，包含着所有物体的形态的空间时间形式，以及先验地属于空间时间形式的东西；其次，事实的形态和内容充实之间必须是存在一种不可分离的内在联系；同时，必须规定具体事物的抽象可分得各个方面被一种普遍的因果性联系结合起来。这也就是说，"物体世界的整个形态不仅一般地要求一个贯穿到一切形态的内容充实方面，而且要求，每一种变化，

---

① ［德］胡塞尔：《欧洲科学的危机与超越论的现象学》，王炳文译，商务印书馆 2001 年版，第 43 页。

② 同上书，第 44 页。

不管它涉及的是形态要素还是内容充实的要素，都是按照某种因果性——不论是直接的因果性还是间接的因果性，但正是引起这种变化的因果性——发生的"。①

也就是说，"每一种通过每一种感性性质表明自己为实在的东西，在形态领域——当然总是被认为已经理念化了——的事件中肯定有其数学的指数，由此间接地数学化的可能性也必然在充分的意义上产生出来，也就是说，必须能够借此（虽然是间接地，并且是以特殊的归纳方法）由所与构成、并且因此客观地规定内容充实方面的全部事件。整个无限的自然，作为受因果性支配的具体的宇宙……变成了一种特殊的应用数学"。②

伽利略相信，物理学几乎就和纯数学及应用数学一样可靠，并且物理学也能为他预先规定出现实的方法上的程序。他需要依据物理学和数学的理念，构成出不断强化的测量方法，可以用来测量诸如速度、加速度等量。中心的任务是借助于这种数学化的工具，系统地把握这个假说所假定的经验世界的普遍因果联系。这里，数学的理念化和物理的理念化形成了一种普遍的精确的普遍因果性，全部事实的形态和内容充实都包含在这种理念性的无限性的因果性中。

伽利略可以确信，在直观物的内容充实方面也可以像形态领域那样，通过对每一种具体的事物和事件的研究，主要是对它们的内容充实和形态发生因果关系的方式进行研究，以有步骤地达到真正客观化的规定。那么我们的主要任务就是如何能够从这些所与中按照测量方法逐渐地揭示出隐藏的因果性的无限领域。像纯粹几何学一样，伽利略所需要的对直观所与的测量一开始虽然是与个别的事物打交道，但目的却是获得关于直观所与中的客观的因果性规定性，这些具体的内容充实的个别事物，都是直观自然的具体的总体类型中的事例。伽利略通过数学公式实现了对世界的有步骤的间接数学化。这些公式以数的函数关系表达一般的因果关系。因此，这些公式的真正意义并不在于纯粹的数与数的关联，而是"具有高度复杂意义内容的普遍物理学的理念"③。

————————

　　① ［德］胡塞尔：《欧洲科学的危机与超越论的现象学》，王炳文译，商务印书馆 2001 年版，第 48—49 页。

　　② 同上书，第 50 页。

　　③ 同上书，第 40 页。

这种用数学公式表述的自然界的普遍因果联系，是物理学的一种决定性的总体性成就，任何人都可以按照逻辑上无可置疑的方法对它进行论证。借助于这种函数表达式，人们可以制定一种能进行预测未来直观现象的经验性规则。因此，自然的数学化及其获得的公式是对我们的生活具有决定性意义的成就。

胡塞尔认为，尽管这种理论具有经验性的普遍性，但它永远是假说；尽管我们可以以严格的客观化方法论证它，但这种论证是一个无限的过程；这就是自然科学的先验存在方式。

几何学关于自然对象的形态和关系的描述的方式能够被推广到对自然对象的性质与关系的数学描述，这是一种决定性的关于自然的观念的转变。而作为主体性地构成的数学工具能够有效地运用关于自然现象的关系和过程的理论描述，而科学家们主观地构成的理论能够说明和预测自然现象，这的确像是一种主体性的奇迹般的成就。胡塞尔把数学和逻辑看作是适用于一切区域本体论领域或者物质对象领域的、作为形式本体论的普遍数学或者流形说的一部分，似乎可以解释为什么数学可以用来表述自然科学的定律或者刻画自然的规律，因为我们关于自然的经验或者显现给我们的自然现象，本身就是以遵循形式本体论的基本规范的形式被构成的。换句话说，因为作为普遍数学的流形或者形式本体论，就是对一切物质区域的普遍性的关系的认识，而科学理论的构成是以数学的方式对于自然之中的对象、性质、关系或者过程的把握作为一种主体性的成就，显示了自然领域的物质性的内在关系和结构。因为无论是形式本体论还是质料本体论，都分别是先验主体间性的对超越性的对象领域的经验的先验构成形式规定和本质特性的规定，这种经验基于先验主体性的意识结构和经验构成的本质形式，因此形式与质料的内在地契合是因为它们是同一个先验的意识的意向性构成机制的成就。或者说，主体只能以主观性的形式把握显现给主体的现象和世界，作为共同体的科学家们以先验主体间性的方式对自然以数学方式的把握与自然对于主体性的显现都是先验主体间性地构成的关于世界的经验的两种不同的形式。

对几何学的源初意义构成的回溯性追问可以作为现象学的发生学研究的例证。对于几何学以及自然科学的历史的发生构成的分析，还需要进一步把握其内在的本质性的逻辑形式如何以历史性地展开和发展的谱系。

虽然伽利略以来的数学—自然科学的抽象化使得它逐渐远离了直观的生活世界，遗忘了其源初的意义根源，但这种抽象的构成中仍然蕴涵着其源初的意义的构成、不断地沉积的连续的意义传承。借助于现象学的对科学史的历史性的回溯性追问，可以揭示其在生活世界中的源初的意义构成。

第二节　对几何学与整个人类知识的历史性
的发生构成如何可能？

一　现象学对几何学源初意义构成的历史发生学研究如何可能？

在通常的观念中，几何学往往被看作超越于时间的普遍性真理，而历史和文化则在不同的时代和民族被看作是不断变化的。但是，在《起源》中，胡塞尔却把几何学看作是人类历史文化传统的典范，而不是特例。不仅如此，胡塞尔在此还要对几何学做历史性的考察。

几何学是典型的观念之物，因此，它们特别适合被作为整个历史文化的"例证"而做现象学的历史性考察。例如，胡塞尔在谈到几何学的客观性问题时指出，"这里涉及的是'观念的'客观性。这种客观性为文化世界整个类别的精神产物所固有，属于这类精神产物的不仅有科学的构成物以及科学本身，而且也包括例如文学作品这种构成物"。[①] 如果几何学是人类文化的范例，那么考察几何学的历史发生的现象学方法论，也会普遍适用于对整个历史性文化的考察。

胡塞尔之所以认为几何学、科学和其他历史文化同质并可以被现象学做历史性一般的考察，是因为胡塞尔认为，一切事实的历史文化都以一种先天的本质结构或者历史一般为其根据的；因此，历史文化整体有一种本真的内在的历史；就此而言，几何学和其他样式的历史文化都是同质的；对文化的历史性考察，并不是去探究历史中的事实性的东西，而是要揭示这种所有文化都内在具有的历史一般或者历史的本质结构。

对我们而言，几何学是否是人类文化的"例证"还是悬而未决的问

---

① ［法］Y. 德里达：《胡塞尔〈几何学的起源〉引论》，方向红译，南京大学出版社 2004 年版，第 179 页。

题。我们首要的问题是揭示对几何学及科学的历史起源的现象学考察如何可能，在此基础上才能讨论对整个历史文化的历史发生的现象学考察以及一种内在的历史先天是否可能的问题。

（一）对几何学的历史起源进行现象学研究如何可能？

在《起源》中，"我们所关注的应该是回溯地追问最源初的意义，几何学正是根据这种意义才在某一天诞生。（并且）从那以后始终作为数千年的传统而存在"①。也许会有这样的疑问：即使现象学对几何学起源的历史回溯并不关注作为历史事实的几何学起源，而是要揭示几何学的源初的意义根源，那么这种对几何学源初意义的揭示意味着什么？或者说，对几何学（以及它所代表的科学）的历史发生的现象学研究的终极意义在哪里？

为了阐明这个问题，我们首先必须澄清超越论现象学的根本动机。对于超越论现象学而言，其最终动机是回溯一切认识和科学在主观性中的最终来源问题，并通过对科学和人类精神生活的现象学奠基而最终克服近代客观主义带来的科学和整个人类精神生活的危机。而如前所述，包括几何学在内的一切人类的认识活动和科学始终已经在人类历史视域中，因此我们对几何学的源初意义的历史回溯，是探寻使科学回归生活世界并澄明其对于我们人类精神生活的真正意义。

那么，对几何学的源初意义的回溯性追问如何可能呢？换句话说，这种历史性的回溯的超越论现象学依据是什么？以及这种追问如何进行呢？我们在下文中依次论述这两个问题。

首先，几何学的源初意义构成的先天条件保证了对它的回溯性追问的可能性。"只有在一切可想象的变更中所存在的由不变的时空形态领域所构成的决然普遍的内容以观念化的方式得到考虑时，观念的构成物才能诞生，这种观念的构成物对人类所有未来的时代来说永远都是可以再次得到理解的，因此是可以传承的，并可以以其同一的交互主体性的意义被再造出来。这一条件远远超越了几何学，它对所有那些应该以无条件的普遍性的方式而具有可传承的精神构成物都有效。"②

----

① ［法］Y. 德里达：《胡塞尔〈几何学的起源〉引论》，方向红译，南京大学出版社 2004 年版，第 175 页。

② 同上书，第 205 页。

历史构成"任何作为历史事实——不管是作为当下的经验事实还是作为由历史学家所证实的过去的事实——都被确定的东西，都必然具有其内在的意义结构"①，几何学作为历史性的连续构成的传统，当然也具有内在的本质意义结构。

其次，几何学这种意义构成的活动在人类文化的历史性视域中前后相继，连续不断，形成了一种传递意义的传统。几何学的发展"涉及一种连续的综合，在这种综合中，所有获得物的效力继续存在，它们全体以这样一种方式形成了一个总体性"②，每一个阶段的总体获得物，在下一个阶段而言是一个总体的前提。事实上，如同整个人类历史，几何学的历史"从一开始就不过是源初的意义构成（Sinnbildung）和意义沉淀之间的相互交织蕴涵的（des Miteinander und Ineinander）活生生的运动"。③

复次，可是，这种意义往往隐藏在历史事实之中，并不能为事实性的历史学研究所揭示，因为它是从朴素的历史事实出发，以朴素的方式得出结论的。

再次，"不管这种意义怎样地隐蔽，不管我们对这一意义的'共同意指'如何具有纯粹的'蕴涵性'，它仍然包含着说明、'解释'和澄清的明见的可能性。"④ 这种意义具有其超越时间的本质明见性，并可以为我们的回溯性追问所激活和唤醒。我们对几何学的源初意义构成的回溯性追问，正是一种对其意义的澄清。

最后，那么我们回溯地追问几何学构成物的意义的切入点在哪里？答案是从当代的几何学传统切入这种历史的追问。因为我们当下处在人类文化的历史视域中，我们不可能超越几何学的这种传统而直接追问几何学的源初意义。

那么这种从当下开始的回溯何以可能呢？这是因为，"被理解为总体性的当下文化之整体'蕴涵着'处于不确定的普遍性之中但在结构上又处于确定性的普遍性之中的过去文化之整体。更准确地说，这个当下文化

---

① ［法］Y. 德里达：《胡塞尔〈几何学的起源〉引论》，方向红译，南京大学出版社 2004 年版，第 198 页。

② 同上书，第 178 页。

③ 同上书，第 197 页。

④ 同上书，第 196 页。

之整体蕴涵着彼此相互暗含的连续性过去，每一个过去本身都构成着一个过去了的文化的当下。"①　因此，通过从这个传统的当下切入，"就可能回溯地追问几何学被湮灭的源初开端，就像这些开端作为'原创建'活动而曾经必然是的那样。"②

（二）几何学的意义构成和传递的途径。

当几何学家们立足于生活世界中的测量实践而建立几何学之时，同时也是在历史性的生活视域中，源初的意义在不断地构成、沉积、再构成的连续不断的活动。

首先，"作为预备阶段，在此之前必然存在一个最源初的意义构成（Sinnbildung），而且无疑是以这样一种方式，即它第一次出现在成功实现的明见性中"③。

对于几何学的由筹划而实现的源初意义的构成，对于主体而言是当下地明见的。但是这种在实施构成行为的主体内获得的明见性如何克服其个体的主观性呢？如前所述，这种几何学的认识过程，贯穿着一种本质直观，因此几何学的对象是一种本质的观念性对象，因此它对所有现实的或可能的几何学家而言都是客观存在的。

在胡塞尔看来，这种观念的"这种客观性为文化世界整个类别的精神产物所固有，属于这类精神产物的不仅有科学的构成物以及科学本身，而且也包括例如文学作品这种构成物"④。然而，例如文学等文化形式如何具有一种观念的客观性？胡塞尔并没有对这样困难的问题给出具体的阐释或论证。

要使个体在意识中构成的观念对象超出个体的精神领域而具有主体间性的客观性，就必须有一门普遍语言，它可以单义地表述观念性的对象，使之成为主体间可以没有歧义的传递。语言对观念对象的表述之所以可能，是因为在人、世界和语言三者的关系中，人和人所能够谈论的世界为一方，语言为另一方，"这两者不可分割地交织在一起，而且人们总已确

---

① ［法］Y. 德里达：《胡塞尔〈几何学的起源〉引论》，方向红译，南京大学出版社2004年版，第196—197页。

② 同上书，第176页。

③ 同上书，第178页。

④ 同上书，第179页。

信它们的不可分割的相互关联的同一性，尽管这种确信通常只是隐性的并处于视域之中"，对于语言表述的接受者而言，对观念对象的接受首先是一种被动形式，而后在主动的理解中，观念对象会像回忆中那样实现源初的激活。通过语言而实现的主体之间的相互理解的联系中，每个主体的源初创建物能够为对方所再理解，从而实现两者间的交互主体性的同一性的明见性意识。明见性通过这种重复的活动进入他人的意识，最终使主体内的观念客观性成为语言共同体内部的同一性的明见性。

通过书写的语言表述，人类的共同体化跃上一个新的阶段。书写语言能够超越主体间的语言交流而通过语言符号实现明见的意义在历史中的连续的传递。这样，通过书写符号，几何学构成物的表述方式发生了转换，与此相应，这种构成物的明见性也发生了转化。通过阅读历史文献，后人就能够唤醒这些几何学构成物的意义。在这种阅读中，首先是被动地接受这些文字所表述的几何学构成物，接着，通过理解而回溯地转变成相应的主动性，从而使得这种构成物的意义能够不断地被激活。

（三）对几何学的源初意义的追问方式

如前所述，由于几何学的历史是一个在历史的视域中进行的、连续不断地进行的意义的构成、沉淀、整合、再构成的连续的传统，而且当下的传承蕴涵着过去的历史，所以我们可以从这种传承物（定理、命题）开始，沿着这种意义的链条回溯到几何学的源初意义的构成的起点，最终追溯到它们在生活世界中的源初意义构成。

当然，"这些回溯的追问所坚持的不可避免的是一般之物，这是一些可以作出各种解释的一般之物，随着这些解释，这样一些可能性得到了预先确定：抵达的问题和作为回答的明见性规定"①。这个过程是从一般性的解释向差异性的解释的不断过渡。

那么，几何学的源初的意义构成的起点在哪里呢？"由于这样一种存在的意义，这种科学，尤其是几何学，必然曾经有过一个历史的开端，而且这种意义本身必然曾有过在创建行为中的起源：首先是作为筹划，然后

---

① ［法］Y. 德里达：《胡塞尔〈几何学的起源〉引论》，方向红译，南京大学出版社 2004 年版，第 176 页。

是在成功的事实之中。"①

但这里的"第一次"并不是要在几何学史上寻找一个事实性的历史起点，它对于意义起源的寻求而言，完全是不必要的虚构。因为按照超越论现象学的观点，包括几何学在内的一切科学都是奠基于生活世界的主观性的成就，它们的源初意义来源于生活世界。因此，所谓"第一次"只能理解为几何学意义的意向性构成的第一个阶段，或者说是意向构成的先验逻辑起点。

可是，我们知道，几何学起源于前科学的人类社会中的测量实践，这是一种经验性的历史实践。那么这里的首先遇到的问题是，这种从事实性的历史事件到源初性的、超时间的意义构成的跳跃是如何可能的呢？德里达因此而抱怨说："在达到这一点之后，胡塞尔进行了一种看起来令人困惑的迂回。他没有描述含义在其本身之中以及在其'第一次性'（Erstma-ligkeit）中的原始生成。"② 其次，这种以筹划为基础的意义构成行为本身，是一种历史的偶然事件，还是具有历史的内在的必然性呢？最后，如果这种历史发生是具有内在必然性的，那么几何学的历史发生和连续不断地发展是否可以看作是一种历史目的论的产物？对于这几个问题，胡塞尔并没有具体地展开论述，我们可以根据其现象学的基本论述作如下回答：

关于第一个问题，按照《经验与判断》，本质性的经验的构成，起源于前谓词的到谓词直观经验的构成，实现于自由想象的变更这种现象学的本质直观。几何学和其他认识一样，源出于生活世界中的主观性构成的成就。从土地测量实践到几何学意义的构成，对应于直观的生活世界中从谓词经验构成到普遍性命题的构成这两个阶段。几何学的最源初的意义构成，是几何学家对生活世界中的直观形态和空间的本质直观的结果。

关于第二个问题，按照《经验与判断》，从前谓词的经验到本质科学的普遍性经验的构成过程，是先验的逻辑发生构成的内在的目的，也是人类理性的内在趋向。因此，从人类理性发展的内在趋向而言，几何学的产生是这种内在目的的实现，具有内在必然性的一面。而就几何学的产生作

---

① ［法］Y. 德里达：《胡塞尔〈几何学的起源〉引论》，方向红译，南京大学出版社 2004 年版，第 178 页。

② 同上书，第 51 页。

为一种历史性事实而言，它是偶然的历史事件。

最后，如果说几何学的产生和发展具有一种历史的内在目的论的意义，那么这种历史目的论的来源不是某种神秘的自在之物或者绝对精神，而是我们的理性本身的自我的内在目的；它有不断地自我发展和实现的必然趋向，这是一种理性自身的先验逻辑。

具体的历史回溯的出发点，就是我们从历史上传承下来的几何学的公理和命题。"而从这些公理出发，我们便可抵达是基本概念成为可能的源初的明见性。"① 由于几何学的理念化，尤其是近代以来整个数学的抽象化，使得几何学的源初意义构成的本真历史被掩盖。虽然，由于几何学逐渐理念化而掩盖了它在生活世界中的本真的意义起源，"在像这样当下地立身于我们面前的概念和命题本身中，它们的意义首先并不是表现为明见的意指，而是表现为带有被意指的但尚未被遮蔽的真理的真命题"②，但是，借助于现象学的历史追问，"对于这种真理，我们当然能够通过对（这些概念和命题）本身（的运用）并将其置身于明见性之中的方式而把它揭示出来"③。

二　把对几何学的历史发生研究拓展到人类历史的历史现象学研究的可能性

如前所述，胡塞尔把对几何学的历史发生学研究看作是对整个人类历史研究的一个例证，因此可以从对几何学的特殊研究中得出普遍性的结论。因此，"这些带有我们所赋予的特殊样式的问题立即就会引起与人类和文化世界相关的存在方式的普遍历史性以及这种历史性的先天结构的总体问题。"④

（一）对普遍历史或历史一般的现象学探究如何可能？

当胡塞尔试图以对几何学意义起源问题的追问为"例证"，通过现象学的方法追问人类历史的先天结构的做法，无疑是令人疑惑的。因为，不

---

① ［法］Y. 德里达：《胡塞尔〈几何学的起源〉引论》，方向红译，南京大学出版社 2004年版，第 195 页。

② 同上。

③ 同上。

④ 同上。

同于几何学的对象都是观念性的构成物，人类文化是活生生的、事实性的历史发生。如何能够以现象学的本质直观方法去把握它这种事实性的存在的历史呢？

这是因为，对胡塞尔来说，事实性的历史总是已经以一种本真性的历史为其根据，"即不论每一种类型的全部的事实性是什么，不论为了证明反对意见而提出的这种类型的事实性是什么，它们在人类的普遍之物的本质成分中都有其根基，一种贯穿于所有历史性的目的论的理性恰恰表现在这根基之中，这样便显示出与历史的总体性有关、并与最终赋予历史以其统一性的总体意义有关的独特的提问方式"①。

在这里，历史不再能被理解作外在于人的意识的自在发生、自在存在的事实性的存在，历史是人类在历史性的世界视域中的构成物。"历史从一开始就不过是源初的意义构成（Sinnbildung）和意义沉淀之间的相互交织蕴涵的（des Miteinander und Ineinander）活生生的运动"②，这种传出的意义构成形成了历史的先天结构或者历史一般。

任何对事实性历史学的研究，并没有真正去探究作为事实性历史奠基于其上这种历史的先天结构，因此无法帮助我们真正理解历史。"只有揭示出我们生活于其中、我们全人类（从其总体性的普遍本质结构来看的全人类）生活于其中的具体历史实践，只有这样一种解释，才能使真正具有理解力和穿透性的历史学、使本真意义上的肯学的历史学成为可能。"③

几何学研究的方法之所以具有一种普遍性的意义，是"因为哲学以及特定学科的本质历史不是别的，而是把当下被给予的历史意义的构成物即它们的明见性——完全沿着历史记载的返回链条——一直回溯到对这些构成物进行奠基的原明见性的被遮蔽的维度"。④ 胡塞尔相信，如果我们能把对几何学源初意义的追问进行系统的实施，那么我们将获得一种具有丰富内涵的历史的普遍先天。⑤

---

① ［法］Y. 德里达：《胡塞尔〈几何学的起源〉引论》，方向红译，南京大学出版社 2004 年版，第 206 页。

② 同上书，第 197 页。

③ 同上书，第 198 页。

④ 同上。

⑤ 同上书，第 197 页。

在胡塞尔看，对几何学源出意义的追问不仅是对人类历史先天普遍性追问的例证，而且对后者的追问是真正理解前者的本质根据。这是因为，几何学不是独特的文化现象，而是整个人类历史传统整体的一部分，它以这个历史整体为前提。因此，"在这一方面，这一特有的问题本身只有通过诉诸作为一切可想象的理解问题之普遍源泉的历史先天才能得到理解。在科学中，真正的历史说明的问题，与'认识论的'论证和阐明的问题是一致的"①。

（二）对历史进行现象学探究的普遍方法论

对于包括几何学和整个科学的历史在内的人类历史世界一般的揭示，需要我们从历史传统切入，借助于事实性的历史。那么，如何才能超越事实性历史材料而真正把握历史的先天结构呢？而且我们自身就处于历史性的世界视域中，我们如何超越于我们自己的当下？我们对历史的本质的探究之所以可能，是因为我们具有理性的自由意志，"每一次当我们思义时，我们都明见地发现自己具有一种能力，一种根据自己的意愿进行反思的能力，一种对视域进行审察并根据揭示而深入其中的能力。"② 正是依据于这种理性的能力，我们才能摆脱我们的自然态度下的直向目光，而以反思的目光穿越事实性历史而去把握普遍历史的先天本质。

具体而言，这种理性反思的能力体现在现象学的本质直观方法中。现象学的本质直观方法是现象学研究的基本方法，通过本质直观，我们可以获得关于对象的意义和本质观念。在《起源》中，胡塞尔揭示出现象学的本质直观方法不仅可用于对意识的静态结构、动态构成的研究，而且可以扩展到对历史现象的研究。通过现象学的本质直观，现象学对历史发生的认识论研究才真正得以可能。在这里，现象学的本质直观方法是指"自由想象的变更"，胡塞尔在《经验与判断》中对这种方法有系统的论述。③ 在研究历史的源初意义构成时，我们"通过思想和想象完全自由地

① ［法］Y. 德里达：《胡塞尔〈几何学的起源〉引论》，方向红译，南京大学出版社 2004 年版，第 198 页。

② 同上书，第 202 页。

③ ［德］胡塞尔：《经验与判断》，邓晓芒、张廷国译，三联出版社 1999 年版，第 394—402 页。

对我们人类的历史存在以及在这里被解释为这种存在的生活世界的东西作出变更。恰恰在这种自由的变更行为中，在对生活世界的想象性的贯穿行为中，以一种决然的明见性的方式出现了一种普遍的本质成分，这一成分实际地存在于所有的变项之中，就像我们以一种决然确信的方式相信它一样"①。

这里的"普遍的本质成分"并不是现象学的虚构，而是历史本身所具有的。之所以如此，是因为任何历史都是我们在历史性的世界视域中创建出来的，而这种源初的创建本身已经是以一种先天的本质结构为其基础。而这种先天的本质结构的根源不在于神秘的自在存在，而在于创建历史的主观性根源——先验自我意识生活——之中。

通过这种自由想象的变更，"我们便摆脱了与事实意义上的历史世界的一切关联，而将这一世界本身看作是思想的诸种可能性之一。"② 也就是我们可以超越事实性的历史传统而把握历史的先天结构或者说内在的历史。

四　结论

由以上对胡塞尔关于几何学、科学和人类历史的源初意义构成的论证和分析，我们可以得出如下的结论：

首先，胡塞尔把历史的、发生学的先验现象学研究看作是一种先验现象学的纲领的彻底化和现象学自身进入生活世界的历史性地构成的经验的更为广阔的领域的必由之路。由于包括科学在内的人类文化总是已经在人类生活的历史视域中，或者说它们本身就是我们所在的历史性的、不断地构成着的生活世界中的主观性成就。我们要对科学和文化进行现象学的奠基，就必须深入到作为它们的意义起源和历史性的生活世界之中，去揭示它们在生活世界的源初意义是如何构成的。因此，把现象学的研究由静态拓展到历史性的、发生学研究，是实现现象学为科学和整个人类的精神生活奠基的任务的必要前提。甚至可以说，现象学的发生学研究，并不仅仅

---

① ［法］Y. 德里达：《胡塞尔〈几何学的起源〉引论》，方向红译，南京大学出版社 2004 年版，第 202 页。

② 同上。

是对以往现象学的非历史性的静态结构研究、逻辑研究的补充，而是一种更为彻底和根本的现象学研究的途径。

其次，我们要澄清科学在作为历史性视域的生活世界中的意义根源，就必须把对科学的现象学奠基从先验逻辑谱系学拓展到作为生活世界之中的历史的、发生现象学的研究。对科学尤其是近代科学，不仅要分析其意向构成的本质性的逻辑谱系学机制，而且要做历史发生学研究，系统地揭示它们在生活世界中的源初意义的历史构成。科学在生活世界之中的历史性的发生构成揭示了科学的理论其实是一种不限于单个主体的意向构成行为的、社会性的、历史性的、先验主体间性的意向构成形式的成就。而且科学以及现代技术在生活世界之中的普遍性应用以及支配性地位，使得科学不仅仅限于一种理论性导向的研究，而且深度地介入生活世界的历史性发生构成的核心的先验主体间性的形式，成为具有发生构成功能的生活世界的核心的部分。可以设想，对于未来生活世界的本质结构和先验构成功能的历史性的发展，科学会成为预先存在的、作为具有构成性功能的、导向性的部分。

再次，胡塞尔认为，这种现象学的发生学追问，可以适用于现象学对整个人类历史探究，不过这需要对于科学发展的历史以及科学理论构成的历史过程的细致的现象学的本质分析才可能得以系统地刻画。而对于历史的、发生现象学的研究，要扩展到生活世界的更多的领域，需要对于不同类型的文化的本质形态的把握，以及对于生活世界的形态学的本质结构的把握作为前提。

最后，如果现象学的历史发生学得以系统地贯彻，那么我们可以对生活世界的历史先天结构予以整体性地把握，建立起一门历史的发生现象学。这样就可以把先验现象学真正下降到生活世界中的历史发生的经验领域，为整个生活世界的现象学分析奠定理论的基础和分析的概念框架。当然，这种对历史一般或者内在历史的研究，并不是为了增加我们对事实性历史的知识，而是对这种历史的深层的说明和理解。所谓的历史的先天结构，并不能预先地决定我们将来的事实性历史的演进，而只是揭示了历史发生的逻辑可能性。而这种逻辑的可能性并不是一种神秘的自在的东西，而是来源于我们的先验的主观性，并在历史性的生活世界视域中被连续地构成。

第三节 对生活世界中的直观经验的发生构成形式

由前文的论证可知，科学理论作为一种认识实践，是先验自我意识的意向综合的产物。在意向综合的诸阶段中，先前阶段的意向综合的成果，在后面更为高级的意向综合中，总是作为质料性。在精密科学或自然科学理论构成的高级阶段，无论是形式科学还是质料科学，都采用一种抽象构成的方式，这种构成脱离了直观现象领域，也不是胡塞尔所说的本质直观，胡塞尔称之为"理念化"。① 胡塞尔认为这种抽象化产生了本质直观所未有之精确理念，但并没有讨论这种抽象化是否是现象学的意向构成。这是传统现象学探讨认识论问题的一个薄弱环节。然而，要真正澄清科学理论的构成机制，就必须揭示出这种抽象行为的本质。

经验主义并没有深入地分析科学认识行为，认为这种"发现的逻辑"是对经验性材料的分析、对其属性和关系的抽象，以及归纳总结，或者认为它们属于心理学的研究范围，不属于"科学的逻辑"的研究领域。由于他们没有从意向性的角度对认识过程和科学理论的关系进行深入研究，所以导致了"发现的逻辑"和"证实的逻辑"之间的割裂，从而不能正确地揭示科学认识的本质，也无法解决科学理论的意义问题。科学哲学的发展证明，逻辑经验主义的意义理论是建立在对科学理论本质的虚假的预设之上的，因此其假设的问题自然无法在其逻辑经验主义的框架内解决。

皮亚杰的发生认识论则认为这种抽象认识方式是一种认识的高级阶段，他称之为形式演算。发生认识论认为认识是主体的能动的建构活动，可以分成从初级到高级的几个阶段，而形式演算则是最高的一个阶段。皮亚杰认为，形式演算是对先前的具体运算阶段的成果进行演算，是演算的演算，因此它超出了具体的时间性的心理发生过程——它在本质上是超时间的。这种形式运演使得认识超越了对现实现象的具体运演，而把现实纳入可能性和必然性的范围之内，因此也无需具体的事物作为中介了。通过一种自由的整合，它可以达到对某一封闭的系统的无限性的认识。反过来，这种形式对象体系可以和其他体系一起作为进一步运演的对象，通过

① 参见《危机》第一部分的论述。

新的运演，我们可以获得更高一级的形式体系。这种运算并不只是形式的变换，而是一种创新，高级的运算所获得的范畴和对象的内容超出了作为运演对象的范畴和对象所具有的内容。

皮亚杰认为发生学认识的这些运算方式，就其形式方面来说，可以用逻辑数学语言来描述。在《态射与范畴》① 中，皮亚杰把建构认识过程描述为三个阶段：内态射、间态设和超态射。内态射是认识的初始阶段，此时的态射是简单地和经验相对应；间态射则是在不同的内态射之间进行协调；而超态射则是把态射与运算组合起来，这里不再只是态射间的协调，而是有超出原来的对应关系的创新。皮亚杰认为所有的认识过程的机制都可以用态射和范畴进行描述。而形式化的过程则是对先前发生的演算和态射进行形式化概括，但不仅仅是概括，它是一种建构性的整合过程。

皮亚杰理论的独特之处在于，他揭示了抽象认识方式具有内在必然的阶段性，每一阶段都有其本质性的运算方式，并且他试图用逻辑数学工具来描述这种抽象认识方式。在描述形式运算时，皮亚杰尤其强调了形式化运算是一种对先前认识的整合，具有创新性，并且本质上是超时间性的，把认识由现实对象拓展到可能性和必然性。

从现象学的观点看，皮亚杰所说的具有创新性的整合建构其实就是一种主动性的高级阶段的意向综合，因为只有意向综合才是一种创新，是赋予经验材料以意义和灵魂的意识行为，是对质料性因素的综合统一活动。只是这种意向综合的机制是否可以用形式化方式来描述，或者是否可以用皮亚杰所采用的逻辑或数学工具来描述，还有待于进一步研究。

就科学的抽象理念来说，往往不能在直观经验中获得充实，并没有直接的直观明见性的意义。但是这种抽象的构成行为本身则是直观的意识现象，是属于思想的"事情本身"，因此也属于现象学研究的范围。由于科学理论的意向构成的复杂性，以往的现象学家都没能对之进行深入的探讨。但既然这种意向行为也属于意识现象的范围，则它的原理和方式应该遵循现象学的一般原则。因此，我们可以用现象学的本质直观方法对之进

---

① 参见［瑞士］J. 皮亚杰《态射与范畴——比较与转换》，刘明波等译，华东师大出版社 2005 年版，第 1—9 页。

行研究。

依照先前的讨论已知，意向构成可以分为很多阶段，而科学理论的抽象综合则是意向构成的高级阶段。虽然这种意向综合是一种发生构成的过程，但它却也展现为科学史上理论构成的方式的逐级的发展。也就是说，科学理论构成的发生构成和历史发展两种方式具有内在的对应性。或者从本质上来说，发生学构成的诸阶段并不是先于科学认识的历史就自在地呈现给我们的，而是它本身是在科学史中发生构成的。当然，科学理论构成方式的发生的历史性，并不影响这种构成方式本身的本质必然性。由于科学理论构成方式的历史发生和发生现象学之间的对应性，我们将坚持科学理论构成方式的历史发生研究和发生现象学研究相互参照的研究方式。

下面，我们将对抽象的意向综合方式进行系统地研究，以便进一步深入研究科学理论的构成。

一 意向构成的视域结构

对于任何世间的超越性对象的认知，都是以意识行为的意向性的结构为前提的。这种意向性结构是一种视域意向性的经验的结构，也就是说，我们的意向性结构之中，除了意向行为和意向对象，还有作为意向对象的背景的视域，这些视域并非我们直观的对象，是非主题性、非对象性的背景结构，但它却是意向性的经验的本质结构的一部分，意识行为不仅指向意向对象，同时与作为背景的对象的外部视域具有内在相关性。

除此之外，视域意向性的结构、直观的对象的内在的视域，这是对对象的整体性把握，它在类型上的预先确定性规定了构成过程中对象本身的同一性。所有的认识行为都具有外在视域和内在的视域结构。

我们可以经验的直观视域的普全整体是生活世界，它也是作为我们认知对象或者自然的整体性的背景，称为世界视域。科学研究的对象领域是自然世界或者其中的某些对象领域，它们既是作为生活世界一部分，也是作为在科学认知中的意向性的整体视域。

无论世界视域是不是我们意向行为的主题，但我们的所有认识总是已经以世界视域的存在为前提的。按照之前关于生活世界结构的分析，我们的生活世界是包含了自然界和历史文化的社会这两个方面，而在现代社会，生活世界为科学与技术的主流文化所渗透和支配而产生了新的构成机制与本质结构。因此，我们的世界视域总是开放的、不断演化的，并且是沉积了认识经验的、交互主体性的历史文化的生活世界。并且，现代科学的产生丰富和拓展了这个世界视域的结构和层次，建立了抽象的理念对象世界。

科学虽然是具有自己的独特的传统和规范的认知世界的事业，但作为生活世界之中的一种历史地构成的传统和文化，它首先是处于这种综合了历史、文化、知识、传统和习俗之中的先验主体间性的生活世界之中的意识生活的成就之一，因此，科学的研究是以所处的有传统、习俗、常态性规范和历史性、代际性的关于世界尤其是自然的经验沉积的生活世界为前提的。这种现代社会的生活世界，也是科学理论的意向构成所要面对的经验的整体视域。而自然世界，作为这种历史性、文化性的综合的生活世界之中的一个部分，是科学的认知所要意向性地指向的最为核心的对象领域。另外，以往对生活世界的直观经验、常识、成功的科学理论和知识，都是科学的理论探索作为前提的、意向性地关联的背景的经验视域。

总之，作为我们直观视域的整体的生活世界，包含有自然、历史、文化和精神的各种经验要素，具有复杂而多层的维度。我们对于世界的认知，总是已经以我们对这个生活世界的整体经验为前提的，我们总是处于历史的、文化的生活世界之中，以接受传统、习俗、他人的经验和背景的知识为前提去经验世界的。科学共同体本身也是共在于生活世界之中的主体。科学研究把作为生活世界之中的最为基本的部分的自然区分出来，以特殊的规范和常态去专门地研究，但自然也是作为生活世界的一部分，它实际上与其他部分是内在关联的不可分割的整体，生活世界的整体性的本质结构也规定着自然世界的类型和本质规律，因此，生活世界整体是作为科学研究自然的背景性的世界视域，科学研究隶属于对生活世界的认知的范围。

因此，在下面关于意向性的视域结构的论述中，我们首先要一般性地介绍世界视域的一般性的结构和特性，这是作为整体视域的最为一般性的结构，无论是历史性的世界视域还是自然的世界视域都是受这种一般性的世界视域的本质结构的规范。其次，在此基础之上进一步描述生活世界的历史性、精神性的维度。而奠基于生活世界的整体性结构的自然世界，作为科学认知的背景视域，则在最后的部分中被概要地阐述。

（一）世界视域

现象学认为所有客观化的意识行为都具有一种意向性的结构，意识行为总是指向意向相关项，而所有在意识中呈现给我们的对象则都是相关于先验自我意识的行为的。客观化的意向行为其实就是一种精神的"看"，这种看有一个目光所及的范围，现象学称之为视域。意向性的看总是处在一定的视域之中，我们的目光所及之处，某个对象突出出来并显现给我们，我们称之为"课题"相关项，也就是这个对象是我们的认识所指向的对象。其他的对象虽然也在我们的目光范围之内，但并非我们的意指对象，而是作为我们意向活动的背景存在，我们称为非课题对象。

单个对象的构成中，既有作为其背景的外部视域，而对象本身也具有自己的内部视域。任何单个对象的构成都有其类型上的预知性，"在任何认识活动之前，认识对象就已经作为潜能（Dynamis）而存在了，而这种潜能是要成为现实（Entelechie 隐德来希）的"。① 对象是从背景中进入我们的意识，唤起我们的认识兴趣。但这种在先的把握是一切认识的前提。由于每个个体都有一个内在的视域，这个视域预先指示着经验对象的构成，并能保证整个连续的构成过程中，对象始终是"同一个"对象。但是对象并不是被孤立地构成出来的，而是从原有的背景中凸现出来，成为我们意识兴趣的对象。尽管作为背景的世界视域一开始是空泛的，但"世界意识的基本结构，或者说打上了世界的相应印记的基本结构，作为一切可能经验到的单个实在之物的视域，就是带有普遍固有的相对性、带有未确定的普遍性和确定的特殊性之间的同样普遍固有的相对区别的已知性和未知性的结构"。② 所以，意向活动是在一种世界视域中进行，而对象也是世界视域中的对象。对于认识来说，世界视域已经是先在的，它预先规定了所有可能的对象的类型学的总体结构。

最普遍的意向性行为的视域是世界整体，在一切认识活动之先，以及预先有一个作为普遍基础的世界。这种世界信念是一切实践的前提，无论

---

① ［德］胡塞尔：《经验与判断》，邓晓芒、张廷国译，三联出版社 1999 年版，第 41 页。
② 同上书，第 54 页。

是理论实践还是生活实践。"周围环境作为预先被给定性领域，作为一种被动的预先被给定性领域而在此同在，它是指向这样一个领域，即在没有任何添加、没有借助任何把握的眼光、没有唤起任何兴趣的情况下，它就已经一直在此了。这个被动的与先辈给定性的领域是一切认识活动、一切对于某个单个对象的把握性关注的前提。"①

胡塞尔认为整个世界的存在性具有自明性，而这种自明性从未受到怀疑，并且它本身不是借助于判断活动才获得的，而是已经构成了一切判断活动的前提。"世界作为存在着的世界是一切判断互动、一切加进来的理论兴趣的普遍的被动的预先给予性。并且即使这样一个一贯有影响的理论兴趣的特点在于它最终是指向对全体存在者的知识、在此即使指向对世界的知识的，然而这毕竟已经是后来的事情了。世界作为整体总是已经被动地预先给定在确定性中。"②

世界视域通常并不作为我们的课题，而是作为认识的背景而存在。对意向对象的认识活动总是已经在一定的世界视域中进行的。虽然世界视域通常呈现为认识活动的背景，是非课题化的，未能完全直观地充实的，但它本身则可以被课题化地考察。其实，以先验自我意识，或者说意向性为，总是已经相关于世界，而世界整体，则是先验自我意识的意向相关项。从现象学意向性理论来看，先验自我意识和世界的意向关系具有两重含义。1. 意识行为指向世界，世界总是相关于先验自我意识，或者相关于意向行为的世界，不存在自在存在的、外在于我们的意向性行为的意识，"世界是为我们存在的世界"。③ 无论是把先验自我意识从世界中剥离出来的唯我论，还是把世界从意向活动割裂开来的客观主义，都是一种形而上学的独断的思辨。它们违背了现象学的基本的意向性原则。2. 意识行为构成意向对象。这是胡塞尔后期先验论现象学的先验还原的结果。一切意识对象，包括整个世界，都是先验自我意识的构成物，通过先验还原，主体间的交互世界和他人都被还原到先验意识。那么这种意向构成是

---

①　[德] 胡塞尔：《经验与判断》，邓晓芒、张廷国译，三联出版社 1999 年版，第 45 页。

②　同上书，第 46 页。

③　世界总是相关于我们，这是现象学的基本主张，梅洛－庞蒂对此有精彩的论述，参见 M. Merleau–Ponty, *Phenomenology of Perception*, translated by Colin Smith, The Humanities, p. 1—25.

一种意向综合，还是一种意识活动的纯粹创造性活动？后期的现象学家大多不赞同先验唯心论的解决方案，如梅洛－庞蒂就认为，世界不能被还原到意识中，世界总是为我而存在，但它具有其客观性和独立性，并不只是意识构成物。总之，现象学并不像独断论那样谈自在世界，而强调悬置世界存在信仰，直面直观的现象。我们可以肯定的是，世界视域是先验自我意识的意向相关项，是一切对象构成的外在视域；一切超越对象的构成和感知对象的充实，都是以世界视域为前提的。

（二）历史文化视域

从前面的论述中我们可知，世界视域是一切认识的前提条件，它预先决定了一切对象的意向构成的类型。因此，世界视域具有普遍性和先天性。但就我们所处的世界来说，却是一种变动不居的历史文化世界。那如何理解我们所处的历史文化视域和现象学所讲的普遍世界视域之间的内在关系，以及科学文化视域的同一性和连续性？这将是我们下面要讨论的问题。

从发生现象学的角度看，在意向构成的开端处，世界视域是空泛的，只是后来随着我们的目光的移动，世界视域逐渐在意向构成中获得充实。但正如海德格尔所指出，我们总是已经被抛于这个世界中，我们的生存论结构是"在世界中存在"。在海德格尔看来，此在处于一种"烦忙"或"烦神"的意向结构中，一切存在者，要么是手前之物，要么是手边之物。在世界中存在，这才是我们所面对的现象学的"实事本身"。这里的实事不同于胡塞尔的"思想的实事本身"，而是此在的"生存论的实事本身"。海德格尔认为，生存论的实事是最为原初的实事，而认识论的实事，只是派生性的。不管意识性的意向结构是最原初的，还是生存论的意向性结构是最原初的，但我们作为历史境遇中的存在者，总是已经在世存在了，总是处于历史文化发生的世界视域中。

因此，意向行为总是对应于特殊的视域，它们决定了对象的显现方式。黑尔德认为，我们总是从特殊的视域出发的，视域结构具有一种本质性的规则结构，因而可以决定对象的不变的本质性特征。这两种本质性规定构成了一种先天性（Apriori）。在一切经验的层面上和我们打交道的事物都是以规则结构的先天性为基础的。但这些先天性并不是传统的超越于历史的先天性。因为这些视域是通过人类意识经验的沉积而形成，是一种习性化的产物。因此这些视域的先行被给予是受历史制约的。但是在这些特殊视域的背后，有一个普遍的视域是原初地给予我们的。"这个普遍境遇作为不可扬弃的原习惯的关联物，经受住了一切历史性的变化。"但是对于我们的历史性的生活来说，仅有普遍性的视域是不够的，因此必须有一些具有相对的稳定性，在一段历史时期比较稳定的视域结构作为这种普遍视域结构的补充。也就是说，普遍视域在历史的意识发生史中，总是被一些历史性的经验性质料充实而具体化、特殊化。这种特殊化的历史世界总是和种族、民族、文化等习惯性地相关。虽然我们在非课题的意义上具有普遍的世界信念，"但具体讲，我们永远只有从我们自己的境遇出发来认识这个普遍视域。用胡塞尔《危机》时期的一个概念来说，这个世界仅从'特殊世界'的角度向我们开放，所以，我们也就无可避免地会遭遇到它者的视域带来的种种诧异"。①

近代自然科学兴起，我们传统的历史文化世界以科学文化成果为背景，而得以被重构。这是一个由实体与属性、时空结构和因果律所规定的世界。这是我们时代的意识经验在普遍视域中的沉积而形成的习惯化了的世界。科学家们的理论实践并没有独立于世界之外，而是一开始就置身于这样一种带有广泛的普遍性的科学文化世界中，置身于科学理论实践的普遍性传统之中。②

就科学文化的具体形态和理论形式来说，并不是完全独立于历史的，而是随着历史而不断变化，但科学世界的变化具有其内在的同一性和历史延续性。虽然随着科学的发展，世界图景不断发生变化，但世界的基本概念框架，尤其是直观现象世界的基本范畴和规律性预设并没有发生根本的变化。可见科学文化世界是历史发生的带有相对稳定性和普遍性的视域。这种世界总是受近代以来的历史性的经验性质料，尤其是受近代科学文化经验的充实而具体化的、特殊化的。虽然科学文化世界是在近代世界中历

---

① ［德］K. 黑尔德：《世界现象学》，倪梁康等译，三联书店，第68页。

② 哲学解释学认为我们的任何实践都是处于连续的历史视域之中，我们的关于真理的经验总是历史中沉积的，参见 ［德］伽达默尔《真理与方法》，洪汉鼎译，上海译文出版社，Heelan等人主张的解释学的现象学的科学哲学接受了伽达默尔的观点，强调科学对作为其背景的历史视域的依赖，具体内容参见 P. Heelan, "*The Scope of Hermeneutics in Natural Science*", Studies in History and Philosophy of ScienceVol. 29, No. 2.

史地发生构成的，带有时代的特殊性，但它却蕴含有非历史的普遍性因素，它本质上是超越于特殊的民族、国家及其文化，超越于意识形态的。在这种被经验性质料充实的特殊化的视域背后，还有一个普遍性视域，这是人类原习惯的关联性。

按照现象学的观点，一切的意识构对象，都属于某一种类型的对象领域，都遵循这个对象区域的普遍规律。这是因为这些意向对象的构成过程都是以这个对象区域的本质结构为前提的，都印有这个对象区域的本质性的整体范畴和规律的烙印。因此，尽管科学文化世界总是处于不断地演化，科学世界的视域不断地扩展，但其具有的本质性的规律不会有变化。正是在这种本质性的范畴和规律性的支配之下，科学的流变的世界始终具有内在的同一性和历史的连续性。我们可以期待，在对科学发生史的某种现象学的深刻的本质直观中，我们期待可以排除一切事实性经验性的因素，获得对科学文化的本质性框架的认识。

因此，不管科学文化的具体形态如何演化，但作为人类的理论实践，它始终是内在同一的、历史地连续的。前后相继的科学范式的演化，不会是完全不可通约的，科学文化的世界总是具有内在的统一性，这是由于先验自我意识的意向构成的统一性规则所决定的。它体现为科学文化世界具有普遍性的本质规定，体现为科学发展的连续性。科学的发展，就是一种人类认识的形式和内容都不断地由初级向高级发展的过程，或者说整个人类的认识史都是一种在先前阶段的认识经验的基础上，向更高阶段的认识进行意向综合的过程。

对于始终已经处于科学文化世界之中的我们来说，这个世界只从科学文化世界这个"特殊世界"向我们开放，所以我们的认识不是从最为普遍的世界视域开始，而是从这种科学时代的"特殊世界"开始的。我们的科学实践处于自伽利略以来的科学传统的视域中，更远地说，是出于亚里士多德开创的理性传统中。先前的科学认识的思想经验都沉积在我们所处的科学世界中，形成我们的科学认识的意向生活的视域，这是一种习惯化了的视域，我们的一切认识都是被这种浸透着科学的传统的视域包围着，都是以这种习惯化了的视域为意向构成的前提。

按照胡塞尔的发生现象学理论，世界的历史发生构成的过程，也是先验自我意识的习惯化过程。因此，科学认识的主体总是已经在历史文化生活的意向构成中习惯化了，形成了相对稳定的意向构成习惯。这看起来类似于皮亚杰所说的主体同化经验刺激的格式，但现象学的意向习惯并不是偶然的经验性格式，而是具有其本质性、稳定性和普遍性。作为身处于科学文化世界之中的我们，对世界的把握具有海德格尔所说的"前见"、"前领会"的特征①，我们的意向行为的模式，早已经是习惯化的了，并在我们周围的科学文化视域中活动。

以往的科学思想、成果和传统，都是这个统一的科学文化视域中的内在组成部分，我们的科学理论实践并不能完全外在于这种以往科学文化的传统而凭空地创造。它总是在这种沉积了以往科学理论实践的意识经验的视域中，总是已经在科学文化的世界中生存。这种情形看起来很类似于库恩所说的处于某一稳定的科学范式中、进行常规科学研究的人的情形。但这种相似性只是表面性的。在现象学看来，作为先验意识的意向相关项，所有的科学范式的同一性远远大于它们的差异性，科学的发展并不是传统的不断地被颠覆或断裂，而是具有深层的连续性。因此，科学家所处的视域和传统，并不只是哪一个范式内的视域或者传统，而是在整个科学的普遍的传统之内。科学家的前见、前领会首先不是哪个范式内的，而是对统一的科学传统的预先把握。

另一方面，科学的视域并不是静止不变的，而是开放的。新的科学理论的构成，是在先前的认识经验的基础上的意向综合，相对于以往的科学认识经验来说，具有一种创造性和进步性（这是从科学理论创新的本质来说，并不是每种科学理论都是一种全新的创造和对科学的显著的推进）。科学理论的这种发展在皮亚杰那里称为创新性的整合。因此，虽然科学文化的历史视域对新的科学理论的构成具有导向性，科学家的理论实践总是在继承传统的基础上进行的，但科学理论的样式和内容并不能完全受科学传统或视域的规定，或者说以往的科学认识的经验的沉积并不能完全规定新的科学理论的构成的方向和形式，也不能完全规定科学理论的形

---

① 海德格尔讲："'存在在世界之中'本身是展开了的，而其展开状态曾被称为'领会'"，"解释并非要对被领会的东西有所认知，而是把领会中所筹划的可能性整理出来"，"把某某东西作为某某东西加以解释，这在本质上是通过先行具有、先行见到与先行掌握来起作用的"，参见[德]海德格尔《存在与时间》，陈嘉映、王庆节译，三联书店1987年版，第174—188页。

式和内容。科学具有一种超越历史和超越传统的品格。① 因为意向综合行为具有创造性。科学理论的创新，更多的是通过这种具有创造性的意向综合行为而实现的。随着先验意识的自由构成，科学的视域不断拓展，科学文化的世界不断涌现和拓展。

（三）自然世界视域

在前面对作为生活世界的整体的世界视域的最为一般的本质结构、主要特征和基本含义的论述之后，对历史的、文化的生活世界的阐述是对历史性地构成的，充满传统、习俗和常态性的生活世界的进一步展开论述，因为科学也是在这种历史的、文化的社会之中进行的理论性的事业。而自然世界则是我们作为主体立足于生活世界，以先验主体间性的视角所把握的关于超越性的对象领域的最为原初和基本层面的直观经验的世界。

自然世界是生活世界的原初给予的、最基本的层面，也是自然科学研究的主要领域。而文化的、历史的生活世界是奠基于自然的生活世界之上的历史性的构成的成就。自然世界也是对于人类而言的先验主体间性的经验的领域，在前科学的日常的生活中就有对自然的直观经验和知识。而科学则以一种特殊的观察实验的方式以及理论模型的方式去把握自然。

自然作为我们直观经验的基本视域，它是向我们开放的、无限地涌现的超越性的经验的领域，我们对它的直观的把握永远是对它的某些局部和侧面的把握。正如超越性的对象的显现是直观中的显现的部分与未被直观的部分作为一个整体，未在场直观显现的部分因为对象的整体性的内部视域而被共现地间接为我们把握，尽管自然界只是向我们显现它的部分，而另外的部分并非以直观充实的经验显现给我们，但这些未被直观的部分与直观显现的部分是一个整体性的视域，因而非直观显现的部分以"共现"的方式间接地显现。因此，自然是作为一个整体性的对象领域的整体视域

---

① 胡塞尔认为我们所有的意识经验都是先验自我意识的意向综合的产物，这种综合不一定是纯粹的创造，却是在已经掌握的质料性材料的基础上的一种生产性的活动，用皮亚杰的话来说是一种在更高层次上对先前的认识的一种整合，即使在前谓词的被动综合阶段，意识仍然进行着一种"被动的主动性"构成活动，因此，科学认识活动虽然总是在延续的传统中，总是在历史的视域中进行，但它作为一种自由的创造性活动，总是能超越延绵的传统，哲学解释学过于强调科学认识的历史境遇性和对传统的依赖性，因此容易导致相对主义的倾向。关于意向构成的能动性问题，参见 E. Husserl, *Aktive Synthesen: Aus der Vorlesung "Transzendentale Logik" 1920/21: Er-ganzungsband zu "Analysen zur passiven Synthesis"*, Boston: Kluwer Academic Publishers, c2000.

显现给我们，也就是尽管自然只是部分现相，但不在场的因为在场的显现而间接地显现，我们可以把自然作为一个整体而把握。当我们通过直观把握自然的一部分时，自然的其他部分具有被我们直观地把握的可能，或者具有被不同于自我主体的其他的主体以其他的视角和方式把握它的可能。因此，尽管在事实层面，由于各种条件的限制，我们只能把握自然的有限的部分，但在理论上，自然是可以为我们把握的整体性的领域，我们的意向性的经验可以通达自然视域整体。

（四）科学的观察实验所开显的自然视域

如果专门从观察实验的视角看自然，则自然是显现于实验仪器的显示、记录和描述分析的自然现象的属性和事件。科学的观察实验所提供给观测者的是关于自然对象或事件的信息，或者说是基于科学仪器设备的和观测者的特殊设计的、对自然的选择性的显现。

虽然具体的科学的观测显现的自然的信息总是零碎的、分散的，但基于科学实验的主体间性的规范形式，以及已有的背景知识以及科学理论所建立起来的对自然的整体性的理解和对观测结果的分析的观念框架，这些特定实验所获得的精确的观测信息，能够为理论的构成和分析提供关键的证据。

如果用现象学的显现理论分析，则由于自然视域的整体性以及自然对象自身内部视域的整体性，虽然在观察实验之中，自然对象只有少数的现象显现，但其它未直接显现的部分则以广义的"共现"的方式间接地显现给我们。虽然我们只是获得关于自然对象的局部的信息，但通过科学理论的构成和分析的意向性的"立义"的综合，自然对象的属性及规律整体性地显现给主体。这也是科学研究为什么能从有限的观察实验为经验基础构成关于自然领域的普遍性的理论的经验基础和先验根据之一。

基于高度复杂的技术和设备，科学家对自然的观测往往不再是直观的或者是夹杂有技术手段的间接性的直观，甚至大多数微观和宇观的自然现象，已经超出了我们的直观经验的领域。而且，对于观测结果的分析和解释，是基于已有的科学理论和背景知识。可以说，对于科学的观察实验结果，只有基于科学的概念框架体系以及科学理论所刻画和描述的理论模型的框架之内才可能被理解。

但如前面第一章所述，尽管一些科学的观察实验是借助技术性的工具对自然的一种认知，科学的观察实验主要是提供了关于自然的间接的经验，并非对自然对象领域直接的直观经验，但由于所观测的自然领域与直观的自然领域同属于一个自然世界，借助于科学的实验仪器的观察仍然是观测者通达自然的途径，自然以一种间接的方式通过技术性的平台和中介显现给作为主体的科学共同体。因此，在这种语境下，技术性手段并非我们认识自然的障碍，而是我们认知自然、构成关于自然的经验的主体性的方式，或者说自然的主体性的显现方式。而这些技术是作为主体性地构成的工具，也是具有构成关于自然的经验的广义的具身性的工具使用。

对于科学研究而言，科学的观察实验的所制定的规范是为了排除个体的主观性的因素、环境因素等的干扰，在特定的科学实验语境和条件下，使观察实验成为主体间性的、客观的、可重复的对自然的观察。因此，科学研究意义上的自然是被科学的常态性、规范和方法等形式所限定的特定条件下的、特殊意义上的自然。尽管如此，科学所谓的自然仍然是以主体性的视角观察的自然，因为科学的观察实验作为前提的科学理论和背景知识、科学的实验原理和方法以及实验的方案、观测、解释，都是基于特定的科学研究的实践的条件限制的，是历史性构成的产物，而且这些研究和观测都是基于主体性的意识结构和认知世界的本质形式所构成和规范的。科学意义上的自然是观察实验所意向地指向的、可以被观察实验所显现或认知的自然，是以特殊的先验主体间性的方式构成的自然。

对于经验性的、实证性的科学研究而言，对于自然的经验是进行理论构成的前提和检验理论是否合理的基本根据。科学研究所谓的对自然的经验，除了基于日常生活世界之中的对自然现象的直观经验以外，最为主要的是通过科学的观察实验所显现的自然的经验，日常的直观经验虽然是我们关于自然的经验的基础，但是科学研究的直接经验是基于观察实验而获得的关于自然的信息。因此，可以说科学研究的自然是基于科学的观察实验所显现的自然。这种基于科学理论背景以及观察实验设备的对自然的观察，会过滤掉很多看起来次要的、表面的显现，而去把握的是那些为科学的理论模型用以刻画自然的观测量。因此，科学的观察实验所认知的自然，是一种被理论的分析框架所限定的、抽象化了的自然。

二　意向构成的先验形式

作为一种特殊的意向构成方式，科学理念体系的意向综合行为具有其特殊的意向结构和本质特征。我们将在本节中描述科学理论的意向构成的模式，分析科学理论构成的先验机制。

（一）意向构成的理念引导

作为一种特殊的意向构成方式，科学理念体系的意向综合行为具有其特殊的意向结构和本质特征。我们将在本节中描述科学理论的意向构成的模式，分析科学理论构成的先验机制。

1. 意向构成的理念引导

我们知道，任何实践都是主体的自由意志去实现其欲求目标的活动。科学认识实践是一种理论性实践，以获得系统性的知识或追求真理为目的。古希腊称哲学为"爱智慧"，即表明了这是自由意志支配的欲求活动——这种欲求活动的目标不是伦理道德等实践性目标，而是关于存在的真理。这种爱是一种纯粹的理论的兴趣，康德称为纯粹的理论理性的旨趣。按照意向性理论分析，爱智慧是一种意向性的结构，这里的"爱"是追求智慧的意向性行为，而智慧则为其意向相关项。在现象学看来，科学的最终目标也是获得关于一切对象领域的真理的全体，也具有"爱智慧"的意向结构。这种意向结构并不同于纯粹认识行为的理论性的意向结构，而是一种实践性的意向结构，这里的"爱"是一种欲求性的目的论活动。

科学理论这种意向性结构是以一系列的存在论预设为前提的。首先，科学预设了一个自在存在的世界整体，自然科学以自然或宇宙为认识对象。这种存在预设或存在信仰是一切常识和科学共同持有的，现象学称其为自然态度下的存在信念。其次，预设了作为世界总体的普遍规律，科学可以达到真理或逐渐趋近真理。因此，自然科学的爱智慧则是要追求自然或宇宙的普遍规律。在科学家们看来，科学理论实践的纲领就是科学家以数学和实验手段相结合，获得由时空和因果性规定的客观世界的规律性认识，最终能用统一的科学理论对所有可能的自然现象做出系统的因果性解释或预测。

虽然在现象学看来，自然科学的这种预设信念体系是自然态度下的独断预设，并没有充分的明见性，但这种意向性的信仰结构却是科学实践不可或缺的，而科学家们正是在这种信念的支持下不断地推动科学理论的发展。科学实践的巨大成功使我们无法否认这种信念体系的价值，但现象学所追求的严格的科学性却使我们无法以这种存在信仰作为我们科学理论的现象学研究的前提。因此，我们必须对这种信念体系进行现象学的批判性研究。

在现象学看来，世界概念具有其明见性，但并不是完全直观充实的。世界是视域的整体，是大全的视域。它是尚待充实的，开放的，不断地涌现出来、在其边缘处不断拓展和延伸的。世界确实具有一种"现实性"的模态，但世界存在信念并不具有完全的明见性。世界视域总是伴随着意向生活的整个过程，但这是因为它是意向行为的相关项，却不能因此推出它自在存在的信念。对比康德的世界理念，我们可以更好地理解现象学的世界概念的意义。

在康德的批判哲学中，没有独断论意义上的世界概念，但具有虚设的理性的理念。世界理念并不是关于世界整体的认识，而是指所有现象的条件的绝对的全体。把世界理念作为认识对象固然会导致先验的幻象，但世界理念仍然可以作为调节性原理，在其内在的运用中引导知性在经验范围内进行永不满足的探索。世界理念是一种悬设①的概念，它并不直接对应于经验性对象，也不对应于知性对象，而是保证知性应用于经验对象时的最高的综合的统一性。

由此我们可以知道，世界概念并不一定要有实在论或者超验的含义，而完全可以作为引导性的理念而推动科学的前进。根据现象学理论，世界作为意向性意识的相关项，作为世界视域，总是不断地随着我们的目光的移动而向前方拓展，新的直观的现象不断地从世界的地平线上涌现出来。因此，世界视域具有一种类似于康德的世界理念那样的引导性功能，它引

---

① 康德的世界理念是空洞的，虽然我们有关于它的理念，它悬在前方引导我们的科学为追求统一的认识而不断前进，但我们的认识永远无法到达它，所以它是悬设的；现象学的世界概念不同于康德的理念，它是作为空洞的视域相关于我们的客观化的意向行为，它始终是相关于我们的，而不只是一个空洞的理性概念，它可以在我们的认识实践中逐渐获得直观的充实，因此它具有直观自明性；但在科学认识中，它和康德的世界理念一样，具有引导我们进行无尽的科学探索的作用。

导我们去认识无尽地拓展的世界和不断涌现的直观现象。但世界视域不像康德的理念那样空洞，而是得到部分的直观充实，作为背景的世界视域也可以作为意向性的课题，成为认识的对象。但就世界作为大全的视域来说，是永远不能完全充实的。因此，它也带有理念的悬设的性质，它却引领科学去不断地拓展直观的世界，而世界本身却永远是开放的、向前方延伸的。

与世界概念相对应，现象学同时就有了世界的本质规律，以及世界的本质规律的全体的概念。而对这些本质规律的认识，则可称为真理或真理全体。现象学所说的真理，是具有直观的明见性的普遍判断或理论。现象学认为，自然科学获得的认识都是具有相对的普遍必然性的，但随着科学的发展，科学理论的统一性和普遍必然性都会不断地扩大，而最后的作为认识的极限的，就是本质性的真理全体，或者是现象学所设想的质料本体论。

因此，从现象学的观点看，世界概念和真理概念既不是独断论的朴素预设，也不是纯粹空洞的理念，而是可以不断充实的整体区域，前者是现实对象区域，而后者是观念对象区域。因为有了现象学的世界理念，我们才会产生去探索世界整体的规律的动机；正因为有了作为本质性认识的全体的真理全体理念，才能引导科学家从事科学研究实践。因此，科学这种理论性实践具有了一种双重的意向性结构：意向行为指向世界，拓展和充实世界；而科学实践指向真理全体，以之为目的；这两种意向性结构具有内在的对应关系，只是，前者侧重于本体论角度来讲，而后者侧重于认识论的角度来谈。这两种意向结构中，后者奠基于前者，二者联合起来，才构成了科学理论实践的"爱智慧"的完整的意向性结构。

因此，我们可以看到，科学家们的世界预设和真理预设具有独断论的性质，仍然没有克服自然态度。我们通过对这两个概念的现象学悬置，重新从现象学的角度分析和描述了它们的意向性本质和功能。

如果没有这两种意向性结构，那么科学实践的"爱智慧"或"爱真理"的意向结构就无法成立，那科学事业得以建立和发展的动力学机制就无法建立起来。因为，正是由于对世界的客观存在的设定和信念，以及科学可认识客观真理的信念，才激发了科学家的追求真理的欲求。在具体的科学实践中，科学家们可以具有各种各样的动机和欲求，但只有这种爱智慧的欲求行为，才是科学实践所必需的本质性的意向性模式的重要部分，而那些经验性的动机和欲求都在现象学的本质性分析时，被摒除了。

（二）意向构成的普遍形式分析

现象学关注的并非是具体的科学的经验与理论的事实性的构成方式，而是为这些经验性的构成奠基的、使科学的研究成为可能的、科学的经验和理论构成所遵循的先验构成机制和本质性的发生逻辑学的机制。对于科学的经验和理论的构成而言，它遵循意向性经验构成的普遍性机制，又具有自己的特殊性，一方面遵循现象学的本质描述和先验分析所揭示的意向性的经验的普遍性的发生逻辑学的机制，因此胡塞尔在《经验与判断》等著作中关于经验的意向构成和逻辑机制的理论探索可以作为科学的意向构成的研究的指导和参照；另一方面，科学的观察实验和理论构成都是基于其特殊的传统的常态性和规范的关于自然的经验的构成形式，具有其自身的特殊形式。因此在下面关于科学的经验的意向性构成形式的描述中，首先是对于其中的普遍性的先验构成形式的阐述，在此基础上会对其独特的构成形式和机制予以一定的描述。

现象学认为对象的发生构成本质上是意识的意向综合行为，或者说认识的本质就是先验自我意识的意向综合或统觉。在意向综合的不同阶段和不同模式中，意向综合可以表现为各种形式。例如，在前谓词构成阶段中，对象是在一种被动的接受性方式中构成的；而在谓词阶段和普遍性构成阶段，意识的意向行为是自发的生产性的构成；科学理论的抽象构成则是一种最具生产性和自发性的意向综合形式，因为它是科学家完全主动地进行的创造性的意向构成。虽然这种抽象构成不同于前科学的各种意向构成方式，但由于先验自我意识意向行为具有自身的先天统一性，因此现象学所揭示的意向构成的普遍机制也适合于科学理论的抽象构成过程。我们需要通过对意向构成的普遍的本质机制的研究而揭示抽象理论构成的先验根据和本质机制。

第一，意向经验构成的三个阶段。

意向综合是一种对不同的质料性内容进行统一的意识行为，贯穿于认识的整个过程中。在前谓词经验阶段，意向构成是从内在时间意识的综合构成开始的。认识的最原初阶段是观察性直观。在这个阶段并无知觉兴趣，但却有对直观对象的整体把握。这种整体把握使得认识者具有了直观对象的内在视域。在这种原初的内部视域里，无论是当下的经验、流逝的经验，还是预期的经验，都在延绵的统一的时间性的流之中，是意向综合把原初的质料性内容纳入了内在时间统一场，使得质料性内容一开始就处于内在时间意识的整体视域中。"它是建立在先于一切主动性而在一种特有的被动性中展开着的、生动绵延的建构制合规律性基础上的。"但是这种构成并不纯粹是一种被动性的接受，"这个构成属于主动性的本质结构，它纯粹是作为主动性而被考察的。这种主动性是连续流变的主动性，是与某种连续地继发性（Nachquellend）、变样了的、视域上的主动性相一致的原发性的（Urquellend）主动性的一个连续之流"。① 在这个时间场中，滑落到意识场晕边缘的过去意识之流并没有消失，而是以一种变样了的意识仍然保持在意识场之中。

当意向行为由朴素的直观进入了摆明性的说明时，就会有一种指向被唤起的期待的兴趣，这种兴趣集中在自为地凸现出来的对象上，并且"努力想去探明它'存在于'何处，探明它从自身在内在规定方面提供出什么并努力在内容方面切入它，把握它的各个部分和各因素，从而再切入这些单个的东西本身，并且也可以对它们做出阐明——所有这些都是在对对象的总体现象和总体把握的统一性的'基础之上'存在于一种持续性的综合统一性的框架之内"。② 可见说明其实是在对对象的内在视域的整体把握的基础上，由于兴趣的引导而深入到对象的局部之中。但这种对视域的局部的渐次说明性阐释，并不是接受了一个全新的对象，而是对早已存在于熟悉的视域中的每一步骤的预期做更为切近的规定和修改。这是说明性的综合区别于观察性直观的本质特征。

摆明性的观察由特殊的角度切入意识的内在视域，并且注意力不断由一个点转向另外一个点，但这种由整体到杂多的过程并不是缺乏综合，而是通过把多样性杂多通过比较和关联，把说明的多层次的多样性统一在同一个整体视域中，并最终奠基于一个"绝对的基底"之上。这是意向综合由简单性综合到对杂多的复杂性综合的发展。

知觉的第三个阶段是意向意识的兴趣并不局限于某一凸现的对象的内

---

① ［德］胡塞尔：《经验与判断》，邓晓芒、张廷国译，三联出版社1999年版，第129页。
② 同上书，第126页。

在视域中，而是把外在视域中当下同在的诸对象也当作主题。这个时候，知觉对象和相邻的对象被一起考察，并且意向综合突破了对知觉对象的内在规定，建立了对象之间的关系性规定。类似于说明性的观察，这种对对象间的关系的把握并不是全新的规定，而是把预先已经隐含于外部视域中的对象之间的可能的关系实现出来。这些其他的对象和对象之间的关系在朴素的把握中已经潜在地存在，只是认识的兴趣并没有以之为主题。这种对象间的关系的建构可以由一些对象间的一种关系不断地转移到它们之间的别的关系，并且在一种综合性的意向行为中统一地把握它们。

引导接受性经验的知觉兴趣只是真正的认识的兴趣的前阶段；它具有某种使直观地被给予的对象全面地获得被给予性的趋向性特征。但认识的意志冲动却使得认识超出知觉性认识，而进入具有主动性的谓词经验阶段的认识。不同于知觉经验阶段，"在真正的认识兴趣中，对自我的某种意志性的分有却以一种全新的方式参与进来：自我要认识对象，要一劳永逸地抓住那被认识的东西"。这种新型的认识建立在对象性质上，但却在谓词认识及其在谓词判断中的关于对象或对象之间的关系的规定性的沉积里建立起来了一些新型的对象性，这些对象性本身能够得到把握并且被当作主题，"这就使那些逻辑的构成物，我们可以把它们称为起源于范畴、起源于陈述判断的范畴对象性，或者也可以（因为判断的确是一种知性作用）称为知性对象性"。①

我们知道，认识是一种意志性的行为，其目的是趋向知识。在谓词经验阶段，这种意志性的特征充分地凸现出来了。认识行为和实践行为具有一种对应性。类似于实践行为，认识具有手段和目的之分，在认识趋向于全面认识对象这个目的的过程中，中间的特殊的认识兴趣总是作为达到最后的认识目的的手段。而且，"知性对象性即事态从本质上看只能在自发的生产性举动中、因而只能在自我在场（Dabeisein）的情况下建构起来"②。

概括地说，谓词综合在本质上由两个内在关联的阶段构成。

1. "由 S 在吻合中向呈现出来的各个因素 p、q……的过渡阶段：p、

---

①　[德]胡塞尔：《经验与判断》，邓晓芒、张廷国译，三联出版社 1999 年版，第 233 页。

②　同上书，第 294 页

q 都独立地被把握。那紧随预先建构起来的对象——而来的兴趣，或者说，那紧随对象在其中推按出来的'什么'意蕴（Wasgehalt）而来的兴趣，都汇入了这些规定之中，但这个 S 以及每个已被攫取到的因素都仍然保持在手。"

2. "但这样一来就有了某种新的东西，即自我在其兴趣中又回过头来指向了 S，并且例如首先通过把 p 特别地重新掌握在手中并投之以新的目光而觉察到了意义的丰富化，也满足了自己，因为自我在向 p 的重新过渡中把这种意义丰富化原始地能动地重新产生了出来；这也就满足了每个规定性。"[①]

可见谓词综合就是在统一性的基底的基础上，对对象进行规定的过程，而这些规定都由于兴趣不断地回向对象本身而得以贯通和统一，或者说使其原有的统一性现实地实现出来。作为一种目的论实践的认识过程，就是规定性不断在对象和判断中的沉积过程，直到获得对对象的全面的认识。

而认识本身则是这种主动性的意向行为的产物，"凡是在这里通过对象的规定性（谓词的规定性）而出现的东西，都不仅仅是被接受的东西，相反，它是一切在意向中表明为具有自我产物的特征的东西，表明为具有从自我中通过其认识行动而产生出来的知识的特征的东西"[②]。这种知性对象性具有非时间性的特征。这种非时间性并非指这种对象性必定不在时间中存在，而是它具有一种"随时性"。"知性对象性的无时间性，它的'全在全无'，就标明自己是时间性的一个卓越形态，使将这些对象性从根本上与个体对象性区别开来的一个形态。也就是说，贯穿于时间的杂多性之中的是某种存在于其中的超时间的统一性：这种超时间性意味着随时性（Allzeitlichkeit）。"[③] 这是因为知性对象性是一种非实在性的对象性，是意指对象，是意义的意义。胡塞尔把它看作是完全自由的理想对象性的一种特殊情况。这种理想对象性虽然可以随着主体而体现在时间性的各种情形中，但它本身却是非时间性的纯粹意义对象。

---

① ［德］胡塞尔：《经验与判断》，邓晓芒、张廷国译，三联出版社 1999 年版，第 245 页。
② 同上书，第 237 页。
③ 同上书，第 305 页。

　　由此可见，谓词综合把对象性的领域由实在对象拓展到广义的包括非实在的对象领域，由自然对象拓展到文化历史对象的领域。因而在经验的更为广泛深入的领域内建立了意向性的统一性，并且使意识经验超出了现实性而达到了理想性的对象领域。

　　无论是前谓词的对象性还是谓词对象性，都是个别的具体化的对象性。而认知的意志冲动并不满足于获得这样的个别化认识，而进一步追求普遍性的认识，即共相对象和普遍判断。

　　胡塞尔认为，一切经验对象一开始就有类型上的预先规定性，并且对意识是已知的，这一点体现在一切统觉的经验沉积作用及其给予联想唤醒之上的习惯性持续影响所体现的意向构成的内在统一性上。联想在共相的生产中具有基础的作用，"联想原始被动地产生出相同东西与相同东西的综合，而这种情况不仅仅内在于一个在场场境，而且也贯穿于整个体验流及其内在时间和一切在其中每次建构起来的东西。这样建构起来的就是相同的东西与能够由联想唤醒、并且又集合在某种再现性直观的统一体中的相同的东西的综合"①。这是因为对于那些被共同地给予的场景中的众多分离的对象，"在它们的预先建构性的被动性中已经本质上包含了一条内在亲和性纽带，只要隶属于它的那些个别对象具有一些共同特点，而它们给予这些共同点就可以在出现于一个主题性兴趣的统一体中时而得到概括。在对这些单个项的汇集贯通中，根据它们的共同之点产生出相似性吻合，根据相异之处产生出区别"②。依据相同性（或相似性）的程度，这些不同的对象之间产生融合，相同（或相似）的因素被贯通，形成统一体。在这个基础上，通过相同性（或相似性）综合的形式产生出关系判断。这些不同的判断依据于相互之间的亲缘性而结成了新的判断共同体，这已经超出了同一性综合的范围。

　　在知性对象性阶段，这种曾经被动把握的相似性转而被作为认识的统一的课题，被主动地把握。这种同一性综合可以是通过相同性因素而使不同的对象逐次地关联和贯通，这里的共同因素，如谓词 p 不再意味着一个个个体中的核心谓词，而成为总体性的核心谓词。所以，"这个共相并不

　　①　[德]胡塞尔：《经验与判断》，邓晓芒、张廷国译，三联出版社1999年版，第372页。
　　②　同上书，第373页。

是由那易逝的变化无常的因素来规定的，而是由一个理想的绝对的统一之物来规定的，这个统一之物作为理想的统一性而贯穿着所有个别对象及其以重复或类似化（Verähnlichung）的方式而复制出来的诸因素"。① 当然，这种总体性核心可以是在对综合过渡中的那些相同对象主动地进行了分别把握之后，才作为共同的统一体被自我先天地意识到，并为可能的主题性把握做准备的。

普遍性对象是联想性的综合的产物。正如胡塞尔所说，"凡是有联想的相同性综合的地方，也就是具有普遍对象性形成的可能性、'概念'形成的可能性"②。通过联想性综合而获得的共相，可以个别化而成为现实性的或想象性的对象，并不受现实性的束缚。因此我们超出经验而进入自由想象的领域，虚构一些相同的个别性。这些虚构的个别性本来可以在经验的进一步展开中现实化。这样，每个概念都包含纯粹可能的个别化的一个无限的范围，也就是纯粹可能的概念对象的无限范围。

这样，通过联想性的同一的综合，"在这上面就产生了概念形成作用的无所不包性；凡是以任何方式，不论在现实中还是在可能性中、作为现实经验的对象还是作为想象对象，而被建构起来的东西，全都可以作为在比较关系中的一个限定（Terminus）而出现，并可以通过主动地进行本质的认同和主动地置于共同之下而得到领会。"③

经验性的概念都是通过经验性的统觉的类型学而获得的。我们知道，早在意向构成的最原始阶段，对象已经是具有类型学上的预先确定性。而在认识的主动性构成阶段，这种被认为是新的东西而经验的东西首先已经是直觉上熟悉的；"这种类型上被把握的东西也拥有一个带有相应的熟悉性规定的可能经验的视域，因而拥有尚未经验到、但被期待的那些标志的一个类型学"④。通过经验性的这种统觉，每个在类型上被理解的事物都可以把我们导向我们用来理解它的那个普遍的类型概念。还有另外一种获得普遍性经验概念的方式是以某一具体的对象为基础，以任意的想象形态在开放的众多性中想象着和此个体同类型的其他对象，然后从中直观它们

---

① ［德］胡塞尔：《经验与判断》，邓晓芒、张廷国译，三联出版社 1999 年版，第 376 页。
② 同上书，第 381 页。
③ 同上书，第 382 页。
④ 同上书，第 384 页。

的共相。"一旦我们准备把握共相，那么按照在 81 节中所讨论过的那种综合，则对象上的每个部分、每一个别因素都会给我们提供一种可以在概念上普遍地做出把握的东西，然后任何分析才会伴随着普遍的位次表述而发生。"①

在经验性的统觉中，不仅那些在事实经验中被给予的对象之间有相同性和相似性，而且它们拥有一个视域，这个视域假定性地指示着在自由的随意性中展开的可能的经验事实。但通过经验性的统觉获得的物种和类的统一性只是一种"偶然的"统一性。这是由于这种综合是一个别的偶然之物为概念构成的开端，而且这种概念的构成同样归咎于同样是偶然性的相同性和相似性。

而纯粹的概念则是先天必然的，这是因为纯粹概念的构成不依赖于事实上被给予的开端项的偶然性及其经验视域的偶然性，而是先天地为所有的经验性的个别事物制定规则。对于经验性的概念是否在一再的"涂改"中遇到界限，这是我们无法事先确定的；而对于纯粹概念，"这种事实上不断前进的能力的无限性是明见地被给予的，这正是因为，它们在所有经验之前就为它们进一步的进程预先制定了规则，并因此而排除了某种突变和涂改。"②

第二，纯粹先天的经验的意向构成。

纯粹概念的构成是通过自由想象的变更而形成的。具体来说，这个观念化过程可以分为三个主要步骤：

1. 变更之杂多性的生产性贯通

我们让事实作为范本来引导我们，然后把它变换为纯粹的想象，通过不断的变更（Variation）产生出相似的形象作为范本。随着自由的变更的进行，我们不断地由一个范本过渡到另外一个范本。这种新的范本的获得，或者是依靠联想的无目的的偏好和被动想象得（的）一闪念得到，还（或者）是通过想象中的篡改所特有的纯粹主动性而从我们的原始范本中获得。这样，我们以一种"随意的"主观的模态产生任意的多种多样的变体。

2. 在持续的吻合中的统一性联结

"在这种由摹本到摹本、从相似之物向相似之物的过渡中，所有这些

---

① ［德］胡塞尔：《经验与判断》，邓晓芒、张廷国译，三联出版社 1999 年版，第 385 页。
② 同上书，第 394 页。

相继出现的随意的个别性将都达到交叠的吻合并纯粹被动地进入一种综合的统一，在这种统一中，所有这些个别性都将显现为互相间的变形，然后进一步显现为个别性的随意序列，在这些序列中，作为艾多斯的这些同一个共相将个别化自身。"①

这种持续的吻合是在贯通这些不同的作为变体的摹本的基础上出现的。这种吻合并不是我们主动地进行得（的），而是在被动发生的阶段就已经在建构着其统一性，"当然我们不需要自己主动地去把这种交叠的吻合实现出来，因为它在那种相继的贯通中以及在把这些贯通了的东西保持在手时，会纯粹被动地自己出现"。

3. 从里面直观地、主动地认同那不同于差异的全等之物

我们发现，在这种多种多样的变体中贯穿着一种统一性，即在对一个演示形象，例如一个物做这种自由变更时，必然有一个不变项（Invariante）作为必然的普遍形式仍在维持着，没有它，一个原始形象，作为它这一类型的范例将是根本不可设想的。这种普遍的本质预先为所有的自由变更设定了界限。没有这种本质性，或者说艾多斯（Eidos），这样一类对象就不能被作为这样一类对象来想象。

"也就是说，只有在这种循序而进的吻合中，一个自同之物（Selbiges）、即一个在这时能够纯粹从自己里面被看出来的东西才会是全等的。这就是说，这个自同之物本来是被动地预先被建构起来的，而对艾多斯的直观是建立在对这样预先建构起来的东西的主动的直观把握之上的——正如任何一种对知性对象性的建构以及特殊的对普遍对象性的建构的情况那样。"②

由以上对意向构成的发生机制的阐释可知，意向综合在意向行为的不同阶段具有不同的形式，但意向综合是所有的认识行为的普遍机制和认识的本质。虽然意向综合的机制和方式在前谓词阶段、谓词经验和判断阶段，以及普遍对象和普遍判断阶段都有区别，但它们却并不是各自孤立的不同的构成方式，而是具有内在关联的意向行为的统一体。虽然胡塞尔区分了意向构成的被动阶段和主动阶段，个体对象、谓词对象和普遍性对象的不同构成方式，但这种区分只是相对的，这几个阶段中的构成方式是交

---

① ［德］胡塞尔：《经验与判断》，邓晓芒、张廷国译，三联出版社1999年版，第397页。
② 同上书，第398页。

织在一起的。后面的构成阶段中形成的经验，总是已经在先前的构成阶段中具有某种对应性的经验因素；而主动构成的经验总是在被动构成中具有其对应的基础构成经验；而在意向构成的生产性的自发构成中，被动构成的方式，如相同或相似的经验内容的被动的联想性综合、生产性的贯通和交叠的吻合等，始终贯穿着意向构成的所有阶段。而一切意向对象的构成，在初始的内在视域中的整体性把握中，已经预先规定了意向对象的类型，而意向构成的主动性构成阶段，则是在内在视域中经验因素间的相似性和相同性的引导下，通过联想性综合和交叠的吻合中，不断地把被动构成阶段的"隐德来希"实现出来。

我们知道，意向对象世界具有内在的统一性，不会因为主观的意向行为的自由特性而导致世界或知识的自相矛盾和冲突。这种世界和知识的内在统一性首先不是形式逻辑的规定的结果，而是来源于意向构成过程的统一性，最终来源于意向综合行为本身的机制和方式的统一性。

意向综合之所以具有内在的统一性，是由意向构成行为的目的论本性决定的。认识是一种以知识为目的的理论性实践，自由的意志总是以追求完善的、普遍的和必然的知识为其最终目的。而这种实践活动作为一种自由的意志的目的论活动，其认识目的的唯一性决定了认识行为本身的统一性。意向综合中，后一阶段的意向构成总是奠基于前一阶段的意向构成，而认识总是有从前一阶段向后一阶段发展的趋势，或者说前一阶段构成后一阶段发展的手段和工具，而后一阶段总是作为前一阶段发展的目的。因此，意向构成的不同阶段组成了通向关于对象领域的完整的普遍必然的知识这个最终目的的链条。

科学理论是一种特殊形态的知识：（1）它的概念都是抽象的理念；（2）科学理论往往用数学语言表述参数之间的抽象关系；（3）科学理论并不以基本概念或判断为基本单位，而是由很多基本的概念和定律组成的完备的理论的体系；（4）它具有一种内在的封闭性，才可以对对应的现象领域做出系统的说明。

因此，相比一般的经验和认识，科学理论的构成具有一种高度的整体性、理论的系统性和抽象性。我们认为，科学理论的构成是比普通的普遍性概念和判断的构成更为高级的意向构成形式，它充分体现了意向构成的先天的统一性和意向性认识规律的普遍必然性。由于先验自我意识的自我同一性，其意向构成行为也具有先天的内在统一性。因此，科学理念体系的意向综合，也遵循现象学所揭示的发生构成的机制和方式。在阐明意向综合的普遍机制和方式之后，我们下面将具体讨论科学理念体系的意向构成的机制和方式。

第四节　对科学理论的抽象理念的发生构成①

由前面第一节、第二节关于科学理论的历史性的发生构成的阐述可知，科学理论的构成是以一种特殊的、理念化的理成框架的形式对自然的整体性的把握方式。这种意向构成与直观经验的构成具有明显的区别与巨大的差异，这是奠基于直观经验的一种高度积极性的意向构成的形式，其构成的对象不是关于自然对象的一般性经验，而是抽象的、由数学表达式所刻画的关于自然的理论。

这种构成基于对科学对象领域的整体把握，具体说是基于新的观察实验所显现的关于自然的经验、以往的背景知识和科学理论，但这种构成却并不是对这些经验和信息的判断的简单归纳和总结，而是基于对自然对象领域的属性的关系的整体把握而进行的自由想象的构成。在这种构成中，科学以一种理论的意向性指向自然对象，相应的自然视域是一种综合性的经验视域，包括直观经验视域、科学的观察实验所开显的自然现象视域以及沉积于生活世界之中的以往的背景知识和科学理论的科学经验的视域。科学理论的构成也不是科学家空洞的意向性的思辨构成，因为以上的综合性的视域结构中这些关于自然的直观的经验和理论性的洞察都是作为对科学的理论意向性的构成的一种直观的充实。总体上而言，科学是基于生活世界以及科学的观察实验基础上的对自然的理论性的、普遍性的认知方式。

由以上对意向构成的机制和方式的研究可知，认识从低级阶段向高级阶段的发展，其意向综合方式也不断地发展，越是后来的认识阶段，其意向构成的方式越具有自发性的主动性，越来越体现出意向构成的普遍性和

---

① 抽象的意向构成是对抽象的理念框架的构成，这些科学理念对象远离直观领域，只是通过种种辅助性的理论中介和观察经验相关联，皮亚杰对这种抽象构成的诸阶段进行了创造性的研究，具体参见 ［瑞士］J. 皮亚杰《态射与范畴——比较与转换》，刘明波等译，华东师大出版社2005 年版，［瑞士］J. 皮亚杰、R. 加西亚《心理发生和科学史》，姜志辉译，华东师大出版社2005 年版。

整体性。在整个认识进程中，把握整个对象区域的基本范畴及建立于其上的本质规律是认识的最终目的。而这种对基本范畴和本质规律的认识，是基于对整个对象区域的整体性的意向综合之上的。由此可见，随着认识从低级到高级的发展，意向构成越来越具有系统性和整体性把握的特征。

一　对对象区域的整体把握

我们前面已经论述过，对象化的意向行为总是指向意向对象，而世界则是客观化的意向行为的视域。虽然世界视域总是客观化意向行为的非课题的背景，但意向对象的构成总已经是以世界视域的存在为前提了——对象总是世界中的对象，世界也是意向行为的总体相关项。在对任何对象的认识的起始处，认识虽然未获得关于对象的具体规定性，但已经对对象有一种整体把握。这种总体的把握表现为认识已经具有一个关于对象的内在视域和外部视域，其中内部视域是对对象的一种无特殊兴趣的整体性把握，而外在视域则使对象和周围的世界相关联。也就是说，在认识的一开始，意识不仅已经对认识对象有一个整体的直接的把握，而且已经是在世界视域中去把握这个对象，把它把握为世界中的对象。

这种先于任何认识的兴趣和注意力的对对象和周围背景的整体把握是一种整体性的直观，这种直观先于任何感性的直观和本质直观，是一种对对象的最原初的认识，类似于海德格尔所说的先领会、先把握。这种对对象的原初的整体直观是摆明性的观察，为此判断和本质直观的基础。因为，在这种直观性把握中，我们已经获得了对对象的潜在的认识，已经预先规定了对象的类型，已经把对象把握为世界中的对象，而后面的意向构成则是要把在这整体的把握中的潜在的认识实现出来，完成为真正的认识。正是因为在意向综合的起点，意向对象已经具有类型上的预先规定性，意向对象的构成才有自我的本质同一性，才能在成功的构成中趋向全面的认识这个认识实践的最终目的；正是因为先验自我意识把对象把握为世界中的对象，才使得该对象的构成和周围对象的构成处于内在的关联中，并且使世界中的对象和事态协调一致，不至于内在地冲突和矛盾。

现象学区分了直观的现象世界和数学—物理世界。前者是可以直观把握的对象世界，胡塞尔称之为生活世界；而后者则是通过理念化的构成而形成的抽象理念世界。在胡塞尔看来，数学—物理的理念世界是披在直观的生活世界之上的理念外衣，从而使我们的文化世界抽象化和逐渐丧失了原初的意义。虽然数学—物理世界是对生活世界的一种遮蔽，但它的构成还是建立在生活世界之上的。首先，数学—物理世界的抽象构成，是比直观的现象世界更为高级的意向构成阶段，具有更大的自主性和自由度。但科学世界的构成并不是离开直观世界经验的凭空构成，总是以对原初的生活世界的和我们历史文化世界的认识经验沉积的整体把握为前提的，没有作为奠基者的原始生活世界，没有历史文化世界中的认识经验的沉积为背景，科学的理论认识和数学—物理世界的构成是不可能的。数学—物理学世界相对于直观经验世界而言，是抽象的，超越时间的、非历史的，是纯粹的理念的世界，具有超越性和独立性。科学世界也并不是现实世界的反映或者归纳，而是一种理想的可能世界。之所以说是可能世界，是因为它不是现实世界的对应物，而是一种抽象的理念体系，它把世界由现实世界拓展到可能和必然的世界。即便如此，科学理论是可以用来解释和预测现实世界，现实世界是这种理想世界的一种具体化和现实化；现实世界在某种程度上，某一范围内分有这一理想世界。所以，科学世界的构成是奠基于原始生活世界和历史文化世界的经验沉积之上的，而又反过来以间接的方式相关于它们。

其次，正是因为有了交互主体间的原初的生活世界，人类才能够拥有统一的直观的世界经验，才能够顺利地进行交流；虽然数学—物理世界总是随着科学实践的发展而不断地变换，但直观世界却是相对稳定和不变的、交互主体性的，是人类的一切实践活动的基础，也是科学实践的基础。以此为基础，并且通过科学共同体的交互主体间的协同工作①，人类才能获得关于世界的客观的认识，科学共同体才可以通过统一的科学实践

---

① 在科学认识实践中，科学共同体和不同的共同体间的主体间性如何形成？这在科学实践中并不成为问题，而且还是一个基本的前提和事实；但从哲学上讲，它却是科学哲学的一个重要问题；科学家如何对科学实验结果达成一致，如何从有限的观察实验得出普遍性的理论？这在波普尔等人看来，是科学共同体的约定，在维特根斯坦看来是科学的语言游戏的规则决定的；但当我们抛出康德式的问句"科学共同体的主体间性如何可能"，这个问题却不是一下子能澄清的。胡塞尔对交互主体间性问题做出了有益的探讨，但这种研究仍然面临很多难题，哈贝马斯的交往行为理论从语用学的角度来探讨问题，但这个问题还没有走进主流的科学哲学家们的视野。相关论述可参见［英］波普尔《猜想与反驳》，沈恩明缩编，浙江人民出版社1989年版；［德］胡塞尔《生活世界现象学》，倪梁康、张廷国译，上海译文出版社2002年版，［德］胡塞尔《笛卡尔式的沉思》，张廷国译，中国城市出版社2002年版。

共同推进科学实践的进步。

因此，原初生活世界和科学文化的历史沉积的经验是科学理论构成的基本外部视域，只有以对它们的整体把握为前提，科学理论的构成才能够进行。这里面尤其需要强调的是，由于科学自身的发展构成了一个统一而连续的理念世界，所以即使新的理论构成是对旧的科学理论和经验的批判和超越，这些理论都仍然是新的科学理论构成的背景视域，科学理论的构成必须以种种方式借助于它们，并且以新的理论形态延续科学的经验和传统。因此，以往的科学经验沉积是科学理论构成的背景视域的重要组成部分。

除了原始生活世界和以往科学经验积淀组成的科学认识的外部视域之外，科学需要在认识的一开始，就对认识对象有整体的把握。由于科学理论并不是获得关于某一个对象或者事态的特殊的知识，而是要获得关于某一对象领域或者某一类对象的普遍的本质性认识，因此这种先于任何具体认识活动的预先的整体性直观，对于科学理论的构成来说尤其具有重要性。因为科学理论并不是单一的概念或判断，而是一种理念对象体系，用卡尔那普的术语来说，是语言框架——必须以一种对对象区域的整体的把握的引导作用，后面的系统的构成才能得以顺利进行。

这种整体把握并不是获得关于对象领域的知识，而是获得关于对象的整体视域。尽管这种整体的直观往往是空洞的，并没有投向对象的任何部分以特殊的兴趣和注意力，但把握住了对象的预先的类型上的确定性。这种类型上的预先确定性上具有世界的本质框架加之于对象的烙印，并且具有本质的同一性。

科学的抽象综合构成相比于直观对象的构成来说，在很大程度上是脱离现实性的世界的束缚，而具有完全自由构成的特点。这种自由的构成如何才能够顺利地导向获得关于对象领域的规律性的认识，而不因为构成的任意性而产生谬误？科学的整体性内在视域的自我同一性引导着科学理论的构成，使其能够顺利趋向获得关于对象的全体知识这个最终认识目的，使这个整体性内在视域获得完全的充实。

同时，认识的内在视域的存在，使得科学理论的构成避免了自相冲突和谬误对认识进程的阻断，从而使科学理论的构成始终具有自我同一性。这种理论构成的自我同一性恰恰是作为意向相关项的科学理论自身的统一性的前提。

从现象学的角度来看，无论是认识世界中的哪种现象，无论是可直观的宏观现象，还是不可直观的微观或宇观现象，都是以对世界视域的把握和对对象区域的整体把握为基础的，只有如此，对宏观现象的观察分析和归纳抽象才能切中现象的客观规定，而对微观和宇观现象的间接研究，则也借助于对整个世界的这种普遍的规定性的整体把握，才能以类比、外推和对称性等方法借助于观察实验把研究领域拓展到微观和宇观领域。就某种具体类型的现象来说，对该对象领域的这种整体的把握会更为直观一些并且更容易获得质料性的内容的充实。而对于较为广泛的领域内的普遍性规律的掌握来说，整体的把握是比较空洞的，只有那些最为基本的范畴和规律才能较先得到把握。但对象领域的本质规定性总是已经在整体视域中作为潜在的对象，是"隐德来希"，而后来的所有可能的理论构成则是以某种可能方式把认识实现出来。

二   自由想象的理想化构成

在获得对对象区域的整体直观的把握之后，通过联想性的综合，对象的内在视域获得某种程度的质料性的充实。但这种内在视域的质料充实在具体的历史性的视域中是很有限的，科学的普遍性理论也无法通过对少数现象的经验归纳而得到。因此，必须通过一种自由的想象，使认识对象摆脱现实性的束缚，而通过想象把对象拓展到所有种种可能的样式。通过不断地改变想象的对象的具体内容，我们可以在想象中获得现实性对象的各种不同的变体；通过这种自由变更，我们可以获得不同的可能的对象世界模型。这种经验性的对象构成可以逐步地进行，从而获得越来越纯粹和普遍的概念对象。[①]

这种经验性的普遍概念的获得是通过对相同的和相似的对象的联想性综合而获得的。这种普遍性对象超越了现实的对象性，通过对对象和对象间关系的综合构成而形成了一种可能世界。但无论怎么提升，这种概念总

---

①   关于科学理念的现象学分析，参见方向红《Idee 的现象学分层》，载于《南京大学学报》，2004 年第五期；还可参考《经验与判断》附录 A（［德］胡塞尔《经验与判断》，邓晓芒、张廷国译，三联书店 1999 年版），及《德里达在胡塞尔〈几何学的起源〉引论》中的相关论述（［法］Y. 德里达《胡塞尔〈几何学的起源〉引论》，方向红译，南京大学出版社 2004 年版）。

会带有经验性的偶然性，总是相关于这个具体的现实对象，没有上升到纯粹普遍性对象。而纯粹的概念的获得，需要本质的直观来获得。这种本质直观的方式在前面我们已经做过讨论，它是一种自发性的生产性的意向综合的产物。只是，在这个阶段，通过本质还原获得的是基本的纯粹概念和它们关联成的整体对象世界。这对于科学理论的意向构成来说，仍然是初步的，准备性的阶段。

　　以对对象领域的基本概念的本质直观为基础，通过抽象化而使概念理念化①，以获得的纯粹的理念来构成一种理想的世界。通过这种理想化进一步排除了概念中的经验性因素，剩余的则是纯粹的理想化的世界。例如，伽利略的惯性系统、牛顿的机械世界、道尔顿的原子世界、爱因斯坦的相对论世界、海森堡的量子世界等，都是理念化的意向构成物。这些理念世界的意向构成是在对对象领域的整体性把握和联想性综合的基础上构成的，但对于科学理论这个意向构成的目的来说，这种理念世界的构成仍然是认识的初级阶段。这种理念化的系统或者世界虽然超越了现实性，而拓展到可能性和必然性的领域，但它却以一种更为精确的方式重新把握了"对象领域"。

　　经验论者通常认为，这种理想系统或理想世界的构成是通过对对象的简单的抽象分析而形成的。但他们并不明白在整个认识过程中，意向综合是分析的前提，因而他们并不明白自己所称的抽象分析所代表的意向构成的真实含义。首先，我们上面已经论证了，抽象理念的产生是以本质性概念为前提的，而本质性概念则是通过本质直观的意向综合而构成。因此，所谓的分析抽象实际上是本质直观和理想化抽象这两种意向综合阶段的综合，并不只是对经验概念或感觉印象的抽象化。更重要的是，这种产生理念世界的抽象化的综合并不是对不同理念的主观的堆砌物。因为如果是那样的话，意向构成就偏离了认识本身的正确的路径而产生谬误构成，这样的构成物对获得关于世界的本质性认识是毫无帮助的，而科学理论的意向构成却必须建立在对这种抽象化的理念世界的整

---

　　①　这种理念化是科学特殊的意向构成方式，它排除了很多经验性的内容，但仍然不是纯粹的先天概念，而是经验性的；现象学的所有综合都是对不同对象或因素的相同性或相似性的部分的贯通和综合，对它的所谓抽象分析，都是以对相同和相似的概念的整体性把握之上，意向综合是它的前提。

体把握之上。

在我们看来，这种理想世界的构成是一种高级的意向综合形式。虽然这种构成抽掉了很多的经验性要素，并且构成了纯粹非现实性的抽象理念，但并没有排除前面的认识阶段所获得的对对象领域的整体把握和本质性认识，而是在通过自由想象的变更构成抽象理念世界时，仍然保持着从认识的开端以来对它们的整体的把握和先前阶段的认识成果。因此，这种构成理想世界的意向活动是一种对对象领域的整体把握、并且进行抽象化构成的一种综合性的意向构成，可以说它综合了我们前面论述过的整体把握和理念化了的本质直观这两种意向综合形式。可以说这是理念化的本质直观的高级形式。

与单纯的对某一对象概念的本质直观不同，这里的直观始终是对已经处在整体视域中的相互关联着的对象的整体的直观。因此，这里的联想性综合不仅是通过交叠的吻合使相同和相似的因素贯通，并且也是依据生产性的联想，把不同的因素和对象依据其在视域中的类型上预先的本质规定而关联起来。不同的因素和对象的关联之所以可能，是因为每一对象在一开始就有类型上的确定性，并且对象区域的本质性框架规定了所有可能的对象之间的所有可能的关联。这里的被动或主动的联想性综合是以某种具体化的方式实现了对象世界的整体性关联。在联想性综合的基础上，我们逐步获得了关于对象的本质性的规定性。这种整体性的本质规定性就是由多种因素和对象及事态构成的抽象理念世界。

但同时，对于科学理论构成的进一步的意向综合来说，这里的综合仍然只是对对象领域的一种直观的整体把握，只是这种把握不是感性直观，而是一种本质性的直观把握，具有理想性和纯粹性。由于这种整体性直观是在前面的意向综合的基础上进行的，因此它具有一种基本的整体规定，是一种"具体的"世界，可以对之进行本质直观或"精神的看"。这种世界之于本质直观，类似于感性直观的世界之于感性直观。一切科学理念体系的构成，都是建立在对这种理想世界的直观把握之上的。

三　对理想世界的自由想象的变更

上述抽象理念世界的构成是认识对对象领域的纯粹的整体把握，但这种把握是初步的，并没有获得对对象领域的基本范畴和本质规律的认识。

因此，对于科学理论构成来说，这种认识对象仍然是"具体现实性的"对象领域。为了获得关于对象领域的普遍性的认识，需要对这种理想世界通过自由想象的变更做进一步还原。在前面阶段的本质直观中，自由想象的变更的对象或者是个体对象、基本概念、单个的判断，或者是对理想世界中的对象的联合体的变更。而在这一阶段的构成中，自由变更的是理想世界整体。我们通过自由想象的变更而不断地使理想世界不断地由一种形态过渡为另外一种形态，同时伴随着对每一个对象或对象因素进行反复的自由想象中的变化，从而发现有些项的变化是可能的，而有些项的变化是受到限制的，为理想世界的整体规定所不允许的。通过这种方式，我们确定了每一种理想世界的变样中的变项和不变项。理想世界在想象中的不断的自由变更过程中，不同的理想世界变样的过渡是连续的，具有内在的同一性。通过生产性的想象力的作用，这多个理想世界变样之间便获得某种贯通。进而，通过联想性综合，各个理想世界变样中的相同的或相似的东西便产生了交叠的吻合。通过这种吻合，各个理想世界的统一性连接便建立了起来。随着每一种理想世界中的要素的统一性和理想世界之间的同一性的交替的建构，在意向综合的最后阶段，作为所有变换中的不变项的艾多斯的世界便呈现给我们，由我们的主动的直观把握为本质性对象。

这种本质直观到的理想世界并不是认识的终点，因为这里的世界的规定仍然是具有空洞性的，并不像现实的直观世界那样具有真正的明见性充实。但因为在先前的意向综合过程中已经对这种理想世界具有完整的整体把握，但这种整体把握所获得经验因素并没有完全形成真正的知识——它们只是潜在的、尚待实现出来的认识的因素。而更为具体的、更具明见性的理想世界，需要我们进一步的意向综合的实践才能实现出来。

这里直观到的直观是静态的，而我们为了更进一步认识它，需要使其动态地演化起来。我们可以想象某种物理现象，例如某种对象的运动、物体间的相互作用等，在确定的预设的和特定的约束条件下的发生，会导致这个理想世界或其区域会发生什么相关联的现象或会导致什么连续的结果。在科学家那里，这种通过想象而在抽象世界中进行的现象演化，被称为理想实验。① 这种自由想象的演化展示了对象在设定条件下的演化方式和趋向，它是在想象中对理想世界的充实。这种自由想象的世界演化可以不断地由一种方式向另外一种方式过渡，变化出理想世界演化的各种不同的模态。类似于前面阶段的意向综合，通过对理想世界演化的条件和方式的不断地变换，生产性的想象力便逐渐贯通了这些理想世界的不同模态；借助于各种模态之间的相似性和相同性的交叠的吻合，从而使作为同一之物的理想世界逐步实现出来。这里的理想世界应该是具体的充实了的世界，具有内在的丰富的规定性。

但这种彻底的自由变更只是理想状况。实际的操作中，往往受各种质料性因素缺乏的限制，这里被掌握的理想世界总是带有空泛性，难以完全地充实。

在这里，现象的演化部分地借助于我们已有的关于世界的或这个物区域的明见性的整体经验，而更多的程度上依赖于对这个对象区域，尤其是理想世界的整体把握。由于对这些背景经验的综合性把握，从而使得这种想象中的现象的演化仿佛具有自在性，一旦开启之后，往往会自发性地演化，其趋向和结果并不依赖于我们的主观的猜测或先见，而具有某种不依赖于人的主观意志的客观性。这种自发的演化之所以可能，除了理想实验的自觉的预设和约束条件的限定之外，对对象领域的整体性把握在引导着这种实验的自发的演化。它使得现象在某种具体情境下，必然会"这样地"发生，而不会"那样地"发生，对象领域的整体规定性限定了理想世界中的现象发生的内在规律性。

虽然偏见和信念往往会干扰这种理想世界中现象的具体演化，而导致谬误和错觉的产生，但这并不必然是理想性演化所必然会导致的，而是因为在这种演化实验的过程中，操作者违背了现象学的直观原则，没有悬置那些独断的预设和先见，而不自觉地把它们悄悄地引入意向构成的演化中的结果。只有以纯粹的现象学的无前提、无预设的态度去自由想象地构成，本质性的现象才能被直观到。在对理想世界进行变更之时，我们往往

---

① 在科学理论的构成中，科学家们首先构成抽象对象系统，这种系统可以是简单的物质系统，比如说伽利略的小球和斜板组成的简单系统，也可以是某种宇观的世界，或微观对象系统等，它们是抽象构成物，可称之为理念世界，所有的科学的运思都是关于某个理想世界的运思，理想实验则是其中最典型的一种类型。

会加入某些预设的前提，而这些前提并不一定是完全明见性的。在这里，我们并没有独断地设定这些前提，并把它们作为现实性的认识，而是悬置了它们的现实性特征，作为自由想象的变更中的一种理想世界的变体的条件，作为自由变更的工具。它们具有一种"如果……，那么……"的结构，是理想世界的变更中的一种想象中的条件随着自由变更不断由一种变体转化为另外一种变体，这些前提预设随之发生变化。

四 科学理念体系的自由构成

在进行如上的科学理念体系的变更时，我们已经把握到了作为的同一体的理想世界中，对象的某些本质性的因素之间具有的某种内在的规律性的关联，以及对象的演化具有的某种规律性。但由于质料性充实的不足，自由变更总是不完全充分的，我们不可能在某些有限的自由变更中便能准确全面地认识对象领域的本质性的规定。

在科学研究的整体视域中，通过科学实验，研究对象领域新的直观现象直接地或者间接地显现出来，这是对象领域的一种新的充实。这种充实必然要导致研究者对所构成的理想世界及其变更的调整和改进。还有一个方面是，随着相关的领域内的科学认识的进展，科学的整体背景视域会得到明见性的充实，因此，后面的理想世界的构成和变更也许都要参照背景的相关变化而进行调整充实，改进理想世界的构成。还有一种情形是，科学家们用理论构成的成果去预测现象，通过预测和实验之间的相符与否，重新调整理论的构成。

因此，科学理论的抽象综合并不是一个单一的过程，而是要在观察实验和理论构成之间，在科学研究的内在视域和外部视域之间，反复地进行种种协调。理论的构成往往无法在一个单一的构成行为中得以完成。

对于科学理论的构成来说，我们不能停留在前面的理论构成中所获得的理想世界的种种具有一定规律性、但却并不具有系统性和完备性的认识之上，我们的任务是以简洁的表述来获得关于对象领域的必然的理论体系，对对象领域的所有可能的现象的本质性规定作出刻画和描述。

科学理念对象总是被表述为若干相互关联着的要素组成的整体结构，而这些要素则是表征这个对象的性质的参数。科学理论的构成，首先需要把握这些对象要素之间的必然性关系，并对之进行精确的描述；接着，需要在此基础上把握理想世界的动态演化中事态的本质性规定，以及事态与事态之间的内在关系。总之，科学理论必须建立一个封闭的理想的世界模型，在满足这个理论的前提条件的情况下，这个世界完全是一个封闭的完备的世界，那些分享这个理想世界的所有可能的世界的现实化的形态都可以从这种理论中演绎出来。

科学理论的抽象构成仍然在认识对象的内在视域中进行，并且处于外在的世界视域的总体背景中，受内外视域的基本规定和经验沉积的约束。但相对于前面的理论构成过程来说，这一阶段的理论构成具有真正的自由性。

首先，这里的理论构成要彻底悬置先前认识经验的现实性和存在设定，而是把它们看作可能的经验的一种形态。也就是说，前面的意向综合的成果相对于科学理论的构成来说，仍然具有空洞性，经验对理论构成的约束减弱到最低程度，从而导致这里的意向综合中，被动综合的成分很少，主要是一种自发的生产性的自由构成。这里的悬置并不完全排斥任何科学经验，而是排除了对任何理论的特殊兴趣或信念，把它们作为理论构成的质料或参照系。通过这种悬置，理论的构成就能把自己从以往的科学认识和独断的预设中脱离出来，从而使理论构成不受任何先入之见的影响。只有摆脱了任何独断信念的束缚，理论的构成才能是自由的创造性的活动。

其次，要对理论构成本身进行悬置，赋予意向综合一种纯粹的虚拟的模态。在这种自由构成中，意向综合不再是知觉，也不是被动综合，而是在自由想象中的完全主动的构成。科学家们在进行构成实践的时候，不会赋予这种构成以实在性的品格，而是一开始就认为是在从事自由的创造或者一种大胆猜测的活动。[①] 正是因为这种自由想象的构成，才能使意向构成彻底地超越了意向经验的现实性，以一种纯粹构成性的概念和关系来描

---

① 以往的科学家和科学哲学并不重视科学理论的具体构成中的基本机制，而简单地以直觉、自由意志的创造，或约定，或猜想来描述它，虽然这些描述都突出了科学理论构成具有自由性，既不是简单的经验归纳，也不是演绎推理，而是具有直觉性和创造性；依据现象学理论，哲学家们可以期望对这里的普遍原理做出深入的探索。相关论述参见 ［美］E. 爱因斯坦《爱因斯坦文集》第三卷，许良英等编译，商务印书馆 1979 年版；［法］昂利·彭加勒《科学与假设》，李醒民译，辽宁教育出版社 2001 年版。

述理想世界的本质规律。

再次，科学理论的真正构成需要奠基于前面的认识经验。在前面，我们通过一系列的意向综合，已经获得关于对象领域的丰富的经验，并且通过现象学的悬置而使它们成为纯粹的自由想象的经验性材料。在这种自由想象的视域中，自由的创造性综合才得以可能。科学理论的抽象综合是一种超越于先前经验的创造性综合，它需要在一种统一性的创造性综合中能动地统摄先前这些经验。

最后，便是科学理论的自由构成。这种自由构成的综合要统摄前面的意向综合的成果，但并不停留在前面这些经验的层次上，它是一种创造性的超越。通过这种超越，它把先前的认识经验都整合到一种新的语言框架的有机整体中。当然，在这种新的语言框架中，原来的经验并不保持它们的原形，而是在某种程度上能在这种语言框架中找到对应的因素。这是因为，在新的语言框架中，先前的经验并不保持为它们的质料性材料的形态，而是通过生产性的联想综合的贯通，它们不再保留自己为自己，而是为新的理论框架的产生而发生变更。

而新的语言框架的产生，并不能完全归结为被动综合的产物，而纯粹是一种被动综合之上的创造性产物。因为这种语言框架是全新的意义整体，并不能归结于先前的任何经验，虽然这些经验为理论的构成奠定了基础。但是，反过来，这种理论构成的创造性是在对象的内在视域中，在内外视域的关联整体中，在世界视域中进行的，受着这些视域的引导，并不是凭空的虚构。

由于这种意向构成是一种自由构成，所以它的形式并不是唯一的，可以有多种相似的或者表面上看起来截然不同的构成方式。表面上看起来这些构成方式具有任意性，但它们的构成一直受着对象视域的整体把握的制约，具有类型上的预先的确定性。并且，理论的构成总是已经在世界之中进行，因此受到世界视域的整体的本质结构的限制，充满着世界的整体规定性的烙印。

第五节　结　论

由本章的研究可知，科学理论的抽象构成方式必须以对世界视域的整体把握为前提，世界视域，尤其是科学的世界视域的经验沉积是科学构成的基础，科学的构成不是凭空的，而是以对这些背景的经验的整体把握为前提的；而科学理论的构成则必须以对对象领域的经验性材料的把握为基础，在科学背景视域中构成一个抽象的理念世界；这种理念性的世界是科学理论构成所要把握，并且进行自由想象的变更的对象，通过反复的变更这个世界中的对象属性和关系，使得这个理想世界获得想象的直观充实；通过对这种自由的想象中对世界的变更，获得了对这个理念世界的本质规定的基本的把握；最后通过一种借助于形式工具对这个理想世界的把握，便获得了作为抽象的理论框架的科学理论。而这种理论构成的特殊的方式，决定了作为其意向相关项的科学理论框架的基本性质。

第六章 科学理论的本体论问题

　　根据现象学，科学理论和其他认识一样，都是意向构成行为的相关项。而科学理论和普通的认识不一样，它是主体性的抽象理念化的自由构造的产物。它的概念对象和理论规律在现实世界中并没有直接的直观对应物，也不能通过对具体对象的本质直观和现象学分析而获得。作为一种在自由想象的变更中纯粹想象构成的对象，它具有一种纯粹的"构造"的特征。虽然这种构成过程始终是以对对象领域的整体把握为前提，在内部视域的引导下进行的，并且不断地通过和周围背景视域的交互作用而不断地充实和纠正错误构成，但科学理念对象仍然是抽象的对象，无法直接地直观充实，因而始终具有空洞性。

　　科学理论还有一个特点是它是一个相关于某一自然领域的知识的理念整体，任何理论对象和关系的调整，总会涉及这种理论整体结构的变化；具体的理论对象并不具有独立于理论整体的意义，它们总是在整体中被规定或被定义。同一个科学理论体系，它的形式并不是唯一的，它可以采取多种形式来进行表述。对于这多种不同形式的理论，科学家们往往是以它们在推导结论方面是否等价而判断它们所具有的同一性。那么同一个理论的表述形式在本体论地位方面是否具有等同性？约定论和工具主义者往往认为它们是本体论上没有差别的。唯一区别就在于它们的实际功效和简单性等方面具有差别。但哲学家们对科学理论为什么会取得巨大的成功这个问题拒绝回答，或者认为没有必要回答，只需要把科学理论当作实用的工具就可以了。而科学实在论者认为，成熟的科学理论中的理论语词是有实在的指称对象的，科学理论具有真理性。他们的论据是成功的科学理论对在对现象世界的精确的说明和预测方面获得巨大成功，而其他的知识却并不能获得这样的成功。

如何理解科学理论对象的本质，这是哲学的重要问题，我们前面已经论证过，科学理论是科学理论的意向构成行为的意向相关物，只有以意向性理论分析去把握科学理论的问题和科学理论的意向构成过程之间的内在关联，才可能深入揭示科学理论的本体论问题。我们将以对经验论的科学理论观的批判性考察入手，以现象学基本理论，尤其是以意向构成理论为基础探讨科学理论的本体论问题。

第一节　经验论的解决方案

早期的逻辑经验主义认为科学理论是语形系统，并没有直观的或内涵意义。我们只是通过对应规则使它们与观察语句相关联。后来他们发现作为语形系统的理论语言并不能通过对应规则和观察语言一一对应，从而无法获得其经验意义。理论语言虽然是抽象的，但却是一种很丰富的语言，并无法归之于抽象的语形符号体系。经验科学的理论语言普遍地包含有属性、类、关系、函项表达式、命题等抽象的对象。

蒯因站在实用主义的立场上，企图把所有谓词、函项、数、关系等对象都归结为逻辑变项和偶序对，但这并不是完全成功的。[①] 最后，他把科学理论语言看作是一种神话。他认为，从本体论的角度看，科学理论语言并不比古希腊神话处于更为优越的地位；但他也同时承认，仅仅从实用的角度看，科学理论语言具有其优越之处。把科学理论仅仅看作神话，并不能揭示科学理论意义的真正来源和科学理论的本体论本质，甚至也不能解释科学理论的成功。可见，这种实用主义的工具主义理论观并不能阐释理论所面临的认识论问题，而是以一种简单的策略取消了对这个问题的讨论。

在实证主义原则遭到失败之后，为了解决理论对象的意义和本体论地

[①]　参见《语词与对象》第五章用一阶谓词逻辑对自然语言的规整化，及第七章关于本体论的判定的论述（［美］W. 蒯因：《语词与对象》，陈启伟等译，人民大学出版社 2005 年版）。应该说这种规整化方案是出于逻辑学家对形式化和简单化的偏好，而科学理论本身并没有这种需要，详细论述见范弗拉森和萨普等人的语义学理论观以及对形式化方法的反驳，可参考 ［德］R. 卡尔纳普等《科学哲学和科学方法论》，江天骥等译，华夏出版社 1990 年版，以及 ［美］B. C. 弗拉森《科学的形象》，郑祥福译，上海译文出版社 2002 年版。

位问题，卡尔纳普提出了科学理论的语言框架理论。卡尔纳普认为，对于以上提到的这些抽象对象，在科学的语境中要避免提到它们是完全不可能的。而对于经验论面临的这些困难，许多经验论者往往避而不谈，却对于讨论这些抽象对象的语义学表示反对，认为承认这些对象会陷入柏拉图主义。卡尔纳普认为，经验论者不需要接受柏拉图主义，却可以在经验论的范围内讨论这些对象。

卡尔纳普认为，我们在谈论抽象对象的问题时，首先必须区分关于对象的存在或实在性的两种完全不同的概念，即语言框架的内部问题和外部问题。首先，对于语言框架，卡尔纳普是这样认为，"如果有人愿意用他的语言谈到一种新的对象，他必须引入一个新的说话方式的系统，这些说话方式是受新的规则的支配的；我们将把这个步骤叫作给正被谈论的新对象构造一个语言框架"。也就是说，我们在使用某个语词时，总是已经预设了它所属的一整套语言框架，这种语言框架支配着它之内的这些对象的使用规则。我们引入一个新的语词，其实就是引入一种新的配套的语言框架。接着，卡尔纳普这样定义区分内部问题和外部问题："这个新种类的某些对象在［语言］框架内部的存在问题；我们称之为内部问题"；与此相区别，"关于这些对象的系统当作一个整体的存在或实在性问题，叫作外部问题"。①

卡尔纳普认为，"内部问题和它们的可能答案是借助于新的表示式来明确地表述的。答案可以或用纯逻辑的方法或经验的方法找到，随着这个框架是一个逻辑的还是事实的框架而定②。"可见，在语言框架内部，语言本身的结构或语义规则起着支配作用，语言对象的内部问题本身及其解答都受语言框架本身的性质所规定。

我们通常谈论对象时，其实我们往往是在语言框架之内进行，这样的问题有清晰的意义和明确的解决的规则和方式。卡尔纳普主张，我们必须意识到，我们总是站在某种语言框架之内谈论某种关于对象的意义及其实在性的问题。我们也需要通过语言分析明确我们谈论对象时所涉及的语言

---

① ［德］卡尔纳普：《经验论、语义学和本体论》，洪谦主编：《逻辑经验主义》，商务印书馆 1989 年版，第 83—84 页。

② 同上书，第 84 页。

框架，通过它的规则来澄清所谈论的问题。

对科学理论对象的本体论问题的错误解答往往是由于混淆了内部问题和外部问题。例如，在关于事物世界的语言框架中，实在论者和主观唯心论者往往混淆了内部问题和外部问题，不能正确地把理论对象的实在性看作是系统的元素的问题，而以为是科学理论的外部问题，因为问题的提法不对，因而无法解决。

既然语词的存在问题必须在语言框架内谈才有意义，那么我们在谈论语词的本体论地位时，必须确定我们谈论所处的语言框架。那么，语言框架整体的本体论问题，卡尔纳普认为这往往是不需要谈论的，因为语言框架的接受不是理论问题，而是关于语言框架的实际决定的问题，我们可以采用自幼习惯了的语言框架，也可以自由选择别的语言框架。"如果有决定接受事物语言，说他已经接受了事物世界，这是无可非议的。但不可以把这句话解释为好像表示他已经接受了关于事物世界的实在性的信念；并没有这样的信念或断言或假设因为这不是一个理论问题。接受事物世界的意思不过是接受一定的语言形式，换句话说，接受形成陈述的规则和检验、接受或不接受这些陈述的规则。"①

在卡尔纳普看来，语言框架的选择不具有认识论性质，但通常受理论本身的影响。语言作为认识的工具，"使用者语言所要达到的目的，例如传达事实知识的目的，将要决定哪些因素对于做出判断是有关的"。② 我们之所以接受某一语言框架，是因为它具有效力，而不是我们认为它具有实在的性质。可见，卡尔纳普强调语言框架选择的宽容原则，认为就语言框本身来说并没有认识论上的优劣，可以自由选择，只是对具体的科学理论来说，不同的语言框架才显示出实际功效上的差别。

那么，我们能不能站在语言框架之外而讲语言框架的实在性？或者说我们能否站在一个更为基本的语言框架的基础上来谈论某些不同的语言框架的实在性问题？按照卡尔纳普的语言框架理论，要对这些不同的语言框架做出比较或者评价，需要一个更为丰富的语言框架，以便它可以重新表

---

① ［德］卡尔纳普：《经验论、语义学和本体论》，洪谦主编：《逻辑经验主义》，商务印书馆 1989 年版，第 85 页。

② 同上。

述先前这些语言框架中的语词或规则，并且把这些规则可以被纳入这种更为高级的语言框架之中。但卡尔纳普并未讨论是否有这样一个更为丰富的统一的语言框架，以致可以把其他一些较为贫乏的语言框架纳入其中作为子系统。如果不存在，那么不同的语言框架之间的通约性就无法得到解决。如果存在这样的更为丰富和统一的语言框架，那么，如此类推，最终是否存在统一所有语言框架的普遍的唯一语言框架或者同构的语言框架？按照卡尔纳普的理论逻辑，这种可能是无法排除的。但卡尔纳普显然更有可能选择前一种可能。例如，关于用事物语言表述的陈述，卡尔纳普认为，"不能够用事物语言来表述，或者，看起来也不能用任何其他的理论语言来表述"。①

卡尔纳普的宽容原则允许抽象科学理论对象的使用，这要比蒯因所设想的把科学理论语言都还原为逻辑和少数的数学语言的主张要合理得多，有利于促进科学理论对象本体论问题的讨论。但卡尔纳普的内部问题和外部问题的区分还是有很多问题。他并不赞成对基本的语言框架整体进行讨论，认为那往往导致无意义的形而上学讨论。但事实上，哲学家们通常认为科学理论对象的本体论问题是认识论的核心问题之一，并不能纯粹当作方便实用的语言工具，更需要通过认识论揭示其本质。每一种语言框架的本体论地位，它们在认识论上的先天根据，同种类型或不同类型的语言框架之间的内在关系，这都是科学理论的本体论需要探讨的。

第二节　科学理论作为理念对象的框架

一　现象学的对象概念

在现象学中，对象这个概念具有很广泛的含义。广义地说，意向对象是和意向行为相对应的，也即对象就是意向行为的意向相关项。这样，所有的意向对象领域都是现象学所称的对象领域。从狭义上来说，只有获得直观的充实的对象才成为对象，而观念对象或意指对象则不是实在的对象。在现象学中，与意向行为的立义形式及意向对象是否得到意向充实相

---

① ［德］卡尔纳普：《经验论、语义学和本体论》，洪谦主编：《逻辑经验主义》，商务印书馆1989年版，第85页。

对应，而把意向对象分为直观对象和符号对象，直观对象又分为感知对象和想象对象。其中，感知对象往往带有存在设定，即我们总是认为它们是真真实实地存在着的，是当下现实的。而想象对象则既可以有存在设定，也可以不带有存在设定，前者如回忆中的对象，后者如纯粹自由想象中的对象。这两种类型的直观对象都是获得直观质料的充实，而符号对象则是纯粹抽象的意指对象，只具有观念对象的意义而并没有得到直观的充实。无论是直观对象，还是意指对象，都属于现象学所认为的对象的范围。所有对象，无论是直观的对象，还是意指的对象，无论是感知的对象，还是想象的对象，无论是感性直观的对象，还是理性直观的对象，都具有其合法性，都属于现象学的研究范围。①

再从纵向的角度看，在意向构成的不同阶段，不同的对象被以不同的方式构成和把握。在前谓词的意向构成中，通过无关注的整体性直观、摆明性观察和联想性综合等意向行为，个体对象性得以把握。在这一阶段，意向经验就是作为"这一个"的个体对象。这些对象虽然从广义上看，是一种被动接受的认识，但却不是真正的知识。

知性对象性是在谓词认识及其在谓词判断中的积淀里建立起来了一些新型的对象性，然后这些新型的对象性本身有能够得到把握并被当作主题："这就是那些逻辑的构成物，我们可以把它们称为起源于范畴、起源于陈述判断的范畴对象性，或者也可以（因为判断的确是一种知性作用）称为知性对象性。"② 这种对象性作为关于对象的认识的经验沉积的，具有非时间性，不是相关于个体对象，而是表述事态。知性对象性是真正的认识经验。

而到了普遍性经验阶段，意向构成的对象是普遍对象性和普遍判断。这里的普遍对象是观念对象，包括经验性的普遍性对象和纯粹的普遍性对象。逻辑、数学和纯粹的自然科学理论都是概念对象体系。

因此，在现象学看来，数学对象、逻辑对象及物理学对象虽然不像感知对象那样可以感性直观把握，但它们也是客观性对象；类似于感性直观对感性对象的把握，数学逻辑对象和物理学对象可以通过本质直观获得把

---

① 现象学的对象概念参见［德］胡塞尔《逻辑研究》II/1，倪梁康译，上海译文出版社1998年版，以及［德］胡塞尔《经验与判断》，邓晓芒、张廷国译，三联书店1999年版，倪梁康：《现象学及其效应》，三联书店1999年版等书中关于意向对象或意向经验的论述。

② ［德］胡塞尔：《经验与判断》，邓晓芒、张廷国译三联书店1999年版，第234页。

握；而且，一切观念对象都可以通过经验性的直观或本质直观来把握，不管是质料性的对象还是形式对象。

并且，现象学还从对象是形式对象还是质料性对象的角度，把本质科学区分为形式本体论和质料本体论（也称为区域本体论）。前者是关于逻辑、数学、形式语义学以及一切形式对象的本质科学的整体。胡塞尔认为，所有的形式科学都是内在统一的，并且可以归结为一门最高的普遍形式科学——流形论①，而这些具体的本质科学只是统一的流形学的本质规律的某种具体化的形式。质料本体论则要揭示一切质料性对象领域的基本范畴和本质规律，依据于这些对象领域的差别，可以有不同的基本范畴和规律的体系，因此也称为质料本体论。由于形式科学所揭示的是所有可能质料性对象领域所遵循的普遍性形式关系，因此它们能用于种种具体化的可能世界。因此，数学和其他形式性对象出现在自然科学理论中，成为构造物理学世界的工具是完全合理的，它们是形式化关系和规律在质料性科学中，如在自然科学中的具体化和现实化。我们在研究科学理论的本体论问题时，我们已经是以具有明见性的数学对象和关系的掌握为前提的。对于这些形式对象，我们并不需要以感性直观为它们的明见性标准，而是在本质直观中具有直接的明见性。

二　科学理念体系

正如我们前面所述，科学理论是抽象的理念体系。首先，科学理论对象是抽象的理念。如物理学中的质量、能量、场、时间、空间等概念，并不是直观对象，而是纯粹的自由构造的理念。虽然这里的时间、空间和我们直观世界的时间概念和空间概念在某些理论区域具有某种对应性，但并不仅仅是对直观的时空概念进行分析抽象的结果，而它本身就是抽象综合构造的产物。早先，人们并没有完全把物理学对象和直观世界中的事物区分开来，以为抽象的物理理论对象揭示的是直观世界事物的本质规定性。例如，认为欧几里得几何学所刻画的空间就是我们直观世界中的空间②，

①　参见［德］胡塞尔《逻辑研究》I，倪梁康译，上海译文出版社1994年版，第215—219页。

②　康德把欧几里得空间看作我们先天直观的空间形式，便是近代科学的这种空间观的典型表现。

认为牛顿力学所认为的时间空间就是现实世界的时空本性的真实反映。后来随着非欧几何的出现，人们认识到几何学空间未必是物理空间，而物理空间是科学家们抽象综合的产物，并不等同于直观世界的空间。像时间、物质、能量、因果性等一系列物理学的基本概念都是科学认识实践的自由构成物。

在这里，我们必须澄清的是，科学的自由意向构成活动具有主观性的一面，但这种自由构造并不是没有根据的随意虚构，而是始终在意向构成的内在视域和外在视域的整体背景中进行的，构成过程始终是受着整体视域的引导和总体性的规定。因此，科学的概念构造和抽象分析，总是以对对象领域的整体把握为前提的，因此，理论概念虽然带有主观性构造的特点，但却具有其内在的不依赖于构成行为的主观性的主体间性的客观性。

这种理念始终没有达到质料本体论所设想的物区域的基本范畴那样的纯粹性，而始终带有某种"现实性"的具体性；在具体的科学理论中，我们所把握的时空概念，始终是纯粹先天的时空概念的某种程度的具体化的结果。因此，科学的每一次重大发展中，对于这些基本的物理概念都要进行重新的综合，并且越到后来，综合所得概念会具有更大的普遍性和更高的纯粹性。这种综合过程中，并不是对某一个基本概念单独的综合，而是对整个认识经验的重新的综合，因此前后的对应性概念虽然会具有内在关联，但并不仅仅是概念外延的扩大，而是对以往经验的一种新的重新整合。

例如，像"力"这样近代力学的基本概念，纯粹是物理学家的构造物。这种构造首先体现了构造的自由性：它并不是直观世界中的任何对象，也没有对应的直观对象或事态。而在现代物理学中，则不再采用"力"的概念，而代之以"相互作用"这个更为基本的概念。"相互作用"和"力"具有不同的意义，在科学理论体系中的定义也不相同，但两者还是具有一种对应性——在新的理论体系中，"相互作用"则不仅表述了"力"概念所含有的物体间的相互作用，而且超越了概念"力"的抽象而狭隘的意义，可以更适合于用来刻画各种类型的对象的相互作用。在这里，我们通过对"力"和"相互作用"这一对概念的关系的分析，就会发现"力"是科学认识中对物体间的相互作用的比较初步的抽象综合的结果，它揭示了物理对象之间的某种动力学上的内在因果关联，但由于其构造过程中质料性经验充实的缺乏，带有高度的抽象性，只适用于刻画像牛顿机械世界这样的物理系统中的物理现象和相互作用之间的内在因果关联。而"相互作用"则是对物理对象之间的动力学关联的更为一般的表述，是科学理论的意向综合的更高阶段，它容纳了概念"力"的经验成就，但却是一种更为普遍和纯粹的理念。这种由"力"到"相互作用"的演变，并不是概念外延的单纯外推，而是一种新的更高层次的意向综合。

由上面论述可知，在科学的发展中，前后对应的概念具有某种内在的连续性，但并不具有完全相同的意义和定义，这是因为科学理论概念的意义和定义总是关联于它们属于的理论的整体结构，而不是独立性的概念。因此，前后概念之间的内在连续性体现了前后的科学理论之间的连续性。由前面的科学理论的意向构成的分析可知，科学理论的构造是一个整体性的过程，一切局部的内容构造都是在整体对象视域之中进行的，而对对象领域的整体把握则支配着理论构成的整个过程。因此，与此相应，作为意向构成行为的相关项的科学理论，是一个理念的框架体系，它是一种整体性的认识经验，因此它的任何概念或判断，都必须放在理论的整体框架中去理解。前后相继的理论整体的内在差异决定了前后理论中对应概念的内在差异；同时前后相继的理论的连续性和内在同一性始终支配着科学理论的发展，因此，前后的对应性概念具有种种内在的关联。

如我们上一章所论证，科学理论的构成具有这样的规律性：越是具有普遍性的理论，它的意向构成越体现出构造的内在各部分的协调的统一性和整体性，这是先验自我意识的自我协调统一的能力的体现，体现为世界的内在统一性、科学理论内部的自身统一性和科学理论间的协调统一性。因此，随着科学的发展，科学理论的构成越来越体现出整体性，而科学理论本身也越来越体现为对应于普遍性区域的理论整体框架。

科学理论是一种抽象的理念和关系构成的概念体系，是具有内在的统一性的整体性的语义结构。科学理论体系是一种"语言框架"，但这种语言框架并不是卡尔纳普所列举的纯粹的事物系统或数学系统等，而是由物理理念和数学结构内在结合而成的语义结构。它的形式往往是数学公式表示的抽象结构。但在这种语言框架中，数学符号表述的并不是数学对象，而是质料性领域的意义对象。或者说，在质料性科学领域，数学表达式不再只是一种形式结构，而是被赋予了语义内容，因此它们和原子、场、能量这些术语一样，都是用来表述物理世界的概念和规律的。[①] 而数学公式则是对科学理论的意义结构的反思性抽象时，表述这种抽象的理念化体系的语言工具。在语言框架中，用数学符号表示的表达式并不再是数学对象，也不是直观世界的物质对象，而是抽象的物理学对象，是抽象的纯粹理念。

　　成熟的科学理论往往可以通过形式化而形成公理化的抽象系统，使理论的表述形式高度严密而简洁。这种公理化的演绎系统类似于形式化演绎系统。借助于辅助条件和初始条件，我们可以从公理化的理论中必然地推出特定类型的全部的特殊的定律和可能的现象的事态，公理化的理论在这里获得一种类似于形式科学理论的演绎的功能。但正如形式理论系统一样，这种公理化的方式并不是我们获得理论认识时它们的原初形态，而是通过反思性的重构而使之系统化、形式化的。因此，科学理论可以因为实用和精密表述的原因而使之公理化，但并不能说公理化形式才是科学理论的规范形式。作为经验论者的科学哲学家范·弗拉森和萨普等人也都认为，科学理论本质上并不是公理化系统，而是一种语义结构模型，它对应着一系列的经验现象时态系统。因此，科学理论体系可以看作理念化的语言框架，而不必看成是公理化系统，那样反而遮蔽了它的语言框架本质。

　　科学理论的语言框架是一种符号表述的体系，但语言框架的本质是其语义结构，而不是物理符号本身。首先，我们前面已经区分过，现象学的对象可以区分为直观对象和符号对象，直观对象是得到直观的充实的，而符号对象则是空洞的意指意向。符号对象有直观的内容，但那是对物理符号的直观，而不是对物理符号表述的对象的直观。符号意识和直观意识的关系是，符号意识必须奠基于直观意识之上，所以语言框架必须奠基于直观的认识，或者说奠基于对应的意义对象的整体结构之上。科学理论框架是一种符号对象，表述它的物理符号对象和意指意义并没有必然的关联，而是任意约定的。我们总是通过物理符号而把握了表述的意义本身，因而

————————

　　① 这里的物理世界是科学理论构造的抽象世界，因此，这里的规律是这个理论世界的规律，不一定是直观充实的"现实世界"的规律。

能够把握语言框架的意义本身。因此，我们在谈论科学理论是一种语言框架或谈它的语义规则或语法时，并不是在谈论作为表述意义的载体的物理符号体系，而是在谈论一种意义结构，我们一旦掌握了这种意义体系之后，物理符号系统便不再引起我们的注意。这里的意义结构是指理念对象和关系组成的意义对象或观念对象的整体框架，它们是意指对象，是纯粹的意义，却是抽象的理念对象的体系。

这种抽象意向对象体系作为纯粹的理念的框架，构成了一个纯粹的理念世界，它可以具有无数种具体化充实的可能性，这些具体化的可能世界都分有这个理念世界。语言框架的基本概念和语义规则规定了这个世界的所有可能的具体形态。具体的科学理论所揭示的往往是这种理念世界的一种表述的形态，不同的形态中的基本概念和理论框架的形态具有差异，因此可以说同一个理论的具体形态具有多样性。但同一个理论的这些不同理论形态具有内在的同一性，它们作为普遍的理论或普遍的世界的特殊形态。这种多样性之后的同一性不变项，就是这个普遍的理论体系一般或普遍世界一般。但我们实际的科学实践中获得的，往往是理论的某种特殊形式，或者出于实用的方便，或者为了理论表述的简单。

第三节 科学理论的整体性

科学中，判断不同形式的理论是否同一，是通过论证它们是否可以等价地推出同样的定律和判断的集合而确定的。从不同的等价理论的形态来看，它们所涉及的理论概念和关系并不一定相同，因此理论的本体论似乎并不相同。科学理论的这种情形让科学实在论者很迷惑，成熟的科学理论的对象应该是具有实在性的，不同形式的理论具有不同的理论对象，可它们可以是等价的。或者他们可以寻找一种更为普遍的统一理论表述形式来代替这些同一理论的杂多形式，但不能指望这个更为普遍形式的理论的对象就是实在的。科学理论的工具论者干脆把科学理论看作说明现象的工具，认为同一理论具有不同的表述形式，不同的理论对象的事实恰好说明科学理论没有实在性，而只是实用的工具。但是这种解答同样地过于素朴简单。虽然同一种理论可以具有不同的形式，但它们的内在的同一性，或者说理论的变化形式之中的不变性又如何解释呢？它们的同一性的根源在哪里呢？

一　科学理论框架的整体性问题

从现象学的角度看，无论是不同理论形态的构成，还是这些形态之间的转换，同一性始终支配着整个过程，只有各种杂多的构造形式之间具有内在同一性，才能保证这些不同意向构成的相关者的同一性。正是这种杂多中的内在同一性①，才可能使不同的理论形态在其杂多的主观性样式中保持其客观有效性。

这种杂多的理论形态同时也体现为不同理论形态对应的理念世界的杂多性，而这些杂多的理想世界也具有内在的同一性，它们作为一个更为普遍的理念世界的特殊形态。在原则上，通过自由想象的变更，可以期望还原出这些杂多理论的本质结构，但这种极其空洞的理论本身就很难直观地理解，因此自由变更在实际上操作起来很困难。

在胡塞尔的区域本体论或质料本体论中，对象区域的本质规定性是通过这个对象的基本范畴和奠基于这些基本范畴之上的本质性规律来把握的。其中，这些范畴是对对象区域的整体性把握。例如，"物"这个范畴就是对物区域的整体把握。同时，我们必须承认，这种范畴对对象领域的整体把握往往是空洞的，并没有获得关于对象领域的所有本质特性的直观明见的完全把握。因为现象学的意向构成原理也早已指出，对对象领域的本质特性的完全把握是一个无限地逐渐趋近最终完全认识对象这个认识论目的的过程，不能在认识的中间过程中把握。因此，这些杂多的科学理论也并不是以对象领域的基本范畴和本质性规律来把握这些对象领域的，而是依赖于一种语言框架的整体性结构来达到对对象领域的一种抽象的整体把握。

因此，当我们谈到科学理论对对象领域的把握时，谈到科学理论具有

①　这类似于同一个形式系统可以采用不同的公理系统，但它们所具有的真语句却是一样的。胡塞尔认为所有的形式科学都属于同一种作为一般流形论，所有的治疗区域都遵循流形论的本质规律，对于同一个质料性区域，可以有多种的等价的形式系统使用，它们之间可以相互转化，因此，对于同一个科学理论，可以有杂多的理论表述形式，而这些形式之间却是可以相互转化的。

真理性时，并不是指科学理论中的对象指称对象领域的直观明见的对象，或科学理论判断描述客观世界的本质性规律，而是指科学理论的理念框架以某种整体性把握的方式获得了关于对象领域的真理性知识。也就是说科学理论的语言框架这种整体性把握对象领域的方式决定了我们讨论科学理论的本体论问题或真理性问题时，是以整个理论框架为对象谈论的。因为这种整体性把握是空洞的，没有充分地得到质料性内容充实和不具有彻底的直观明见性，因此科学理论的本体论问题不能离开语言框架整体而谈，或者说我们谈的是作为整体性对象的理论框架的本体论问题。因为理论构成是对对象领域的整体性把握，是一种自由的想象的构造，所以理论对对象领域的把握总是空洞的，理论对象的本体论地位并不是很明确的。我们不能预先地知道在理论框架这个意指对象或理念的整体框架中，哪些理论概念或判断是可以最终获得直观明见性，哪些对象最终并不能真正地获得直观的充实，而只是作为理论框架整体的非独立的部分而起作用。

既然理论的语言框架以某种间接的方式把握了对对象区域的整体性认识，那么在现象学看来，这种认识仍然是不完善的。"现象学必然不能只是限于用模糊的语言，限于用含混的普遍性论述，它要求通过系统的规定去深入到本质关联体的并且直到深入那些本质关联体中最终可以达到的特殊项的阐明、分析和描述；现象学要求彻底的工作。"① 因此，最终完善的认识一定是系统而完整的、具体而丰富的。但科学的认识总是面临着认识对象领域缺乏直观充实的情况，向最终的完善的认识的过程总是逐渐的逼近。

在科学理论的抽象世界中，理论表述了这个世界的基本范畴和本质性规律的整个系统，但在这里，对理论世界的把握不再是范畴以及奠基于它们之上的规律这样的模式，而是体现为一个语言框架整体。

对于这个抽象语言框架来说，它具有内在的丰富而严密的结构，其中的表达式是数学或非数学的语言表述。作为一种语言体系，它首先要遵循语言所在的语言系统的语法和语义规则。如果是数学的语言框架，则遵循数学的语义规则；如果是物理学的语言框架，则遵循物理学语言系统的语义规则。而对于数学物理学语言来说，它是一种综合性的语言系统，其中

---

① ［德］胡塞尔：《纯粹现象学通论》：纯粹现象和现象学哲学的观念（I），李幼蒸译，商务印书馆1996年版，第314页。

的语义规则，既有数学语义规则支配的地方，也有由理论的物理概念规定语义规则的方面。在这种理论中，语言系统的语法和语义规则规定了理论对象的性质和问题的表述形式，也指示了理论问题解决的可能的答案，这类似于卡尔纳普关于理论的语言框架理论。

尽管如此，理论所属的语言系统的语义规则对理论本身的问题来说只是规定性之一，仅凭理论所属的语言系统无法解决理论自身的问题，对理论做出具体规定的是科学理论本身特殊的语言框架本身。可以说，理论框架本身建立了一种特殊的语义结构，所有的基本概念和关系都处在理论所在的语义规则的整体规定之中，概念不能离开语言框架整体而得到界定。语言框架本质上来说是一种纯粹的意义结构，它的每一个概念、谓词和表达式的意义，是必须在语言框架的整体结构中去理解，因为科学理论的构成是一种统一性的理论构造，构造过程的整体统一性赋予了科学理论以内在的统一性。尽管我们并不一定能为这些数学公式中的每一个参数和结构都找到语义解释，但并不影响它通过整体结构而具有语义解释。在这种语言框架中，特殊的语义规则决定了语词的具体含义和用法，决定了理论问题的表述和可能的解决方式。因此，离开这个语言框架的整体而讨论理论中概念和关系项的本体论问题是毫无意义的。

从理论语言框架的整体性来理解，理论中的任何表达式必须放在理论框架整体中来理解，例如在牛顿力学中，"力"、"质量"、"时间"、"空间"、"因果性"等概念是为牛顿力学的整体体系所定义的，一切对它们的理解，离开了理论整体，则会发生偏离；而在爱因斯坦相对论中，"力"的概念被取消，而"质量"、"时间"、"空间"等概念与牛顿力学中的完全不是一种含义；量子力学中，"物质"、"时间"、"空间"、"因果性"等概念与牛顿力学和相对论中的又都不同。因此，即使像"物质"、"时间"、"空间"、"质量"和"因果性"等自然科学中基本的概念，在不同的理论框架中可以具有差异性很大，甚至完全不同的含义。由此可见一个成熟的科学理论是一个整体，其中的任何组成部分都依赖于理论框架整体，而理论整体也同时离不开这些基本要素。

二 科学理论概念的独立性问题

与此相关的另一个问题是，科学理论中有没有独立于理论而可独立存在的概念或定律？或者说有没有独立于某个具体理论，而处于诸理论间的科学基本概念或范畴。如果科学中有最基本的范畴或定律，那么，即使理论是前后不断地演化的，或者不同的理论分支之间具有种种差异，诸科学理论都会有一种内在的统一性和变化之中的同一性，或者借用库恩的术语（但不同于库恩的用法）表达，科学的诸范式是可通约的。只有当内在的同一性和统一性根本上支配着科学理论实践时，科学才能因为自身的本质特性而和其他的实践活动区分开来，才能成为一贯和统一的事业，理论的差异性和演变才能够得到真正的理解。

就一个理论自身而言，问题变为这个理论中有没有部分的表达式或概念是独立于这个理论而能单独存在，或者说它的意义相对于这个理论而言是独立的？

在科学理论中，理论框架的整体性规定了理论内部各种表达式之间的统一性和协调性，在某种角度说，离开理论整体规定，理论语词和语句不具有单独的意义，因为它们都受理论的整体框架的支配，理论的语义规则规定了它们的表达式和可能的意义。但在理论中，部分表达式或概念是不是完全依赖于理论整体的，还是一定程度上相对独立于理论整体的？

在卡尔纳普看来，理论的部分是绝对地依赖于理论所在的语言框架本身的。而蒯因的整体论则认为科学作为一个整体而言才有意义，因此任何理论语词、语句或部分理论，都要依赖于科学理论整体才能获得意义，但他同时承认，理论的整体可以不依赖于哪个特殊的部分，因为当科学理论整体遇到反常的经验刺激时，我们可以对理论整体的任何部分进行调整或改变。

为了澄清这个问题，我们必须首先澄清什么是理论的整体和部分，什么是理论中的独立部分和非独立部分。在现象学中，整体与部分、独立与不独立等范畴，得到了深入的探讨和阐释，我们可以以之来研究科学理论中部分表达式和概念与理论整体的关系。

整体与部分这一对概念是胡塞尔在《逻辑研究》第二卷中探讨的重要主题之一。在胡塞尔那里，整体总是与完整性联系在一起的，是独立的单元，而部分则可以是独立的单元，也可以是整体中非独立部分。胡塞尔把整体中可以独立出来的部分称为"块片"（Stuck），而把不独立于整体的部分称为"因素"（Moment）。对于部分，胡塞尔这样定义，"我们在最宽泛的意义上理解'部分'的概念，这个最宽泛的意义允许我们将所有在一个对象'之中'可区分的部分，或者客观地说，所有在它之中'现存的'东西都称之为部分。对象——在'实在的'意义上，或者更确切地说，在实项的意义上所'具有'的一切，在一个现实地建造它的东西关系上所'具有'的一切，都是部分。"① 而整体则是与"对象"、"某物"这样的概念相对的。

由以上定义可知，部分概念和整体概念总是相对而言的，但理论和部分的概念必须依赖于独立与非独立的概念区分，才能得到准确的界定。

胡塞尔是这样定义独立与非独立的概念的，"我们可以简单地说：如果存在着一个建基于属的本质 α、β 中的规律，根据这个规律，纯粹属 α 的一个内容只能够在属 β 的一个内容中或与这个内容相连接地存在，那么这个内容 α 相对于内容 β 来说便是非独立的。我们在这里显然不用去考虑，α 和 β 这两个属也可以是复合体的属，以至于多种多样的属也可以与这些复合因素相符地相互交织在一起。从这个定义中得出，一个 α 本身在绝对一般性中依赖于某个 β 的统一的一同被给予（Mitgegebensein），或者换而言之，纯粹的属 α 在与其相符的个体个别性的可能在此这方面依赖于属 β，或者依赖于它的范围个别性的相连一同被给予。我们可以简短地说：一个 α 的存在就属于 β 而言是相对独立或非独立的"。②

从胡塞尔的这两对概念来看，整体必须是相对于其它对象或部分独立的，自身是一个完整的单元，而部分中，独立的部分也是一个独立的单元，相对于它的部分，它是一个整体。因此独立部分和整体之间总是相对的。而不独立部分则必须依赖于整体，奠基于整体，存在于整体之中。

就科学理论框架来说，则问题变为，科学理论的某些概念或判断是否独立于理论而具有其自身的意义，还是不独立于理论框架，必须在理论之中才具有意义？

库恩的范式理论强调理论中的术语和对象对理论范式的绝对的依赖性，认为离开范式谈论理论中的对象或问题是没有意义的，并且由于不同的理论处于不同的范式的整体规定中，因此它们的表达式不可通约，

---

① ［德］胡塞尔:《逻辑研究》Ⅱ/1，倪梁康译，上海译文出版社 1999 年版，第 255 页。
② 同上书，第 272 页。

不同范式之间是不可通约的，范式间的交流完全不可能。但如果是这样的话，首先前后相继的理论没有共同性，理论发展中的连续性和理论之间的同一性没有了。其次，在不同的理论分支之间，如果没有统一性把它们关联起来，那么它们之间没有共同的术语、表达式，没有共用的定律。那学科间或同一学科的不同分支之间的内在统一或关联则完全不可能。

对于经验科学来说，理论或概念的独立性和非独立性也是相对的。每门成熟的科学，如果它对对象领域中的一个封闭区域的本质规定性获得完全的把握，那么它的基本理论则是完整而独立的。如果这种理论把握的方式是对对象领域的基本范畴和奠基于它们之上的本质规律的把握，那么这些范畴则对这种理论来说是独立的，而其中的次级范畴或派生理论判断则是非独立的。但我们知道，经验科学并不是以基本范畴和奠基于其上的范畴和本质规律来把握对象领域的，而是以理论的整体框架的形式来把握它，相关于对象领域的。这种把握对象的特点决定了理论整体才是认识对象的完整的观念对象，而属于它的个别的概念或判断并不具有单独的本体论地位。因此，就一个不依赖于其他理论的整体性理论来说，它的一切概念和判断都是依赖于这个理论整体，对理论框架而言是非独立的。例如，对于相对论来说，"质量"、"能量"、"时空"和"引力"等概念的界定都是以相对论的理论框架为前提的，离开理论整体而谈论这些概念，则并不能揭示这些概念在理论中的真正含义。而对于量子力学来说，它具有自己的时空概念、因果性概念和对象概念。[①] 这些概念都要立足于量子力学的基本理论框架来理解，而不同于宏观物理学或相对论的对应概念。

但经验科学和现象学的本体论的不同在于，首先，现象学的本体论是一组基本的范畴对封闭的对象区域进行整体把握的。这种对象领域是一个封闭的区域，比如说"物"区域、"动物"区域或"精神世界"。而经验科学的对象领域总是限于局部性的对象领域，即使是相对论或量子力学这样的普遍性理论也只是适用于自然现象的某些范围，并没有形成一个封闭

①　科学理论作为一种对对象区域的整体把握，它只是通过间接的充实方法才能获得间接的直观的充实，并不是直观的和明见性的，因此，把量子场论的理论定律、对象或参数实在化是朴素的、独断的做法。

的对象区域。其次，自然科学是以自由构成的理念框架，而不是基本范畴和本质性规律去把握对象区域。虽然这种认识是对对象区域的整体性把握，但并没有能把握整个封闭对象区域，而只是形成具有经验性的普遍必然性的理论。

因此，每一种科学理论只是作为整个科学的理论的分支，并不能对对象区域做整体的把握。但这种经验性的理论往往包含有科学中某些基本性的概念和定律，这些概念在科学中的应用具有普遍性，并不属于哪个科学理论。因此，某些基本的概念或本质性规律，并不是完全依赖于这些科学理论的。

像"物质"、"能量"、"运动"、"原子"、"场"、"相互作用"、"时空"、"因果性"这些本概念，并不是哪个科学理论独有的，而是整个自然科学中最具普遍性的基本概念，而一些自然科学的基本定律，如能量守恒定律（包括质能守恒）、动量守恒定律、热力学定律、因果律等，也都是普遍应用于整个自然科学的。这些概念或定律在不同的科学中，或在科学发展的不同时期往往具有不完全相同的意义或内容，但却具有其内在的一贯性和同一性，不会随着科学理论的发展或科学范式的转换而失去意义或具有完全不同的含义。不同范式的科学家们交流这些概念时，并不会出现因产生误会而完全不可交流的情形出现。

可见，正如我们前面所论证的，虽然科学总处于发展中，任何具体的理论或定律总会随着科学的发展而被新的理论代替，但科学的发展是一个具有一定程度的统一性的、连续性的过程，科学活动的统一性决定了科学理论演变的连续性和统一性。因而，这些不同的科学理论虽然具有很大的差异，但却始终保持着其内在的统一性。科学中，有一些基本的概念和定律，如我们上文所列举的物质、能量、时空和因果律等，则典型地体现了科学理论发展的连续性和科学自身的统一性。在这些概念和定律中，内容、意义和用法上的同一性是首要的，而不同理论中它们的差异性是次要方面。

那么，这些基本概念和定律是不是完全独立于具体的科学理论的呢？从它们在整个科学中的普遍性可知，这些概念和定律在本质上是独立于具体科学理论的。而从另外一方面来说，在每个具体的科学理论中，尤其是在整个学科中具有根本的奠基性地位的科学理论中，如相对论和量子力学，每个概念和定律都是依赖于理论整体的基本框架的，它们的意义、内容和用法只能从理论整体规定的语义规则去理解。如何理解科学理论中这些基本概念和定律在具体的科学理论中相对于理论框架的非独立性、它们在不同理论中的差异性和相对于任何具体科学理论来说的独立性、它们在科学演化中具有的内在同一性呢？如何理解这种独立性和非独立性、同一性和差异性之间的矛盾呢？

这些问题涉及科学本身的统一性问题和这些概念或定律在科学中的基本地位问题。首先，我们上文已经论证了科学发展自身具有的连续性和统一性，以及不同学科之间的横向的统一性。因此，适用于整个科学领域的这些普遍性的概念或定律具有普遍同一性，这是科学发展的内在统一性和相继的理论之间的内在同一性和连续性的体现，这种科学的自身连续性和统一性决定了这些基本的概念和定律的自身同一性。其次，我们必须承认，科学作为一个趋向关于对象区域的本质性认识的大全这个认识论目的的实践，它总是处于不断的演化的状态中。因此，任何具体发展阶段的科学和具体的理论，总是普遍意义上的科学的特殊形态或理论的特殊形态。科学发展在任何一个具体阶段的理论形态都是经验性的、偶然性的。由于这些理论相对于科学的质料本体论的本质普遍性理论来说，都是某种经验性的特殊形态，它们所包含的基本概念或定律的形态，也具有这种特殊理论框架所具有的特殊性、经验性和偶然性。

当我们在整个科学的框架内广义地讨论这些基本的概念或定律时，我们总是已经把它们作为普遍概念或定律来谈论了，而我们具体深入地理解这些概念和定律时，我们必须深入到特殊的科学理论，尤其是最为普遍和成功的科学理论的框架之中去理解它们。当我们把这些概念放在整个科学史和科学统一体的角度去研究时，我们总是想要以普遍的方式把握它们。而当我们就具体科学理论来探讨它们时，我们是在探讨它们的特殊化的具体形式。前面的讨论中所遇到的关于这些概念的独立性与非独立性、同一性与差异性的矛盾，恰好是科学理论的整体的同一性和具体发展阶段或具体理论形态的特殊性的矛盾。随着科学理论的发展和科学本身的统一性的增进，这些基本概念和定律越来越趋向于它们的普遍性形态。因此，对这些基本概念的把握总是带有其同一性。

科学中的这些基本的范畴和原理的同一性是整个科学的同一性和连续

性的体现，因为它们，才使得科学的背景视域在不断的演化中保持同一性，才使得科学理论的构成得以可能，才使得我们对新的科学理论的理解把握，以及其意义充实成为可能。

三　经验科学的独立性问题

从现象学的意向构成理论可知，意向构成过程首先是对对象或对象领域的总体把握，然后是在局部区域的对象或判断的构成，逐渐充实对象的内部视域。而意向构成一开始已经在世界视域中进行，打上了世界的本质性规定的烙印，具有类型上的预先确定性。因此，后面的认识过程总是已经奠基于先前的整体把握。对对象领域整体的本质规定的把握是一切认识的前提。而对于对象领域的整体把握的本质科学是区域本体论或形式本体论。那么，一切的其他科学认识活动，包括一切客观科学，都要奠基于现象学的形式本体论和区域本体论。

区域本体论是对整个对象区域的整体规定，首先是由最基本的范畴组规定整个对象领域的本质属性的基本框架结构。这些范畴组成了对象领域的根本性把握，其他所有的本质性规定，如次级的范畴和本质性规律，都要奠基于这些基本范畴之上，也就是说它们是不独立于这些基本范畴的。但是这种独立和不独立是相对而言的。对于区域范畴组来说，奠基于其上的本质规律和次一级的范畴是不独立的，而对于这些复合范畴来说，更次一级范畴和规律是不独立的。每个整体总是相对于奠基于它之上的部分的，而部分总是作为整体的组成部分，而越是具体和高层的范畴和规律相对于整体而言总是非独立的，奠基于整体之上的。①

对于经验科学来说，每一种科学学科都有对应的本质科学。因此，"不存在任何这样一种充分发展了的科学，它能排除本质认识，从而能独立于形式的或者实质的本质科学。因为首先毫无疑问，一种经验科学，不论它在哪里提出见解的判断根据，它必须按照由形式逻辑处理的形式原则来进行。一般而言，因为正像任何其他科学那样，一门经验科学是指向对象的，它必须受属于一般对象的本质的法则的普遍限制。因此它与一组形式本体论科学发生了关系，这些科学除了狭义的形式逻辑外，还包括形式

---

① ［德］胡塞尔：《逻辑研究》I，倪梁康译，上海译文出版社 1994 年版，第 211—214 页。

的‘普遍科学学科’。其次，任何事实都包含一种实质性的本质组成因素；任何属于包含在其内的纯粹本质的真理必定产生一种法则，所予的诸单一事实，向任何一般可能的事实一样，都受此法则约束”。①

因此，经验科学总是奠基于和它对应的本质科学，相对这门本质科学来说是非独立的。

我们知道，对于由众多的学科分支组成的、具有多级次序的统一科学体系来说，独立和不独立是相对的。一切本质科学最终奠基于形式本体论或质料本体论的基本范畴组，而一切经验科学又奠基于对应的本质科学。因此，从彻底的意义上来说，一切具体的、分支的客观科学都要奠基于现象学的本体论，因而不独立于现象学的本体论；但就每门具体科学来说，对应的本质科学是独立的，而依赖于它的经验科学则是非独立的。

第四节　科学理论发展的历史连续性

科学史表明，科学发展的历史总是新的更具有效力的理论代替旧的科学理论。在库恩看来，这种科学理论的更替是彻底的科学革命，前后相继的理论的范式完全不同，也不可通约。科学史也表明，前后科学之间的理论相差很大，往往是整个理论框架的结构和基本概念都不同，也许它们共同具有某些科学基本概念，但它们对这些基本概念的规定是受理论整体约束的，因此这些概念在它们之中的含义也不同。因此，库恩认为持新旧理论范式的科学家们处在完全不同的世界中，这些前后范式之间完全不可通约。②

但科学史的事实同时告诉我们，虽然科学革命前后科学的整体图景会有巨大的差异，人们对世界的看法也会不同，科学在发展过程中虽然形态有种种演化，前后相继的理论无论在概念框架上，还是在理论的内容方面，都具有显著的差异。但这种差异远远没有库恩认为的那么大，前后相继的科学理论总是具有连续性的。总体来看，科学的发展是内在一贯而连

---

① ［德］胡塞尔：《纯粹现象学通论》：纯粹现象和现象学哲学的观念（I），李幼蒸译，商务印书馆1996年版，第59页。

② 参见［美］托马斯·库恩《科学革命的结构》，金吾伦、胡新和译，北京大学出版社2003版。

续的，是由单一到综合、由低级到高级的发展过程。

前后两种理论往往并不是完全不可相容的，它们之间是可通约的，理论在很多方面是具有对应性的，两种范式中的科学家可以进行对话和沟通，后面的范式可以兼容前面的范式。例如牛顿力学和相对论，虽然它们的基本理论框架不同，基本术语不同，但前后还是体现出一种很强的连续性，牛顿力学在某种特殊的角度讲，可以被表述为相对论的某种特殊条件下的表现形式，只是其理论意义需要重新表述。爱因斯坦本人都认为，他的相对论和传统物理学之间是连续的发展过程，而不是革命。

从现象学的角度看，科学发展的连续性和科学的同一性来自科学认识实践自身具有的统一性和连续性。首先，科学认识始终是以科学的背景视域为前提的。虽然在不同的认识阶段，我们对世界视域的把握是不同的，但世界视域自身是同一的，它的直观充实并没有改变它的本质规定。虽然我们对世界视域的把握总是空洞的，基于某些经验的沉积的，但它的本质规定总是支配着所有科学理论的构成过程，所有的理论构成也和直观经验对象的构成一样，具有某种类型上的预先确定性。世界视域的同一性和直观充实中的统一性决定了任何前后相继的理论具有某种内在的统一性，这种统一性表现为科学的基本概念和原理在一定程度上是独立于具体科学理论的，而在其历史的演变过程中保持着某种统一性的用法和含义上的某种同一性。

其次，科学认识总是以对对象的整体把握为前提的，这种前提是科学认识的内在视域。科学理论虽然是一种自由创造性的理念对象的构成行为，但它仍然是受我们对对象区域的整体规定的制约的，它是以一种"自由"的方式在实现某种由世界视域和关于对象领域的整体规定所预先支配的"隐德来希"。因此，虽然前后相继的科学理论具有很大的差异，它们对对象区域的把握方式也不同，但对象区域的同一性预先决定了这些不同的整体把握中的内在视域的同一性。可以说，前后相继的理论不管有多么不同，它们总是对同一的对象区域的把握。这种把握的类型上的预先确定性规定了前后相继的理论具有连续性。

科学理论虽然带有普遍必然性，但却并不是先天的普遍必然性。科学理论的综合总是对于没有充分的直观明见性的对象领域的综合，往往带有主观的构造的因素，所以科学理论并不能一次性地达到对对象领域的完全的明见性认识。正如我们前面已经说的，科学理论是以主观构造的理念体系整体来把握对象领域，所以它的具体概念或判断并不一定具有实在性。即使是对某个对象的构成，也并不能在有限的构成过程中达到最后完全的认识，对普遍对象领域的基本概念和本质规律的认识更是如此了。因此，从发生构成的机制上来说，科学理论的构成总是具有产生谬误这种模态的可能性。因此，科学理论总是可错的，但是可以在进一步的构成中不断地纠正和向最后的目的逼近的。

因此，前后相继的科学理论之间的连续性并不主要体现在其某些对应概念的相同性或相似性，而是理论整体之间的联系性。由于我们获得的具体理论都是那个自由变更下不变的东西，是理论一般。因此，我们评价理论之间的连续性或同一性，不是看理论表面的特殊形式，而是看其本质性的不变的东西。真正的科学认识的进步必然是对对象领域的真理性认识由抽象和初级向更为充实直观和高级的意向综合的发展。

第五节　结　论

由本章的研究可知，作为特殊的抽象构成的意向相关物，科学理论的特点已经在意向构成的研究中显示出来了。可以说，前面的意向构成方式的讨论对我们系统地讨论科学理论的本体论问题奠定了基础，很多的关于科学理论的本体论问题的答案是可以从它们的意向构成的方式中引申或者推导出来的；因此，我们在系统地讨论科学理论的本体论性质时，也必须随时回溯到科学理论的意向构成过程和方式中去探究科学理论的这些特性以及它们在意向构成行为或机制中的根据。

科学理论是以抽象的理念和关系为基本要素的语言框架，其中，很多理论表达式往往是用抽象的形式语言表述理念或参数之间的复杂关系，数学语言则是主要的表述形式关系的语言。科学理论是一个语言框架整体，其中的理念对象或者参数都要受理论的整体结构的规定，离开理论整体，我们无法孤立地理解其中的理念对象或抽象关系的意义。因此，科学理论框架只能作为一个整体来理解，其中的理论概念或表达式的本体论地位和意义，都是理论整体赋予的，理论整体才是完整意义上的观念对象。

理论整体相对于科学的背景视域应该是相对独立的，它是一种相对完整的观念整体，它构成了某一类理想的可能世界的模型集合；这个理论框架相对独立于科学背景视域，是一个完整的对对象领域的把握，可以使其接受独立的科学检验，如果像蒯因认为的那样，科学背景视域中的所有的科学认识才能是科学检验的单元的话，那很多科学理论其实是无法通过检验来判断的，这就完全抹杀了具有真理性的理论和完全谬误的理论之间的根本区别。

而科学理论框架中的语言表达式是奠基于理论整体的，它们作为部分，是不独立于理论整体，因此它们并不是独立于理论框架的本体论对象；虽然某些理论概念或参数在其他的科学理论中或者科学背景视域中是基本的理论概念，但其具体含义并不一定相同，本体论地位也不相同，我们可以借鉴这些概念在科学中的常见的用法和含义来理解它们在这个新的科学理论中的本体论问题和含义问题，但对它们的准确理解必须要依赖于它所属的科学理论框架整体。

但具体的科学理论的独立性只是相对的，它是在科学的背景视域中构成的，也必须放在科学背景视域中去理解和把握，科学整体的统一性在支配着科学中的所有理论，正是科学整体的统一性和前后相继的科学之间的连续性才使得科学理论的理解、检验和发展成为可能；其中，具体的科学理论中的一些理论概念，虽然是非独立于理论框架的，但它们却是科学中的基本概念，这些概念在整个科学中是最为基本的、普遍性应用的，它们体现了前后相继的科学理论之间的连续性和不同科学理论之间的统一性，因此这些概念虽然必须在具体的科学理论中才能被准确理解和把握，但它们自身的同一性则表现了科学理论和背景视域的统一性，也使得我们借助于科学理论的背景视域对科学理论进行直观的充实成为可能。

总之，科学理论作为一种对对象领域的抽象的整体性把握，是一种纯粹的观念性的对象，却并不是关于对象领域的本体论范畴或本质规律，而是一种纯粹自由构成的意指性对象；它的整体性使得我们无法孤立地理解和把握它的概念和参数，但我们也必须把它放在科学的整体背景视域中才能使其获得直观充实的意义，它的理论概念也有可能因为直观充实而具有本体论意义。

第七章 科学理论的意义

根据我们前文的讨论可知，科学理论对象是抽象的语言框架，并不是对对象领域的直观的把握，因此，这种作为意指对象的语言框架如何获得直观的意义充实，就成为一个重要问题。逻辑经验主义认为理论的意义就是科学理论的意义就是它的证实方法（或确证方法）。这种意义标准的问题之一在于，理论的证实或确证存在很多问题；理论的逻辑可确证性如何可能，又如何在理论获得经验解释之前预先确定呢？我们将在前面关于科学理论的意向构成和理论的本体论问题的研究的基础上，以现象学的理论对这些问题做出我们的解答。

科学理论的真理问题是科学理论的核心问题，而科学理论的本体论问题和意义问题的研究，都是为这个问题的解决服务的，而在现象学看来，理论如果获得明见性的意义充实，它便具有明见的真理性。那么科学理论是否具有明见性的真理性呢？这将是本章要回答的问题。

第一节 理论对象的意义[①]

我们在前面探讨科学理论的意向构成时已经指出，科学理论是我们在

---

① 关于现象学的意义理论，见本文第一章第一节的相关介绍，在本文中，如无特殊说明，意义都指意向性的直观把握到的意义，尤其指本质直观到对观念对象的把握；对于语词的意义和指称的关系，本文比较赞同弗雷格的观点，语词的意义严格来说是内涵意义，这类似于胡塞尔对语言对象的意义的理解；胡塞尔认为直观的纯粹的意义不同于心理主义所指的意义，这只有依据于本质直观的方法才能获得，并作为其他的意义的基础，所以本文暂不提其他经验主义哲学家所讲的内涵意义；至于逻辑经验主义所指的科学理论的意义，也属于外延主义的意义，他们的实证主义意义标准得以可能，也要依赖于直观地把握的意义，是派生性的，在本章第三节中有专门的论述。关于弗雷格的意义理论，参见［德］G. 弗雷格《弗雷格哲学论著选辑》，王路编译，商务印书馆 2001 年版。

空洞的视域中对对象领域的整体把握，因此所构成的意向相关项具有一种自由构造物的特点。科学理论框架内的概念或关系和客观对象领域中的对象并不一定有一一对应的关系，而只是作为一种抽象的整体系统来把握对象领域。并且具体科学理论对对象领域的这种整体把握的具体方式可以有多种变体。科学家们可以通过理论形式的变换，把理论由一种形式变换为别的样式，其中的基本理念或关系可以具有很大的差异。因此，这些具体的理念或关系并不一定是独立于理论框架的，不一定都能够直接地或间接地充实。对于一种科学理论来说，它的不同的理论形态在本体论上是否有优劣？是否有些理论形态的对象或表达式具有实在性，而另外一些则不具有？由于科学理论是一种自由的抽象构成对象，并且是用数学语言来表述其中的形式关系，所以在它们未获得直观充实之前，我们并不能判断它们本体论地位的差别，或者说依据直观的判断，我们并不能把它们直接和直观对象对应起来。

但是，虽然科学理论中的概念和关系都是空洞的，但并非是由数学符号和非数学符号组成的无意义的抽象语形系统。按照胡塞尔的观点，语言奠基于思维，符号对象总是奠基于直观对象的。符号对象的本质性要素是表述的意义。因此，作为语言框架的科学理念体系，一种以符号体系表述的意义的体系。这里的理论是由抽象理念和用数学语言表述的抽象结构组成的。这些理论表达式中，理念是抽象构造的对象，这些对象在新的理论中并不是直观明见性的对象，而是尚未被质料性经验内容充实的纯粹意指对象，或者说是空洞的观念对象，胡塞尔称之为理念。这些理念对象是一种可能的、尚未现实化的对象，它们在逻辑上具有无数多种可能的具体化、现实化的可能性。除了抽象的理念之外，理论中的抽象数学表达式表述了这些理念之间的形式关系。虽然在客观科学中，这些关系是用数学语言表述的，但这些数学关系或结构并不是单纯数学表达式意义上的结构，而是已经被质料对象区域的质料内容充实了，表述一种物理的关系或结构；决定这些理念之间的形式关系的，并不是数学公理或定律，而是质料性对象领域本身的本质规定性。对象区域的整体的本质性框架和对象类的类型上的确定性预先决定了自由意向构成的所有可能性。

因此，科学理论作为一种观念对象或意义对象相互关联而构成的体系，对它的理解或把握就是认识它的意义。不过这种意义可以分为空洞的意指意义和直观地充实的意义。我们对科学理论的理解和把握，不仅是把握它的意指意义，而且是要把握它的直观充实时的意义。

科学理论框架作为一种未获得直观充实的意指对象的体系，是我们可以直接直观地把握的。这种直观把握并不是对直观地充实了的对象的把握，而是对已知对象的直观把握。与对其他意指对象的把握一样，这种把握具有一种空洞性。并且，这种把握和对单个的理念对象的把握不一样，它是一种整体性的把握，我们对这个理论的把握是把它作为一个完整的理论对象为前提的。

首先，我们对科学理论框架的把握很大程度上是类似于对数学对象的把握。科学理论框架中的数学形式结构，虽然表述质料对象区域的关系，但就其形式方面而言，是形式性的观念对象，可以通过本质直观把握，这类似于对数学对象的直观。因此，科学理论的形式结构具有形式对象的意义，类似于数学对象和几何学对象所具有的意义。由于科学理论作为一个整体，其中的概念或表达式都要通过理论整体框架而得到规定，因此，我们对科学理论的初步理解总是借助于对理论的整体形式的把握。而在这种把握中，概念的意义通过这种对整体的形式结构的把握而获得一种间接的、却又是空洞的把握。

其次，我们对这些数学物理对象的把握并不是孤立地进行的，而是在整个科学的背景视域中进行的。第一，如上文所述，科学理论中的数学关系和结构是我们在建立科学理论之前就可以直观地把握的形式对象，对它们的理解需要本质直观，但却不需要借助于经验性内容的充实。第二，科学理论中，总有一些基本的概念，例如能量、质量、速度、动量、时间、空间等①，是科学中基本的概念。虽然这些概念或参数在不同的科学理论中的物理解释和界定都不完全相同，但这些不同的用法具有内在的同一性。因此，对于新的理论中出现的这些概念，我们一方面依据它们在科学

---

①　这些概念是自然科学中普遍运用的概念，但在具体的科学理论、具体选取哪些概念来表述理论、可以依据不同的情况来选择；但所选理论概念集必须完备，能够系统地表述理论本身表述，各种不同的表述式应该是等价的；这里对理论基本概念组的选择类似于形式逻辑系统中公理的选择，可以具有随意性，但对于理论体系的表述来说，却必须是完备的；正如逻辑的形式系统对逻辑定理的把握是通过演绎系统整体一样，科学对对象区域的把握也是借助于理论框架整体，而不是哪些具有优先地位的、特殊的概念或定律。

中的基本含义或其他科学中的基本用法去理解它们，以获得对它们的初步理解，这是一种对理论概念的间接的充实。

我们之所以能够借助于科学中的一些普遍概念来理解理论整体，这是因为，虽然在科学的任何具体理论中，概念都受理论的整体框架的约束，但科学自身的连续性和同一性使得这些不同、却类似的概念具有其不变的共性。通过前面的普遍对象的构成方式可知，我们在掌握关于对象领域的共性时，或者是借助于自由联想性综合获得经验性的普遍概念，或者是通过自由想象的变更把握纯粹的普遍性共相。在这里，对于某些经验性的普遍性概念，我们首先是通过自由联想性综合而获得经验性的普遍性概念，在进一步的构成中，我们通过对这些普遍概念在不同理论中的不同特殊形态加以自由想象地变更，而逐步获得作为其共相的理念。依据于这些具有某种程度的普遍性的理念，我们可以在一定程度上把握某一新的科学理论中这些基本概念的含义。

另一方面，我们依据新的科学理论中诸概念或参数的形式关系获得了对这些理论概念或参数的更为明确的界定，并且明确了它们和那些不独立于理论框架的、由理论设定的概念或参数之间的形式关系。

我们知道，科学理论框架作为一个整体，其中的表达式都要借助理论框架整体而获得规定，但理论框架只是建立了各个概念或参数之间的关联关系，并没有能够确切地定义每个概念。只有当某些概念已经获得预先的定义的情况下，其他概念才可以获得定义。对于普遍性的理论概念来说，无论是描述性定义，还是所谓操作定义，都只是辅助性的认识手段，因为普遍性的对象不能通过特殊的经验性描述或者特殊的操作行为来彻底地理解。对普遍性概念的真正把握是对它们的本质直观，因为只有在真正明见性的直观中，概念的确定性才能得到彻底明确的把握，而派生性的概念必须要通过它们而获得界定，或者说依赖于它们。

对于具体的科学理论框架来说，理论的整体性支配着各个表达式；并且，由于理论框架本身具有特殊性，因此理论中哪些概念在理论上处于本体论上的优越地位，是核心性概念，而另外一些是辅助性概念？这往往是不能依据于理论框架本身而得到明确判断的，必须借助于理论所处的科学经验的背景视域的整体结构和观察经验提供的经验材料才能进一步判断。

虽然我们通过对理论中涉及的科学中的基本概念的大致的把握并不是

一种严格的定义概念，但却由于借助了前面的意向构成所获得的对这些概念的具有明见性的共相的把握，而获得某种程度上的明见性。通过它们和理论框架的形式结构，可以促进对理论中其他概念的理解。这样，我们便获得了对理论整体的进一步理解。我们看到，对理论的理解总是要借助于一部分已经获得某种把握和理解的概念。这些概念往往是具有一定的独立性的概念，或者说在整个科学背景中具有对应的概念的那些概念。通过形式结构和这些科学中的基本概念，我们在某种程度上获得了对理论的基本理解。

由此可见，在一开始，我们对新的科学理论框架的理解是通过整体来理解部分，又通过部分来理解整体，这是一个类似"解释学循环"的把握对象的意义的过程。通过这样的反复理解，理论的内在视域获得进一步的充实。但是这种"解释学循环"并不是完全封闭的，而总是已经在整个科学的背景视域中进行的，科学理论的整体视域对理论的理解始终起着关键性作用。不管新的科学理论和原先的科学理论经验的差异有多大，它和别的分支学科之间的差异有多大，科学自身同一性大于不同杂多部分之间的差异性。例如，科学理论框架中使用的数学工具、一些相对于独立性的科学基本概念、理论的论证方式、公理化和对各种定律的推导等，都是整个科学所共通的，我们对新的科学理论的理解必须借助于我们已有的对科学整体视域和认识经验的把握为前提的。因此，我们对新的科学理论的理解始终已经在整个科学的传统中进行了。通过借助于理论的外部视域中的认识经验对理论进行充实，我们才能逐步地深入对科学理论的整体性理解。

在科学理论通过以上的理解获得质料充实之后，便成为一种可以理解的抽象理念体系。虽然这时的科学理论仍然是带有空洞性的意指对象的框架，但它已经是我们可以把握的一种普遍性理念构成的世界了。这种世界是尚待充实的理念世界，它的充实具有无数多种可能的形式。我们可以在自由的想象中充实理论框架，具体化地构成出很多种可能的直观世界。不过，这里的直观并不是感知的直观，而只是想象的直观，其对象具有多种形式的变体。这些可能的世界构成了一种可能的世界的集合，而这每个可能的世界都由一系列内在关联的过程或事态构成。

理论在自由想象中的充实看似具有任意性，但它们并不是完全不受约束的。① 首先，它们受世界视域的整体结构的支配，具有预先的类型上的确定性；它们的内部视域的类型上的预先确定性对理论的任何解释都具有预先的约束性，规定了自由变化的范围和界限。其次，它们处在科学的连续传统中，和科学的经验沉积相关联，所以它们的解释受到现实性的经验条件的约束。因此，科学实践中的理论解释都是很有限的，并不是选择所有可能的理论解释。由于新的理论是对对象领域的经验的新的把握，因此套用原来的经验进行类比或扩展时，也许会出现谬误。例如20世纪初，科学家们用经典的电磁理论对原子结构的模型解释，就会使理论的推论和现象之间发生冲突。后来科学家们对量子力学的解释也是这样，无法形成类似经典力学的单一的世界图景。

对科学理论的这种理解最终形成了理论的语义解释，或者说物理解释。科学理论的语义解释在逻辑上可以有很多种，这可以解释为抽象的理念框架可以有无数多种具体充实的方式，而实际上科学理论所获得的语义解释总是有限的几种。这是因为科学理论的予以解释是一种通过科学背景视域中的经验，尤其是相关于理论的观察实验的经验或成熟的科学理论经验来充实科学理论的空洞理念体系，这是对科学理论的一种现实化充实，使其获得某种程度的现实性或实在性。可以说，科学理论就是一种普遍的世界模型集合，而每一种解释都使科学理论获得意义充实而成为一种类型的可能世界集。

作为一种普遍的可能世界集，对应于理论中的参数系统来表征的对象系统的状态序列或过程；而参数的每一组取值，则表征对象系统的某种状态。科学理论用一系列参数来表征对象系统，但这些参数只是以某种抽象的方式来表征系统的某些重要特征，并不等同于对象系统本身。我们认为，科学理论的表征系统作为科学理论以一种间接的方式整体地把握对象领域的工具，离开科学理论本身或者科学认识方式是无意义的，它们的特征、系统性和完全性等，都是由科学理论的把握对象的方式决定的，从而也是由科学理论的整体框架所决定的。科学理论的表征

_____

① 就科学理论框架来说，是对对象领域的抽象的普遍性规定的把握，但它是一种空洞的意指对象体系；只有借助于科学的整体背景视域中的经验进行意义充实，才能获得进一步的具体规定；而正是因为它本身是在科学背景视域中构成的，所以它在科学背景视域中的充实才得以可能。

系统作为一种抽象地把握对象的方式，不一定和对象领域的特性一一对应，因为它们不一定具有独立于理论的独立性。但作为一种表征系统，在理论的整体框架中存在时，通过这种理论框架本身，和对象领域建立了一种对应性关系。但这种关系到底在多大程度和范围中建立了理论和对象之间的实在性，这是由理论把握对象领域的把握方式和认识程度决定的。

科学理论的表征对象系统取决于具体的科学理论把握对象领域的方式，但这些表征方式具有内在的要求，必须能够表征对象系统的所有主要特征和系统的状态，也就是表征系统必须具有完备性。无论是牛顿力学、相对论力学，还是量子力学、化学和生物理论，都有完备的对象表征系统来刻画系统的状态。如上文所述，这里的表征系统表征的是对象领域的可测的状态和过程，并不具有本体论上的意义。但从现象学的角度看，作为意向构成的相关项，科学理论及其表征系统的所有可能类型是由对象区域的整体性规定所预先规定的，科学理论的构成实现和具体化了这些可能的类型中的某些样式。这种预先的规定保证了科学理论的表征系统的完备性和表征的效力，并且排除了其任意性和具有纠正谬误的意向构成的倾向。

由于科学理论把握对象的方式就是抽象的理论框架和参数系统来表征对象的状态序列或过程的规律性，而不能直观地把握对象领域的基本范畴和本质性规律，因此科学理论的认识方式是间接地把握对象。既然科学理论无法直接地把握对象，因此有些经验主义者就否认表征系统背后还有什么对象本身，或者说除了表征系统所表述的对象的状态序列，谈论任何对象的本体论是无意义的。例如，在经验主义的语义学的理论观看来，科学理论就是关于对象系统的变化过程，并且这种变化是指这些对象的特征参数所发生的变化。这些对象系统的状态取决于这些参数的取值及其范围。而现象学所认为的科学理论构造的可能世界的类，在经验主义那里则变为物理上可能的系统的类，也就是理论的预期范围。二者的不同在于，经验主义不再讨论理论的本体论问题，而只是关注于表征系统所表征的对象的状态的序列或过程。这样，科学所把握的对象世界就是那些抽象参数所描述的状态序列或过程的系统。现实对象的很多现实的、直观的意义和要素，在这种系统中被抽除了。

第二节　科学理论的直观充实

对于通过科学检验或科学说明获得充实的阶段来说，以上对科学理论的初步理解是空洞的，我们并不清楚理论的完整的语义含义。因而，相对于科学理论在检验、预测和应用中的充实来说，前面这一阶段对科学理论的把握是一种对科学理论的前理解和前把握。

抽象的科学理论框架，只是一种意指的对象性，并没有获得直观充实，不具有现实性的质性。因此，它们不能被我们直观地把握，而是要通过理论与观察实验提供的经验的关联而间接地直观充实，从而获得间接的明见性。这种通过和现实现象的关联而对理论的充实方式也是对物理公式中的表达式做出物理解释，必须要把理论和观察实验结合起来才可能获得对物理公式的明确的解释。有些理论概念会在科学的检验和预测等实践中获得充实，而被证明是独立于特定的具体理论而存在的现实对象，如原子、分子等概念。但仅从理论框架自身，我们无法判断这些理论概念是否可以在经验中充实，或者说无法判断这些理论对象在何种程度上具有实在性。只有在理论通过科学检验或说明的实践，获得越来越多的质料内容的充实之后，随着理论本身的意义的充实化，理论对象和关系表达式的意义才可能随之逐渐明确起来。

作为对对象区域的普遍性认识，科学理论必须能够以具体化充实的方式对该领域的所有现象做出系统的描述。这是现象学的区域本体论所要求的。但科学认识并不是对本体论区域的直接把握，不能以直观的语言描述对象领域的基本范畴、本质概念和本质规律的完整体系，而是以抽象的理念体系对对象区域的一种间接的整体把握。科学理念体系不直接描述现象世界或者所有可能的现象世界的本质结构，但它的本性内在地相关这种普遍本质结构。理想的科学理论并不是描述，而是逻辑地蕴涵了对象区域的所有可能的现象整体或者对象区域的部分区域或者部分层次的所有可能的现象整体，或者说科学理论蕴涵了一种类型的可能世界总体或者它们的某些层次及区域；这类似于质料本体论明见地描述了对象区域的所有可能的现象所遵循的本质规律。

但通常的科学理论只是对对象领域的现象的某些方面的阶段性把握，

因而只是以间接的普遍性方式把握了对象区域的某些方面的规律性，却无法像质料本体论那样完整地把握对象领域的完整而系统的本质规定性。并且，这种间接性抽象把握并不是能够完全直接直观地充实的，它们必须借助于某些具体的方式获得间接的明见性充实。

我们前面提到过科学理论所构造的抽象理念世界可以获得无数多种可能的充实化方式。具体而言，理论框架逻辑地蕴含规定了所有可能的对象区域的状态序列的集合，其中每一种子类的对象状态序列对应于一种可能的理想世界。① 理论的具体化是这样的，在逻辑上，我们通过理论的演绎的方式推出所有可能的子概念和定律集合，这些定律集合规定这些可能的世界的所有特性和它们的演化规律。首先，我们可以通过给科学理念体系加入一定的条件语句集（如初始条件、边界条件），而使这个理念体系所要说明的范围从所有可能世界具体化为某种可能的世界；通常的科学实践中，并没有把各种可能的具体化都实现出来，因为对于科学要检验理论和说明现象的实践要求来说，我们只需要把这种抽象理念世界现实化为某些类型的可能世界就可以了。接着，如果我们选择的这些具体化条件的语句集是得到直观的经验充实的，那这个合取的理论体系则蕴涵着某个现实现象世界的本质性规律。

但是，通过限制初始条件和边界条件而对科学理念框架的充实必须借助于辅助性的理论预设语句集。这些语句是独立于这个理论框架本身的，其中有些是科学中的基本定律或原理，如质能守恒、动量守恒、电荷守恒等，有些是具体科学中的基本原理，如机械能守恒、泡利不相容原理等，还有一些属于别的成熟的科学理论提供的理论原理或定律，如麦克斯韦的电磁理论的某些原理，在研究原子理论和量子力学，以及进行原子光谱分析等时，就是不可缺少的辅助性原理。对于辅助理论本身的真理性是否可以独立检验的问题，在科学哲学中存在着争论。但这里所涉及的是这样一个问题：那些辅助性原理或定理是独立于理论、是理论充实和具体化所必须加以补充的辅助条件，还是蕴涵于理论本身中、可以由理论必然地推出

---

① 这里讲的理想世界是与理论的理念世界相对应的现象系统的可能的状态序列总和，但这些状态系统并不是现实的现象，而是排除了很多经验性因素、用可测量参数表述的抽象化了的现象系统，所以是由理论充实化后演绎出来的理想化了的现象世界。

的？有些具体的辅助性假设是属于理论所涉及的范围内的规律，它们或者是经验性定律，或者是由理论所派生的，它们并不违背理论，而能为理论所整合或推导出来，因此是不独立于理论的。而有些基本的原理或定律则是整个学科或者整个科学中的普遍定律，它们独立于理论自身，而是理论所必须遵循的。它与辅助理论是否可以独立检验的问题有关联，但却是不同的问题。有些辅助性理论的独立性，表明我们要具体化充实的理论并没有完全规定对象领域，而是仍然具有开放性的、并非大全的理论，需要其他的理论补充才能具体化充实。

因此，科学中的所有理论，都要放在整个科学的基本视域中进行充实和具体化，必须借助于科学中的基本原理和定律才能获得其充实所需要的完整的结构。因此，科学只有作为一个同一性的整体才能是完整的，而任何具体的理论只是片面地把握了对象区域的部分规定。但这种完整仍然是相对的，因为具体的科学理论的完全集现实化之后，仍然是对象区域的残缺不全的图景，只是获得了关于局部对象区域的某些系统规定，并没有能把握整个封闭的对象区域的完整的规定性。所以，科学的任何具体的理论活动或应用性活动，总是已经处于整个科学的整体视域中，受到科学的世界视域的整体的根本性规定的制约。

通过科学理论加上辅助条件组成的语句集合，或者说通过把理论和科学的经验背景的协调和融合，就可以演绎出理论所蕴含的所有物理现象或对象的状态序列的集合。这些演绎出的不同的语句集合组成了不同的可能世界的集合。在逻辑上，这些可能世界的数目是无限的，但实际上我们只是演绎出部分的可能世界。如果在辅助条件中加入具体的现实性条件语句集的限制，那么理论的具体化的充实则给我们呈现出一个完整的新的可能世界集。或者说是对象的状态序列集合。这种具体化的可能世界不再是抽象的理念的世界，而是现象对象的世界。这种从理论世界到现象的世界的转化中间经历了一系列演绎，在整个演绎的链条中，不断地加入了一系列的一般性的和具体现实的辅助条件。这些中间链条并没有逻辑经验主义认为的那样的明确的对应规则或者桥接原理。这里的从抽象理念经到观察语句的过渡需要依赖于科学中的相关科学理论和以往的科学认识经验。其中并没有观察语句和理论语句的二分。不同科学语句或语词的区分在于它们依据于其普遍性和直观充实的程度，形成一种由明见性程度不同的序列。

科学理论的直观充实之所以可能，是因为科学理论本身就是对对象区域的规律性的普遍性的把握，这种构成过程的统一性表现在科学理论的内部视域自身的同一性，以及它和科学的背景视域的统一性。这种意向构成本身的合目的性决定了科学理论的充实的可能性，首先科学理论可以通过一系列的中间环节和直观现象关联起来，并且这种关联虽然会借助于相关的外在于理论的辅助条件，但科学视域的统一性决定了这种直观充实不会是任意的、主观的关联，而是遵循着科学认识中普遍的规律性；同时因为科学理论构成过程的内在视域和外在视域的统一性，所以直观充实的过程，不会出现科学理论的具体化和科学的背景视域或者说科学的基本经验框架之间的根本冲突。但如果新的理论是一种能综合以往科学经验的更为普遍性的理论，那么它可以在很大程度上重新整合以往的科学理论和调整原来的科学世界视域，赋予原来的科学经验以更为统一的关联和意义。

科学理论的演绎构造出一种可能世界的集合，这些集合用一些理论的参数来描述。我们由于理论具有自由构造的特点，所以这些可能世界并不直接描述某些可现实化的世界，而是以一种整体性的方式把握这些世界，或者说这些理论演绎出的每一可能世界都以某种方式对应着一种可能的现实世界，但这些现实世界是我们所不能直接直观的，也不能通过科学的实验手段直接地呈现出来，而是以某种间接的方式显现出它的特性。

科学所能把握的，是可以用观察实验手段直接地测量的经验，科学家们称之为观察经验。这些观察经验在科学中总是被抽象化为用一系列可观察量来表征的对象的状态或状态序列，通常用观察语句集来表示这些可观察量的值的集合。科学中所讲的可观察量并不完全等于感知直观中的感知经验，它们不仅包括可直观测量的量，如时间、广延、颜色等量，还有硬度、脆度等被卡尔纳普称为可归约为可观察量的量。但科学中对这些量的测量都是依据相关的理论指导，设计了严格的测量程序和标准来度量，并且是依靠仪器和计算得出观察量的值。因此，科学中的观察语言不是直接描述对象或其性质，而是一种对观测量及其测量值的报告。这样，科学观察语言并不是直观描述语言，而是以表征被理论的设计和实验程序抽象化了的观察量。

在科学理论的具体化和现实化中，从抽象的科学理论框架到理论的解释，再到理论的演绎，中间经过一系列的环节，最后到达观察语言层面，这是抽象的理论的间接的直观充实的方式。在理论的充实过程中，借助了科学背景视域、其他的辅助理论假设和辅助性条件，才和观察语言连接起来。不过在这个连接的链条中，并没有纯粹的直观观察语言与理论语言的截然两分，观察实验的设计和实验结果的表述都是以科学理论的指导和设计为前提的；因此观察语言已经是被科学的整体背景和相关的科学理论所设定和规范的，它在一定程度上被理论理念化、抽象化了。

但另一方面，虽然观察实验的原理、机制、程序和方法都受具体科学理论和整个科学的基本理论框架的规定和制约，但这些因素主要是规定了直观现象呈现的形式，而观察实验的内容在一定程度上是独立于具体的科学理论和背景视域的，它具有客观性和稳定性，不会随着理论的更替和科学视域的演化而丧失一切客观性。科学的观察实验的这种客观性来自直观经验的客观性，因为任何的科学认识，总要奠基于交互主体间性的原初生活世界，奠基于前科学的直观经验。没有这种具有最终直观明见性的经验，任何科学观察实验和理论的建构始终无法获得直观的明见性，也无法获得主体间的客观性。

因此，科学观察实验是直观的明见性经验和科学理论之间的中介，一方面，通过科学理论的设计，制定出科学观察实验的原理、机制、程序和方法，使理论能够作用于直观的经验；另一方面，直观的认识经验只有经过主体间性的观察实验的规则和制度，才能获得其超越时间性和现实性的普遍有效性，和抽象的科学理论关联起来，成为理论的直观充实的基础。

科学观察实验作为理论充实化的最后一步，沉积了前面所有的理论解释、理论演绎和实验设计等诸环节的理念构造和充实化的一系列的经验成就。观察实验首先是一种意向性的行为，并且这种意向行为并不是纯粹的理论活动，而是对理论性的意向行为在实践中的一种充实化，一种对理论性构想向"直观世界"的一种投射，不再使之保持为理论的形态，而是要在实践操作中把它实现出来。如果说前面这些步骤都是一种理论化的思想构成物，带有意指性对象特征的、没有得到完全的直观充实的概念体系结构的话，在科学实验中，这些理念构造的体系要最终直观地充实、实现出来。科学的观察和实验现象是对前面整个理念化的体系的一种直观的充实。但这种充实是广义上的，也就是充实既可以是肯定性的充实，即对前面的充实序列的构造的预设结构的确证；也可能是一种失实，观察实验的结构和理论演绎出的结果相悖。这两种充实的模态都是所有直观充实都可能具有的，失实的充实需要在进一步的充实中纠正。

第三节　逻辑可确证性和检验方法的构造

逻辑经验主义认为，理论的意义就是它的证实方法[①]，只有当一种理论是逻辑上可检验的，才是有意义的。我们前面已经批判过逻辑经验主义把理论的意义和检验理论真理性的方式混在一起了，这是外延主义的意义理论的局限性。关于科学理论的意义问题，我们前面已经做过一些探讨，理论对象的意义并不是它的指称，而是一种语言的内涵意义，是符号对象的意向质料，是观念对象。而科学理论的检验的方法，由我们前面的分析可知道，是科学理论的直观充实的方式，是从理论解释开始到观察实验设计的整个序列的体现。

逻辑经验主义所讲的可检验性是逻辑可检验性，即要求我们可以构造出检验科学理论的方式，以检验科学理论推导出的结论的客观可靠性，以此判断科学理论本身的可靠性。其实这正是我们上文所讨论的科学理论的具体化充实的可能性和方式的问题。首先就逻辑可检验性的可能性来说，正如前面讨论过的，是由意向构成的本性所决定的。科学理论的构成形式是一种自由想象中的意向综合，科学理念是主观构造的产物；但科学理论是对对象领域的一种抽象的整体把握形式，具体理论形式的主观性并不表示理论本身不具有客观性；科学理论本身具有不随构造形式的主观性影响的客观性，并且科学理论形式本身的多样性并不影响其整体性把握对象领域的客观性，杂多的理论形式中有其内在不变性的内容存在。科学理论的意向构成过程揭示了科学理论奠基于前科学的生活世界之上，奠基于先前科学发展的阶段和以往的认识经验沉积的基础上，因此不管理论本身是正确的还是谬误的，它和直观经验总是可以关联起来，具有得到直观的充实的可能性。意向构成作为自由构成行为和构成的理论的客观性的统一，正是意向行为的任意性和意向对象的本质不变性的客观统一性在科学认识领

① ［德］石里克：《意义和证实》，洪谦主编《逻辑经验主义》，商务印书馆1989年版，第39页。

域的体现形式。科学理论的具体充实化过程正是科学理论的逻辑可检验性的确定过程，而这种充实化的实现就表明科学理论是逻辑上可检验的。

科学理论的意向构成提供了理论直观充实化的可能性，而理论和科学背景视域的相互结合赋予了科学理论通过其现实化充实的链条而构造出其可检验性方法的可能性，以及所有逻辑上可能的检验方式。应该说这种检验方式实现的可能性是由科学理论和科学背景视域在逻辑上共同确定的，它不仅和理论构造的检验方式是否可在事实上实现出来无关，而且并不取决于我们是否构造出了某种具体的理论的检验方式，它限于这两者，并且预先决定了这两者是否能实现的可能性。检验方式的构造在逻辑上有无数多种样式，而其逻辑根据却是统一的。首先，这种可检验性来自科学理论本身，因为对于不同的科学理论来说，科学的背景视域都是同一的，有些科学理论是逻辑上可检验的，而有些理论却是无法具有可检验的逻辑可能性。这并不是由于我们的构造技巧或方式不成熟的问题，而是这些理论的特征决定了它们自身就是无法检验的。因此，可以在类似于逻辑经验主义的意义标准的角度讲，对于经验科学来说，先天不具有可检验性的理论不是科学理论。这个标准和逻辑经验主义的意义有所区别。在逻辑经验主义那里，并没有讨论科学理论先天的可检验性问题，他们所说的逻辑可检验性更多的是从方法论的意义上来讲的。对于他们来说，能够构造出理论检验的方法就是逻辑可检验的。我们上面已经指出，方法上构造出科学理论的检验方式必须以科学理论的先验的规定和特性为依据，所以严格意义上的逻辑可检验性应该指理论在现象学的先验逻辑上的可检验性根据。

这里的先验逻辑是指现象学的先验逻辑①，它主张对所有的意向对象的考察要放在意向构成的行为的本质方式和本质机制中去考察，研究其意向构成的先验的逻辑机制。对于科学理论的可检验性，最终要从构成性现

---

① 胡塞尔在其发生逻辑学中深入地讨论了意向对象的先验逻辑构成机制和方式，但没有具体地讨论科学理论的意向构成的特殊的逻辑机制，可参见《经验与判断》（［德］胡塞尔：《经验与判断》，邓晓芒、张廷国译，三联书店 1999 年版）以及 *Formal and Transcendental Logic*（*Formal and Transcendental Logic*. Translated by Lester E. Embree, Evanston: Northwestern University Press, 1969.）。而我们在前面第四章中对科学理论的意向构成机制的研究则揭示了科学理论的直观的充实之所以可能，就在于其对对象区域的整体性把握和在自由想象的构成中对对象的规定性的基本把握。

象学的角度，把科学理论本身的本性和科学理论的构成过程作为内在关联的两个方面来考察。在先验逻辑看来，科学理论本身的特性来自科学理论的构成行为，是意向行为赋予了理论是否具有可检验性的先天可能。因此，当我们追溯科学理论的逻辑可检验性时，总会最终回溯到现象学的先验逻辑根据上来，最终回溯到科学理论的意向构成行为上来。意向对象在意向构成的开端处就有其类型上的预先规定性，而意向构成过程则实现，或者说规定了理论的本性。因此，科学理论的可检验性的根据最终来自它的意向构成的先验规定。

与科学理论在先验的逻辑可检验性不同，科学理论的检验方法是否可以现实地构造出来，还要依赖于科学理论以外的条件，因此理论的可检验性并不是绝对的。这是因为科学理论总是已经处于科学的整体背景视域中，科学理论必须处在科学世界的整体规定性框架之中才能得到理解和解释，而且必须要借助于以往的和其他的科学理论假设和各种经验才能获得直观充实，才能构成理论检验的具体方式和标准。如果科学理论的背景视域和其他必需的辅助性科学理论和经验的认识条件不具备，那么科学理论的可检验性只是抽象的可能性，并不能现实地实现出来。因此，在脱离整个科学背景视域的实际经验内容的情况下，谈论科学理论的先天可检验性是空洞的。

理论的检验方法的构造必须以理论的先天本性和科学背景视域提供的具体条件为前提，因此，它们合在一起就是科学理论方法构造的逻辑前提，或者说是科学理论可检验性的前提。

对于科学理论来说，除了以上的逻辑可检验性以外，还有事实上科学理论的可检验性。这里的事实性的可检验性问题分两个方面：第一，在科学理论满足逻辑可检验性的条件下，实际的检验方式是否具体地构造了出来，这是一个具体事实问题。第二，现实的科学与技术条件是否能够实现设想中的科学理论的检验方法，这也是一个事实问题。在满足科学理论的检验的逻辑前提的条件下，科学理论的检验能否实现出来，还要看这两种事实性条件是否能被满足。其中，前一个事实性条件是后一个事实性条件的前提。

那么，接着的问题便是，一个理论是否具有逻辑的可检验性，是否可以依据于什么标准判断呢？我们认为这是无法根据理论本身的特性预先判断的，因为理论是否在逻辑上可检验要结合科学理论和科学背景视域两个方面的因素才能最终判断。并且，对于科学理论的直观充实是把科学理论放在科学的整体视域中，通过反复的意向性的综合行为，才能使科学理论得到理解和语义解释。这个过程是科学理论和科学背景视域的相互协调和整合的活动。所以一个理论是否是逻辑上可检验的，需要经过科学理论和科学的传统视域进行融合之后，才能进行判断。只有在科学理论和原来的科学背景视域进行基本的融合之后，我们才能进一步讨论科学理论的可检验性的判断。但是科学理论的可检验性并不能预先判断，而是要通过构造理论的演绎方式和直观充实的途径，才能把它实现出来或者证明其无可检验性。

但逻辑经验主义的证实原则要求在方法论的层面把这种可检验性方式具体地构造出来。这并不是严格的逻辑可检验性，而是事实的可检验性。但是一个理论是否是逻辑上可检验的，我们不能事先确定，必须通过可检验性方式的构成才能知道。但我们在事实上没有实现可检验性方法的构造，并不能证明其逻辑上不具有可检验性。因此，根据事实上是否构造出了科学理论的检验方法，我们并不能完全区分科学理论和非科学理论。因为如果理论是逻辑上不可检验的，我们能确定其非科学性；而事实层面上不可检验没有否定其在逻辑上仍然具有可检验性，也就是说不能否认它可能是科学理论。

第四节　说明和预测

科学理论所描述的是一种抽象的、无数多种可能世界的集合，而在实践中可直观地充实化的世界总是很有限的。科学理论的直观充实可以是理论的检验，也可以是科学理论的实践应用，前者是确立理论在应用于现实性方面的有效性，或者说检验它是否具有系统地说明和预测现象的能力；而后者则是通过把科学应用到具体的技术性实践中，对理论进行进一步的充实，这已经超出了纯粹理论性的活动，而把科学理论的充实在更为具体化的层面上进行更加全面地充实。科学理论的检验方式具体说来有两种，即对现象的说明和预测。

科学说明和科学预测都是理论经过一系列的中间环节获得间接的直

观充实，从理论充实化的逻辑形式上来看，它们都是由普遍性的理论来"演绎"关于特殊的现象事态或事实的观察实验描述语句。科学哲学家在区分科学说明和预测时，认为二者的区别在于，它们的描述现象的观察语句的时间模态不同：在科学说明中，观察语句对应于具体的现象事实描述，而在科学预测中，观察语句并不是关于现实事态的语言描述，而是表述一种可能的现象事态。而更有些科学哲学家认为说明和预测在科学理论的系统化的几个方面比较明确地区分开来①；而且，有些科学哲学家认为，科学理论和科学预测对提高理论的确证度的权重是不同的，例如，对一个理论来说，用它为前提成功地说明一个现象和以它成功地预测一件可能的经验可观察的事态所获得的确证度并不相同，后者的确证度要比前者的确证度大得多，尤其是当预测提供的一种全新的、在预测之前没有出现过的可能现象获得观察实验确证之后，理论的可信度会获得很大的提升。

从现象学的角度看，科学理论在科学说明和预测中所获得直观充实的方式是有内在区别的。首先，科学理论表述了无数多种可能世界的模型集，这些集合对应于无数可能的现象世界的集合，现实世界或其某个领域被看作理论蕴含的某种可能世界的直观充实和现实化。理论充实化的形式总体都是经过一系列的中间环节逐渐从一般向特殊的过渡过程，直观充实的最后环节是表述直观现象的观察语句，并且这个最后的充实环节是通过观察实验而获得实现的。科学预测的形式正是以这种科学理论的充实化的一般途径和方式进行的，即使是最后的描述现象的观察语句也首先是纯粹意向意指的语句，而后才在科学观察实验中获得直观充实（包括狭义的直观充实和失实两种情况）。

而在科学说明中，具体的观察语句已经是先于科学理论或其直观充实而获得直观充实的，或者就是直接的或间接地对直观现象的描述。在这种情形下，科学理论的直观充实就是通过一系列的中间环节把科学理论和直观的观察语句关联起来。对一个现象的说明可以有无数多种可能的途径，但并不是所有可能的说明都是可以直观充实的；或者说某些从理论到现象

---

① 可参见［美］施泰格·缪勒《说明、预测、科学系统化与非说明性知识》，载江天骥主编：《科学哲学名著选读》，武汉：湖北人民出版社1988年版。

的直观充实的途径虽然表面上是合理的，但这些中间的环节并不一定具有直观性，或者并不一定具有直观充实的可能性，这样科学说明的逻辑形式本身并不能排除其中的虚假说明的可能性。如果从纯粹形式逻辑的角度看，科学说明中的演绎推理并不能保证科学推理是必然推理，假理论也可以推导出真的观察语句。因此，科学说明的合理性并不能从形式逻辑上预先地排除，而只能由科学理论的直观充实过程本身来检验，直观的现象是科学说明的合理性的最终判据。

因为我们前面已经讨论过，无论是科学预测还是科学说明，都是以科学理论所蕴含的直观充实的可能性为前提，并且是实现这些可能的直观充实的具体方式。科学理论的本质规定性决定了这些直观充实的所有可能的类型和每一种可能的具体充实的途径，而科学的整体背景视域则决定了哪些逻辑上可能的充实是可能实现出来的，而哪些是不可能实现出来的。因此，在现象学看来，无论是科学预测还是科学说明，总是受科学理论的本质规定性以及科学的背景视域的规定和制约，并不能进行任意虚构。虽然从形式逻辑的角度看，实质蕴含推理并不能排除由假的命题推出真的逻辑后承，但就科学理论的演绎来说，尤其是对科学说明和预测来说，科学理论的直观充实本身就要求辅助假说和其他条件设定必须受科学理论的背景视域的约束和规定，它们必须是能够直观充实的。而且，因为它们是理论的直观充实的前提条件，因此这些辅助假设和条件设定必须是独立于理论的，可以单独充实或依赖于其他的理论或经验获得直接或间接的直观充实，具有某种明见性。对虚假的辅助假设和条件设定应该首先排除，以保证整个演绎推理的有效性。

正如亨普尔等人所论证的①，从形式逻辑的角度看，我们并不能预先设定某种科学理论说明的规范，可以完全排除实质蕴含悖论在科学说明和预测中出现，但这只是说明我们无法确立某种区分科学的直观充实中的有效推理和虚假推理的逻辑标准，并不表示这两种推理是完全相同的。事实上我们在上面已经在基本概念和理论上区分了合理的科学推理和谬误的科

---

① 参见［美］C. G. 亨普尔《对确认的逻辑研究》，载江天骥主编：《科学哲学名著选读》，湖北人名出版社 1988 年版，第 102—130 页，以及 O. 内格尔《科学的结构》，徐向东译，上海译文出版社 2004 年版中关于因果律的问题讨论。

学推理，我们只是并不能建立区分这两种科学推理的逻辑标准。并且，要以形式逻辑的角度建立有效推理的标准是不可能的，因为科学预测与说明中科学理论的直观充实方式并不是由形式逻辑的规则确立的，而是依据于科学理论的本质规定，以及它所处的科学的背景视域的规定而确定的。而科学的背景视域的充实总是处于历史性的演化中，所以科学理论的直观充实往往受整个科学背景视域的整体规定和直观充实情形的制约。因此，区分合理的和谬误的科学理论的直观充实方式不仅仅依赖于形式科学，而且更主要地依赖于科学理论和科学背景视域，或者说依赖于科学所涉及的对象领域的质料性的因素。对于整个经验科学来说，决定科学理论的意义和背景视域的基本规定的，不是形式本体论的规则，而是对象领域的质料性因素。因此，科学预测和科学说明的具体实现方式只能是在科学实践中确定，其合理性也必须放在整个科学的背景视域中，借助于其相关的理论和观察经验而辨别。

正如前面所述，科学说明和科学预测在逻辑结构上都是由理论加上辅助条件演绎出关于现象的观察语句，也就是说前者在逻辑上蕴含后者，而后者是前者必然推出的结论。但是，由于科学理论本身并不是对对象领域的现象的直观的描述，而是对表征对象的各个参数之间的形式关系的一种把握，并不一定能揭示对象的内在本性、对象间相互作用和系统演化的机制。而且，科学理论和观察经验的关联，大多都是借助于这种表述参数或对象间的形式关系的辅助理论来进行。因而，从理论到观察语句的整个链条，并不一定是揭示了现象之间的发生机制或科学的因果机制，而只是以一种非自明性的中介条件把理论和观察语句对应起来。因此，科学理论实际上是间接地表述现象世界中某些对象领域的规律性，并不一定能达到科学家们所期望的对所有的现象都作出因果说明，或者说不能揭示出现象背后的深层原因或现象序列之间的内在因果机制。

但是，自然科学预设了因果律的普遍适用性，也就是说，所有的自然现象背后都有其深层的原因性，整个世界都是由因果机制关联起来的，这种因果机制通过对象之间或对象的各个因素之间的相互作用而实现出来。因果关系在科学研究中始终起着根本性的支配作用，科学研究必须以客观世界中现象之间的因果联系为前提预设，科学研究才有意义，对现象的因果说明才有可能。因此，因果律并不是经验的归纳，也不是随意的约定，而是使一切科学的理论和生活的实践可能的前提。休谟认为其没有先天的根据，但可以作为我们生活的伟大指南；康德认为它是我们的知性所提供的我们认识世界的先验规则。他们的理论都面临很多问题，不能让后来的哲学家们满意。而胡塞尔承认因果律是经验科学中的必然规律，但却并不是先天的知性的规律，而是先验自我意识在认识对象世界的意向性行为中建立起来的。不同于自然科学中的非自明性的因果律，在直观世界中，事物之间的因果律往往具有某种直观的自明性，虽然它们常常具有某种经验性的特征，但却具有一定的自明性，可以在直观现象中获得直观的充实。胡塞尔认为因果律是质料本体论中的基本规律，我们可以通过对经验性的因果律的本质直观而获得纯粹的因果律。[①]

这样，因果律虽然是意向构成的产物，但它却是所有自然对象区域的本质性规律，在自然科学领域有其普遍的客观性；在具体的科学发展史中，我们并没有把握最为普遍性本质性的因果律，而是把握了它的某些具体充实化的形式，这些形式具有经验性的普遍性，会随着科学的发展而逐渐变化，但这些杂多的因果律的具体形式，却分有作为纯粹必然性规律的普遍必然性的因果律；我们虽然不能一下子把握这种纯粹的普遍必然的因果律，但它的种种具体化的形式在引导着我们的所有科学研究，是具有某种自明性的规律；这种自明性虽然不是彻底的直观的自明性，但并不妨碍因果律作为一种范导性和调节性的理论工具，引导着科学探索的不断前进，这正类似于康德的世界理念在科学研究中所起的作用。

传统的自然科学家们总是把因果律实在化，认为因果律是自然界的所有事物所必须遵循的根本定律，所以他们认为科学理论应该揭示自然界的"真实的"因果关系，或者说科学理论对现象的说明是一种因果说明。但我们上面关于科学理论的直观充实的方式的研究已经揭示，科学理论并不是对设想的现象背后的本质性事物的内在机制的揭示，而是以一种抽象而间接的数学语言对对象领域的某种抽象的把握，把握的并不一定是可直接

---

① 在其质料本体论中，胡塞尔把因果关系看作物区域的本质规律，但这里的因果律指本质直观所把握的纯粹的因果律，而不是自然科学中经验性的因果律，相关论述参见 ［德］胡塞尔《纯粹现象学通论》：纯粹现象和现象学哲学的观念（I），李幼蒸译，商务印书馆 1996 年版，第 359 页）。

直观充实的对象的性质和对象或事态之间的关系，而是以一组抽象的参数表述对象领域的某些规定性；因而理论对对象领域的认识并不是对一种因果机制的描述，而是表述了各个参数之间的一种形式关系，这些参数及其关系并不能直接直观充实，而是借助了逻辑推理、辅助性理论和科学观察实验的设计，还借助了科学测量仪器，才可能与直观现象因素和事态建立某种对应关系，这种间接的直观充实链条并不是科学家们所设想的具有直观的明见性的因果链条。因此科学说明并不能完全满足因果说明的要求，而只是在局部的领域对某些现象做出因果说明。例如，通常的科学说明往往是借助于某些观察实验数据，通过公式计算而获得另外一些可观察现象的可检验的参数；而在局部领域，如在化学领域，某些微观对象，如有机大分子，可借助于实验设备观察到，而用化学原理说明某些物理化学现象是比较直观的，中间借助的理论假说很少，而这些理论假说往往是可以独立检验的，因此这些化学现象的说明很大程度上是具有自明性的因果说明。

　　这种科学理念体系的具体化是其获得充实的主要方式，也就是理论通过说明和预言现象而不断成熟的过程，这种说明和预测是理论间接地在各个层次和方面直观充实化的过程。这个充实化过程，使得理论间接地或更为丰富的意义充实和获得越来越具体的明见性。有些理论对象更是可能在一定的实验中获得间接的验证，从而由抽象的理念对象获得部分的现实性。但是理论的充实并不是总是成功的，科学理论总是在物的局部区域才获得充分的确证，并且这种作为信念的科学理论，总是在新的现象区域发现其构成性的缺陷（说明能力和预测能力不足），于是就出现了新的纠正性的理论重新构成活动。

　　科学理念的体系以说明和预测的方式，如果能通过一系列的带有典型性观察语句的检验，便获得更高的确证度。如果把理论所涵盖的现象范围看作一个对象整体区域，那这个对象区域的可能现象具有很多具体层次和不同的次级类型。所以，为了提高理论的确证性，检验活动应该选择具有系统性和全面性，穷尽该现象领域的各种类型和各个层次；而在检验的对象领域每个子类或者层次中，在保证检验的客观确定性和检验的典型代表性的前提下，对应于每种层次和每个子类中的相同的或者相似的检验活动，是不必要大量重复的。

　　在科学实践中，对一个理论的最初检验，是通过选取代表性、典型性现象类型的现象进行检验，如果理论通过了适当的代表性检验，理论的真理性就在一定程度上得到确认[①]；随后，理论在其不断的应用实践中，获得进一步的检验。而为了揭示出现象领域各个子区域和各种类型的本质性规律，需要理论在这些对象领域中的不断应用才能获得，这是理论的更进一层的系统的充实化过程。成功的理论往往在长期的多重样式的检验和应用中，显现出其普遍的必然性。但任何具体历史时期的理论构成都不能穷尽物区域的一切规律。只有在开放的世界视域中，通过不断的理论构成实践，才能获得普遍性和纯粹性程度越来越高的理念体系。就从人类目前的科学实践的总体趋势来看，这种"一致性"的无限构成活动整体上是朝着愈来愈普遍和越来越有机的一致性的科学理念体系的目标前进。

第五节　结　论

　　从前面的论述可知，科学理论作为自由的抽象意向构成对象，只是以抽象的整体性方式表述关于对象领域的认识，因此其中的概念和表达式都是无法在直接的直观中被充实的，只有借助于理论整体，它们才能获得意义。而理论整体又具有什么意义，如何获得意义充实呢？这需要借助于科学的背景视域，尤其是相关的科学理论假设和其他的辅助条件，这是因为科学理论的构成总是已经处于科学的背景视域，或者说科学的抽象理念世界中，而这些理论概念形成了普遍性程度的观念对象的等级序列，它们最终可以通过科学的观察语句，最终和纯粹的经验现象关联起来；因此，这些作为理论的背景的理论的或经验性的知识，以及观察试验的实践，可以作为理论直观充实的中介；这些作为理论的直观充实所必需的中介，必须是比理论具有更高程度的明见性，而越是靠近观察语句的一端，理论假设

---

　　① 如果把科学理论的"确证"看作科学家对作为信念的科学理论赋予的主观概率的话，那么说随着科学经过的经验检验的增加，科学家们赋予理论的主观概率便增加，这便是对科学家们信念状态的客观描述；而如果把科学的"确证度"看作科学理论真理性的标志的话，那正如波普尔所说的，经验检验并不能提高科学理论的确证度。所以"确证度"不能作为量化的指标衡量科学理论的真理性。

和辅助条件的明见性程度越高，而和观察语句对应的直观经验现象则是具有最终的直观明见性①；整个科学理论世界和直观现象世界关联，都是通过这些内在关联着的理论假说或者经验性条件而关联起来，使其获得间接的明见性充实；通过这种间接的直观充实，科学理论获得部分的意义，在某种程度上克服了其纯粹形式的对象和理念对象的空洞性；这些意义充实有助于我们从整体上深入理解科学理论，并且重新理解整个科学经验，但这种科学理论和科学背景视域的直观充实只能是逐步地间接充实，而大多数的理论理念和表达式并不能单独地获得最终充实，而始终是作为理论框架本身的非独立的部分而存在。

从科学理论到直观现象的直观充实过程是一种意向构成过程，其中借用了逻辑的演绎的方式，但这并不是纯粹形式逻辑的"演绎"，而是首先必须要通过意向构成行为使其和科学的背景视域中的科学经验关联起来，使其获得基本的意义充实；在此基础上，我们才可以对理论框架有基本的理解，才能去构造如何把它们和直观现象关联起来，或者说构造对它们直观充实的方法。因此，通过意向构造使理论在科学的背景视域中获得初步的意义充实，使我们对理论有基本的理解，才能进一步构造理论的直观充实，例如理论的检验或应用的方式。

科学理论的直观充实方式的构成何以可能？这是因为科学理论的构成总是以对科学的背景视域的整体把握为前提的，并总是奠基于以往的科学意向生活沉积的认识经验，这种意向构成的前提和方式决定了它们内部具有内在的统一性和亲缘性，因此，在科学背景视域中构造科学理论的检验方式是可能的。科学理论作为对对象领域的抽象把握决定了它的逻辑可充实性，而背景视域则提供了实现这种直观充实的现实条件；通过意向活动把科学理论和直观现象的描述通过中介关联起来，这是科学理论检验方法的构造。传统科学哲学中的说明和预测都是科学理论的充实的具体方式，它们具有不同的意向充实模态；其中预测是从理论出发，在所有可能的直

---

①　这里借用了逻辑经验主义的理论语句和观察语句的术语，但并不认为观察语句就必然是纯粹感性直观的描述，而是指科学观察实验的描述；也并不是认为科学理论中的语句都是区分为截然不同的理论语句和观察语句，而是指纯粹抽象的理论到描述直观现象的观察语句的整个连续性的序列；除了纯粹的感知经验的描述之外，大多数科学语言渗透着抽象的理论概念，即使是观察实验报告都是以理论为基础的实验的结果。

观充实方式中选取某些类型的直观充实方式，通过从理论出发的逐级构造，最后充实为观察语句；而科学说明则是通过意向构成行为把科学理论和已经直观充实的现象事件关联起来。而理论的实践性应用则是科学理论在各个可能的层面和方面的全面充实。

第八章　明见性、常态性与科学真理问题

　　对于科学理论的真理性问题，科学哲学家们做过很多探究。其实，就真或真理概念本身的含义来说，就是认识符合客观事物本身，无论这种符合是直接地反映，还是间接地把握事物的本性。其他的所谓真或真理的概念，都是以符合论的真概念或真理概念为基础而派生出来的。传统的真理概念通常有很多问题：一、人们总是把知识与判断联系起来，认为只有判断才是严格意义上的知识，因此真理问题总是指判断的真理问题，而其他的认识形式不是严格意义上的真理。例如，通常我们对对象和事态的直观并不是判断，但人们并不认为它们不具有真理性。二、真概念或真理概念与它们的判断标准并不是同一个问题，但通常的真理概念讨论中常常把它们混为一谈，往往用真理的判断标准去代替真理概念本身。而实际上某些哲学家会以某种真理观的判断标准不明确或不能严格操作而反对真理概念本身。但实际上，对真理的标准的反对并不能构成对真理概念的直接反驳，真理标准的模糊并不等同于真理概念的模糊。三、在符合论的真理观中，"符合"概念很模糊，哲学家们通常会提出这样的问题，主观的判断和客观的对象或事态的性质是完全不同的，二者如何能够"符合"，或者说对于不同性质的事物，谈它们的符合具有什么意义？尤其是科学理论本身是用数学语言表述的抽象的理念体系，它们如何与直观的对象或事态相符合呢？又如观念性知识，例如，数学知识并不能和什么"客观对象"相符，但它们的真理性是不容置疑的，这些都是传统的真理概念所面临的严重问题。

　　相比而言，现象学的真理概念要比传统的真理概念广泛得多，并且在很大程度上可以克服传统真理理论的问题，为我们理解科学理论的真理性提供新的视角。现象学认为，科学是一种以认识真理为目的的理论性实

践，我们的科学实践活动总是在趋向这个最终的目的。现象学意义上，可以有两种知识的真理性的标准。第一种是基于现象学的第一原则的明见性的标准。第二种是基于现象学的先验主体间性的常态性范畴以及生活世界理论中的相关阐述而提出的真理性标准。第一种明见性的真理标准是基于现象学的先验视角的最根本的真理标准，而第二种常态性的标准则是可以应用于分析生活世界中的一切主体间性的经验的相对性的知识标准。对于科学而言，可以用这两种真理标准作为自身追求真理的范导性概念。由于科学往往标榜一种立足于第三人称视角的、往往基于自然主义假设的、追求所谓绝对的客观性的真理标准，第二种常态性的真理标准就是对这种追求绝对客观性的真理的反思性批判和对真理在生活世界中的构成前提的主观性起源的揭示。按照现象学的明见性的根本原则，对于经验的先验性的阐明是现象学的终极目标，明见性就是基于这种先验性的阐明的标准，因此常态性的真理标准必须奠基于明见性的真理标准。

　　现象学的真理性标准就是意向对象直观充实的明见性和意向对象自身的彻底的明见性。科学理论的意义充实对应于科学理论的直观明见性，而直观明见性则是现象学的真理标准。因此，科学理论的直观充实的程度对应于科学理论的真理性。最彻底的直观明见性是指意指对象的"相即性"充实，也即意指对象通过明见性的充实而成为"现实的"对象，二者是完全一致的。并且，现象学认为，无论是本质科学还是经验科学，直观的明见性是最终的真理标准，一切非直观明见性的认识都要奠基于明见性的认识。

第一节　现象学的明见性概念

　　在现象学中，明见性和意指意向的充实程度相关。设定性意向在一个感知中的充实称为证明，无论这种感知的充实是不是一致性的和完全的，胡塞尔称之为松散意义上的"明见性"，因此松散意义上的明见性并不一定是理性的相即性感知。这种明见性显然是具有层次和程度的，明见性层次提高和程度加强的序列，就是感知局部接近感知对象的客观完整性，然后逐步达到相即感知这种明见性的理想。但严格意义上的明见性，是一种最完整的相合性综合的行为，"仅仅与这个最终的、不可逾越的目标有关，仅仅与这个最完善的充实综合的行为有关，它为意向，例如判断意向，提供了绝对的内容充盈，提供了对对象本身的内容充盈。对象不仅被意指，而且就像它被意指那样，对象与意指是统一的，对象是在最严格的意义上被给予的；此外，这里所说的对象是一个个个体对象，还是一个普遍对象，是一个狭义上的对象，还是一个事态（一个认同的或区别的相关物），这个问题在这里无关紧要的"。①

在意向的完整的充实的情况下，明见性具有一种绝对的确然性，这种确然性的品格使得其在奠基的次序中保持着最大的优先性。这种优先性品格体现在："任何明见性都是对一个存在者或者如此存在者以'它自身'这一样式在其存在的完全的、因而排出了任何怀疑的确定性中的自身把握。"但是胡塞尔承认，在有些情况下，明见性的东西在后来也有可能变成可怀疑的，这主要是在感性经验中。确然的明见性具有这样一种确然的特点，"即它根本来说不仅是那些在其中明见的事情或事态的存在确定性，而且通过一种批判性反思，它同时又被揭示为了事情或事态的非存在的绝对不可想象性；因此，它事先就把任何可想象的怀疑作为无对象的而排除在外了"。② 最初的明见性作为具有这样的性质："在它们身上同时也可以看出它们本身就是确然的；如果说它们不是相合的，那么它们至少必定具有某种可认识的确然内容，即具有某种由于这种确然性而一劳永逸地或者绝对固定地得到保障的存在内容。"③

上述的明见性行为的意向相关物叫"真理意义上的存在"，或者也可以叫作"真理"。

第二节　现象学的真理概念

由胡塞尔对明见性的分析可见，胡塞尔所认为的真理总是与明见性的直观充实的意向性行为内在相关，并且处于一种意向性关联中，意向性行为的明见性保证了意向相关项的真理性，意向行为明见性的程度对应于意

---

① ［德］胡塞尔：《逻辑研究》Ⅱ/2，倪梁康译，上海译文出版社 1999 年版，第 121 页。
② ［德］胡塞尔：《笛卡尔式的沉思》，张廷国译，中国城市出版社 2002 年版，第 17 页。
③ 同上书，第 22 页。

向相关项的真理性的程度。具体说来，在《逻辑研究》中，胡塞尔对真理概念区分了以下几种情况。

1）在作为明见性的意向相关物意义上，"真理作为一个认同行为的相关物是一个事态，作为相合的认同行为的相关物则是同一性，即：在被意指之物和被给予之物本身之间的完整一致性"。但这里所讲的相合性感知并不只是相即兴感知，它必须是一种现时性的一致性感知。可以说，"真理事实上是'现存的'。这里先天地存在着这样一种可能性，即：我们随时有可能观向这种一致性并且使这种一致性在相即感知中成为意向性意识。"① 可见，这种意义上的真理即是一种现时的客观的存在，它随时可以显现于我们面前。但是这种客观的存在物并不是自在之物，而是可感知的意向相关项。

2）第二个真理概念涉及意向行为本身。具体说是"涉及明见性的统一性中存在着的观念关系，这种相合统一是指在各个相合行为的认识本质之间起作用的统一"。②这种"被包含在行为形式中"的观念本质，其实就是胡塞尔所说的意识活动的本质结构。

3）作为给予性行为的充盈方面，如果作为意指对象在明见性中被给予，它也是作为存在、真理、真实之物。它并不同于感知中的意向相关项，而是作为意向意指的充盈的行为而被体验到。

4）由意向关系的明见性看，有一种作为"意向正确性（特别是例如判断的正确性）、作为意向与真实对象之相即状态的真理，或者说，作为种类意向的认识本质之正确性的真理"。例如，逻辑意义上的定理的正确性：定理"朝向"事物本身；"这个定理说：它是这样，并且它确实是这样的。但在这个定理中表述了这样一个观念的可能性，也就是这样一个总体的可能性，即：任何一个具有这种质料的定理都可以在最严格的相即性中得到充实"。③

在上面论述的真理概念并没有严格区分真理概念和存在概念。在通常的用法中，真理概念往往是与判断和定理，或者它们的客观相关物有

---

① ［德］胡塞尔：《逻辑研究》Ⅱ/2，倪梁康译，上海译文出版社 1999 年版，第 121 页。
② 同上书，第 122 页。
③ 同上。

关；而存在概念与作为完全明见性的客体有关。胡塞尔在这里没有区分真理和存在的原因在于，这样的真理概念和对应的谬误概念可以涵盖客体化行为的整个领域。如果要以现象学的方式区分真理和存在，则真理概念与客观化的意向行为和它观念地被理解的各个因素有关，而存在概念则与明见性的意向相关项有关。这样，"与此相符，根据 2）和 4），我们讲真理定义为相即性的观念，或者定义为客体化设定和含义的正确性。这样，在真理意义上的存在便可以根据 1）和 3）而被定义为在相即性中同时被意指和给予的对象的同一性，但也可以（这更符合这个词的自然意义）被定义为可以在相即性中被感知之物，这个被感知之物与一个通过感知而可以使之为真的（可以相即充实的）意向有着不确定的联系"。

这样，"较为狭义的真理概念便限制在一个关系行为与属于此行为的相即事态感知的理想相即性上；同样，较为狭义的存在概念则涉及绝对对象的存在并且将这种存在与事态的'存有'区分开来"。①

由以上论述可知，明见性的概念涉及意指对象和直观充实的对象这两种意向性对象的关系，它首先涉及意指对象的直观充实行为的充分性，与此相关，明见性是指意向对象和它的直观充实之间的一致性，或者说明见性的程度表述意指对象和它的直观充实之间的一致性程度，最终的直观明见性指意向意指和直观对象的相即或者完全严格的一致。在这里，我们看到：首先，明见性和真理概念密切相关，真理首先不是命题或句子与客观对象的符合，而是相关于意向充实的行为，或者说真理是明见性行为的产物。这种观念突破了传统认识论中主客之间的脱离认识过程的静止的关系，揭示了认识和对象之间的相符是在能动的认识实践中才能实现出来，认识本身是作为实践行为的产物；其次，这种明见性行为建立起来的相合关系不是传统认识论框架中认识和客观对象之间的，而是转变为意向对象和它的直观充实的相合性，这种真理观是以意向性关系为基础，突破了传统主客二分的认识论观点，以意向性理论解决了传统真理观中主观的判断和客观的事物之间的差异性，使认识和对象之间的符合成为可能，因为二者都是作为意识对象，是同质的；再次，这种明见性作为真理的评价标

---

① ［德］胡塞尔：《逻辑研究》Ⅱ/2，倪梁康译，上海译文出版社 1999 年版，第 125 页。

准，但它并不是真理本身，而是和真理处于一种意向性的内在关联之中，真理首先不再是判断句，而是直接直观到的直观明见性的对象；最后，现象学所认为的对象并不限于个体对象，也包括知性对象性和普遍的对象性，包括判断。并且依据现象学的意向构成原理，前谓词和概念的经验也是一种广义的判断，也是一种认识；与此相关，作为直观明见性的经验，现象学的真理并不区分概念和判断。这种广义的真理观突破了传统的认识论关于真理形式的狭隘的观念，解决了判断和对象这两种不同性质的事物之间如何相符的问题，在现象学看来，概念和判断的区别只在于其认识行为的立义质料的不同，它们可以相互转化而不改变经验的认识内容。

　　并且，胡塞尔的真理概念不仅包括意向相关项的直观充实的明见性，也包括明见性的意向行为本身，或者说真理也包括对意向行为本身的直观充实性本身的把握。由于胡塞尔通过意向性理论，把传统认识论的主客关系变为意向行为和意向对象之间的关系，而使认识论和本体论合为一体，意向对象既是意识行为指向的对象，又是意向行为构成的对象。因此，撇开传统认识论从形式逻辑的角度对判断与对象的区分，从现象学的角度讲，真理和存在并没有明确的界限，广义的真理就是明见性的经验，或者说明见性的意向对象，这样，真理与谬误概念的外延合起来与存在者对象域完全重合，而真理概念的外延和明见性的存在者对象域重合。

　　由上可见，现象学的真理概念是以明见性概念为基础的，它是现象学真理的内在要求，也是其最终的判断标准。胡塞尔认为所有的经验或科学，或者是自身具有真正的明见性，或者奠基于明见性的经验或科学之上。经验科学的理论既不是直观经验，也不是现象学所谓的纯粹观念科学，而是一种抽象的、无法直观充实的理念体系，因此它的真理性问题是一个很特殊的问题。

第三节　科学理论的真理标准问题

　　胡塞尔认为，近代以来的抽象理念化的科学观念系统，给生活世界披上了一层理念性外衣，而忽略了其本身的意义来源和缺乏对其真正的明见性基础的反思①，但它并没有否认科学的理论能够提供正确的知识，科学的知识具有某种真理性。

对于科学的真理性问题，现象学可以从两个方面进行论述：一个真理标准是作为范导性概念的明见性真理概念。另外一个标准就是由于科学的传统、范式和方法论规范等形成的作为知识的规范的常态性。

一　关于科学知识与现象学的明见性的真理标准的关系

现象学的明见性的概念是基于现象学的先验主体性的第一人称视角的真理标准，而科学研究本身作为一种由科学家共同体在生活世界中历史地发生构成的关于自然经验的理论化知识，最终也是主体性的意识的意向构成的成就，因此也需要以现象学的明见性为其真理性的最终标准。作为主体性的成就的科学知识，也必须在与主体的先验关系的阐明的基础上澄清其意义的来源，基于第一人称视角的明见性的标准，作为一切知识的衡量标准是合理的，也适用于对科学知识的评价。对于经验性的自然科学的理论和知识，是一种抽象理念化的理论工具，无法具有彻底的明见性，因此，彻底的明见性对于自然科学的研究而言是一种范导性的概念，可以作为科学研究的理想和追求的目标，引导科学不断进步。

对于科学理论而言，这种明见性的真理标准的范导性作用，主要体现在科学的经验性知识奠基于相应的本质性的科学，而本质性的科学最终奠基于现象学意义上的区域本体论及形式本体论。对于本质性的科学，则以明见性为真理的标准。因此经验性的科学的对于知识和真理的追求，应该最终间接地受到明见性的真理标准的规范。

按照现象学的基本理论，每一门经验科学都对应有一门本质科学，如广义的经验物理学对应有本质物理学，经验心理学对应有本质心理学，并且前者必须奠基于后者。首先，如上所说，缺乏明见性的认识必须奠基于明见性的认识，非本质性的认识必须奠基于对应的本质性的认识；经验性

---

①　对于客观科学如何奠基于生活世界之上，胡塞尔的基本观点是必须澄清科学理论的意义是如何起源于前科学的生活世界，以及通过现象学的阐述，论证客观科学奠基于对应的本质科学，而这些本质科学最终奠基于现象学哲学。相关的论述见《欧洲科学的危机与超越论的现象学》（［德］胡塞尔：《欧洲科学的危机与超越论的现象学》，王炳文译，商务印书馆2001年版。），以及《观念》I 中第57—59页。

科学虽然具有经验性的普遍性，但不具有先天的必然性，而研究纯粹的对象和判断的本质科学，则具有先天必然性；经验性科学虽然具有偶然性，但其却必须以对应的本质性科学所揭示的那些基本范畴和本质规律为前提，从始至终受它们的规定性的支配；经验性科学理论都具有抽象理念性的特征，不具有直观的明见性，而本质科学的经验则具有彻底的直观的明见性。

因此，科学理论的真理性问题就转变为科学理论这种意指性的对象如何通过理论的直观充实活动的构造而实现间接的直观充实的问题。通过前面关于科学理论的意义的直观充实的研究，我们知道科学理论的直观充实（无论是质料的或是质料和内容的直观充实）必须要通过对科学理论在科学的背景视域中的"演绎"而获得间接的明见性的充实，随着科学理论经受住种种严峻的检验，接而在实践中的全面地应用，科学理论的概念或对象的充实程度会越来越高，越来越具有明见性。但科学理论对对象区域的整体而抽象的把握方式决定了这种直观充实是有限的，总是间接的，无法真正达到"相即性"的直观充实。

但另外一方面，现象学的真理观为我们提供了评价一切人类认识，尤其是科学理论的真理性的一个理想化的标准，因为这个标准本身就是具有彻底的明见性的，它把真理概念（明见性的经验）和真理的标准（明见性）统一在意向性关系中，二者是内在一致的。它具有彻底的明见性，不需要借助于其他的真理概念或标准来证明。这个标准是我们评价一切科学理论认识的最终标准。科学理论并不能具有彻底的直观明见性，但作为一种理论性的目的论实践，其最终目标是指向关于科学领域的大全而彻底地明见的真理这个目的的。因此，现象学的真理概念也是科学实践的指引性的理念，它引导着科学理论实践的无限向前发展。

对于科学理论的真理性问题的判断可以分为如下几个方面。

首先，我们需要就科学理论的形式问题进行探讨，看它是否符合真理的形式条件。由前面现象学的真理概念可知，作为一种理念对象体系，或者说意指对象，科学理论的真理性也是和其直观充实的明见性联系在一起的。科学理论并不是单个的判断或语句，而是一个语言框架整体，有些理论是以普通的句子集表述的，有些是以数学公式表述的；虽然同一种理论可以有多种表达方式但实质上都是以不同的方式表述参数间的形式关系，而数学和逻辑语言能最为精确而简洁地表述复杂的、用普通的判断和概念无法表述的复杂形式关系，因此它们在经验科学中具有非常重要的地位；这同时也说明传统的逻辑学所规定的真理和主谓判断或判断集合表述的观念很狭窄，真理的形式可以采取很多种不同的形式；科学理论无论是真理还是谬误，它们的形式并不局限于某一类的逻辑形式；依据普遍流形学，科学理论的表述形式可以有很多种杂多的样式，但在这种杂多性之后具有本质性的不变的同一性，所以科学理论的真理性不会因形式的变化而发生变化。

其次，就科学理论的真理性标准来说，我们认为必须以彻底的直观明见性为最终的标准。

科学理论是抽象的语言框架，其中有理念这样的质料性领域的对象，也有形式对象，例如数学表达式；无论是理念对象还是形式关系，都是抽象的对象性，因为经验科学中的形式表达式可能具有什么物理含义，这是我们无法直接地直观到的。

从科学理论的形式方面来讲，科学理论不同于普通的意指对象，它们具有一种精确的形式结构，这种形式结构把各个理念对象或参数关联为一个整体；我们无法直观地把握这些形式结构，但它们首先具有形式结构上的明见性，这种形式方面我们可以直观地把握。

从科学理论的质料性内容来讲，我们无法明见性地把握这些形式结构所蕴含的物理含义；也就是说，我们在把握这些形式关系时，并不能直观地把握为什么这些理论对象或参数之间会有这样的形式关系；这是因为，这些形式关系不是由形式科学所规定的，而是由对象区域的质料性因素所规定的；我们无法直观地把握这种质料性对象区域，所以也就无法明见性地直观把握理论公式中形式结构的物理意义。

我们知道，科学理论的真理性相关于科学理论的充实的明见性，只有当直观充实过程是具有明见性的，科学理论才具有真理性。所以科学理论的真理性必须通过这种间接的直观充实才能显示出来。而科学理论的上述特点决定了科学理论作为一种观念性的对象，需要通过间接的直观充实而获得其意义，或者说获得明见性的真理性。在这里，作为意指对象的科学理论和明见性的直观对象之间的关系是间接的，是通过辅助的理论假说、逻辑推理和观察实验才实现"相合"，但无法实现理论和对象之间的"相即"关系。因此，这种见解充实的特点决定了科学理论不具有现象学意义上的明见的真理性。

因此，由于科学理论的直观充实的非明见性，科学理论的真理性和科学对象的存在问题并不是同一的，科学理论并不是科学对象领域的对象，二者是通过诸多间接的环节联系在一起的，科学理论作为理念对象是我们可以以一种类似于形式对象的方式把握，而科学对象并不能直观地呈现出来，而是借助于科学的实验手段才可能间接地呈现给我们。

最后，就科学理论的一般评价标准来说，是其在逻辑上可检验，并且通过了一定的科学观察实验的检验。这种标准是科学实践中，科学理论的可接受标准，而不是现象学意义上的科学理论的真理性标准。科学的检验是科学理论的充实行为，科学理论通过一定的科学实验的检验，表明科学理论通过间接方式获得了进一步的充实，科学理论获得更大的明见性，科学理论的真理性也获得推进，可见科学检验或科学理论的应用是增加科学理论真理性的意向行为，并能通过越来越多的明见性充实使科学理论逐步充实，但科学理论自身的特点决定了科学理论始终是具有非完全的直观明见性，也就是不具有直观的真理的性质。另外需要指明的是，科学检验验证了或展现了科学理论的明见性和真理性，但科学理论的真理性并不是取决于观察实验，也不是由科学说明或预测赋予理论的特性，科学理论的真理性是科学理论的意向构成所赋予的，科学检验、科学说明或科学预测只是实现科学理论的真理性的方式，并且它们是以科学理论的真理性为前提的。

二　关于科学的常态性的真理标准

生活世界之中历史地形成的传统、生活形式、习俗、沉积的经验等会形成主体间性的关于知识的规范性的评价标准，现象学把这些规范性的集合称之为常态性。

胡塞尔的常态性概念是一个先验构成的概念，它意味着一种在历史的生活世界中的基于传统、习俗和经验所构成的主体间性。对于胡塞尔的常态性概念，扎哈维给出了简要的概括："我们的经验被对于常态性的预期所指导。我们的理解、经验和构成都被那些被早先的经验所建立起来的普通和典型的结构、原型和模式所塑造（Hua 11/186）。如果我们所经验的东西和我们早先的经验相冲突——若它是不同点——我们就会具有一种非常态的经验，而它随后可能会导致我们的预期的修改（Ms. D13 234b, 15/438）。"① 可见常态性是基于主体间性的共同实践而在历史之中形成的关于经验、知识的评价标准。而这种标准是具有相对性的，在某些特定的语境下，面对新的经验和事例时，常态性的标准也可能会发生修改或调整。

一些现象学家把使用常态性的语境分为两类："首先当我们面对的是一个成熟、健康和理性的人时，才会论及常态性。在这里，非常态的就会是婴儿、盲人或精神分裂者。其次，当关系到我们自己的家园（Home-land）时，我们也谈及常态性，而非常态性就被归属给异地者。然而，假如满足某些条件，他们也能被理解为相异的常态性中的成员。"② 显然，这里谈及的是对两种常态性的前提条件的基本分类，第一种常态性的前提条件是所谓健全的理性；第二种常态性相关于地域性的文化、传统和习俗等因素。

科学具有自己特殊的常态性的概念及标准。它是基于科学的传统、方法论、规范、知识和经验等要素，借用库恩的范式概念，则常态性的规范是由科学研究的传统和范式决定的。显然，科学家共同体通常被认为是理智健全的人，因此科学的常态性满足以上条件中的第一条。但科学是一种超越地域和文化的普遍性的实践，还是一种起源于特殊地域和特殊文化的地方性知识，在现在的人文学术界仍然有争议，但大多数人还是相信科学在某种角度而言是一种具有超越地域、种族和信仰的普适性的文化。

如同其他的生活世界中的常态一样，科学的常态性是在科学的发展历史中发生构成的，因此并不是绝对的，而是具有主体间性的稳定性，但又有一定的相对性。区别在于，科学的常态性基于其自身的特性和传统而具有高度的专业性、规范性和严格性，它较少受外在性的其他文化、习俗和日常观念等的影响。

通常我们论及经验或者意见的异同，总是已经预设了那些意见的分歧是基于某种共同的前提和基础的，争议和分歧往往使会导致新的认知。而

---

① ［丹麦］丹·扎哈维：《胡塞尔现象学》，李忠伟译，世纪出版股份有限公司，上海译文出版社 2007 年版，第 144 页。

② 同上书，第 146 页。

常态性就是讨论分歧意见以及判断正确与谬误的前提条件。对于科学知识的客观性评价标准，就是以科学的常态性为前提条件的。客观性的概念总是已经预设了一种主体间性的标准，科学知识的客观性则基于科学本身的研究和检验的规范和方法论。实际上，常态性标准与客观性标准有某种对应性和内在相关性。

　　按照扎哈维的说法，如果把客观性的标准分为两种：第一种是在日常生活中基本足够使用的、与某种有限的主体间性对应的客观性，可称之为相对的客观性；第二种是所谓严格的、对所有主体都无条件地适用的客观性。① 显然，自然科学所设想和追求的客观性是上述第二种客观性的一种极致的理想。这种对于知识的极致的客观性的追求就是对于一种范导性的真理的追求。科学的这种范导性的、理想化的真理观念与现象学所坚持的彻底的明见性的、范导性的真理标准是完全不同的两种类型的标准。

　　在科学的实践中，对于客观性的真理的标准或者是正确的理论的评价标准，是基于科学的观察实验的检验机制的，也就是通过理论模型结合初始条件、边界条件辅助假设等对实验现象的说明与预测来检验理论的正确性。类似地，这种检验也是有限的主体间性的、相对的标准，科学的客观性标准也是随着科学的发展而变化的。

　　从现象学的角度看，即便是科学所追求的绝对化的、客观的真理，也是与主体性相关的客观性，是与基于先验主体性的常态性相关的常态性的真理。

第四节　结　论

　　总之，相比现象学的真理观念，以前哲学中流行的真理概念的局限性在于其往往立足于自然主义或者逻辑学的角度的思考，把真理问题与主体性割裂开来，没有反思科学是作为生活世界的主体间性地历史地构成的意识生活的成就，我们需要从现象学的先验视角，把科学作为主体性的成就去寻求验证科学理论的真理性的最终标准。当然，我们不需要排斥哲学中

---

　　① 参见［丹麦］丹·扎哈维《胡塞尔现象学》，李忠伟译，上海世纪出版股份有限公司，上海译文出版社 2007 年版，第 147 页。

流行的各种类型的真理观，但它们必须奠基于具有最终明见性的真理观；没有这种真理观为其基础，其他的真理观是含混不清或者没有自明性的。

　　现象学的明见性的真理标准和常态性的真理标准为分析生活世界中的历史性地发生构成的经验的现象学分析提供了重要的概念基础。明见性真理标准既是对一切经验的判断标准和规范，也包含着对于科学主义与自然主义的批判。在根据胡塞尔，现象学的明见性的真理标准既是评价一切科学认识的最终标准，但同时也是现象学批判现代科学的直接理论根据：现代科学缺乏直观明见性、走向抽象和非直观、远离生活世界，并给原始的生活世界披上了它构造出来的理念外衣，使其本源的意义受到遮蔽和被现代人所遗忘等。现象学为现代科学划出了其界限，那就是它是一种理念性的语言框架，它并不能直观地充实，并不具有彻底的明见性，它远离直观明见性的生活世界，因此，它必须奠基于具有明见性的认识和直观生活世界，并以之作为自己的目的和规范，而不是要以现代科学的标准作为一切人类认识和科学的最终评价标准。常态性的标准，为把科学的真理性和客观性问题放在生活世界的历史语境中的分析提供了有效的分析框架，基于常态性的不同层次和类型，可以在明见性的最终标准的基础上，对科学的理论的真理问题展开多种层次和维度的分析。因此在分析科学的真理性和知识的客观性问题时，这两种真理标准是互相补充的。

结束语 在现象学与科学的
双重视野中的自然

　　本书作为一本对自然科学现象学的导论性的研究，其主题是探索如何建立一种基于先验现象学的视角展开对自然科学的认知领域的系统性研究。这样一种导论性的研究主要是对如何才能建立这一门现象学研究的分析和论证，并对于其主要的理论框架、研究主题和思路等的论证和阐明，而不是对自然科学现象学的全面系统的研究。在正文第一部分中论证了自然科学现象学作为一门现象学研究分支学科的合理性，并阐述了其研究的基本纲领。这一部分论证的核心问题是自然科学的研究如何可以纳入现象学的意向性结构的分析框架，因而可以建立一门关于科学的认识方式和科学理论的系统的现象学研究。这一部分的主要内容包括对自然科学现象学的基本观念的阐述，并从现象学的基本理论、方法及经典现象学家的相关论述结合对自然科学的相关理论洞察和观察实验的发现的现象学解读，论证了自然科学现象学作为一门研究自然科学的现象学分支理论的研究是如何可能的理论根据和方法论。并在此基础上阐述了自然科学现象学的理论基础、分析的概念框架以及主要研究的主题和思路等。正文的第二、第三部分是对自然科学现象学的研究纲领中所设想的主要主题的分析和论述，同时也是对其基本理论框架的阐述和论证。

　　对于自然科学现象学而言，如何建立现象学与自然科学的对话的方法论是一个基本而重要的问题。但在本书中，并没系统性地论述这种方法论，而主要是探索性地应用现象学的视角和科学的视角相互交替、相互参照并综合地理解一些自然科学中的主题。这么做的主要原因在于，对于一般性的方法论的阐明，需要基于现象学与科学的数量巨大而类型众多的对话和交流的案例和经验的分析，在具体的可操作的方式上，应该是依据于研究领域和学科的特点灵活地应用，只会有一些基本的原则和规范，并不存在可以通用与现象学各种类型的科学领域的对话的普遍的方法论。最为基本的原则是，在这两种视角的对话和交流中，不能造成视角的混淆和阐释的歪曲，尤其是不能使现象学的研究偏离现象学本身的根本原则，更不能导致现象学的研究被自然化而失去其独立的视角和特定的方法论。另外，现象学可以对科学认知的意识结构、经验的意向构成的逻辑形式和对象领域的本体论问题进行分析，但现象学的最终目的是对意识以及主体与对象领域的关联的先验阐明。

在本书中，现象学与科学的交流是一种基于现象学的视角与科学的研究的经验实证—理论模型的解释视角之间的对话与交流。这种综合性的分析中，现象学的视角是主要的和统摄性的，科学的理论解释和经验观察证据是一种辅助性的视角和理论资源，最终科学的解读会被统摄于现象学视角的转化性的分析和理解。其中一个例子是对如何理解科学的经验及其范围的主题的分析，一方面，从现象学的视角对其意向性结构进行分析；另一方面，从量子理论等科学方面的一些前沿观念，对于科学的经验以及其与主体性的关系进行了重新的阐释，通过这两方面的结合，对于科学经验的意向性结构的论述得到现象学与科学两方面的理论根据和经验事实的支持。

对于不同的自然领域的研究，需要灵活地采取不同的对话方式和策略，因此，相应的方法论应该是多元的，而且是需要在对话实践中逐渐澄清的。现对于目前自然科学的前沿领域，如量子理论、粒子物理和宇宙学等领域，现象学与自然科学的对话限于各种条件是艰难的，因此对其对话方式以及相应的方法论的阐明还有待于结合研究实践的探索。

对于本书所设想的自然科学现象学的研究纲领而言，本书的主要研究仍然只是一个初步的探索，进一步的工作，需要广泛的参与和艰难的探索，才可能真正取得进步。

*

在现时代，哲学研究的意义究竟何在？当前的人类社会两个重要的公共领域是对自然的探索和对人类社会的政治秩序的建构。科学和政治科学分别承担着对这两个领域的主要的经验实证的研究。对于政治秩序的探索，政治哲学积极参与并且正在蓬勃发展，而对于自然科学以及自然领域的探索却处于相对衰落的状态。哲学与科学研究的错位在于，面对科学研究向微观世界和宇宙领域的高歌猛进以及科学与技术对我们现时代生活世界的重要影响以及先验地发挥着主体性的构成功能这样的时代性的现实，哲学的反思和深入阐明却明显滞后，这不能不说是哲学与时代精神的某种程度的脱节。

现象学如何回应当今社会的科学和政治这两大主题呢？现象学家们对于伦理学、道德哲学有许多的深入的研究，而且在原则上，现象学可以作为一种历史的、社会性的先验哲学的分析框架用于对我们的公共生活领域进行研究，因此，从理论上讲，这种对社会领域的研究可以延伸至奠基于伦理学的政治哲学的研究。而对于科学与自然领域的研究，有待于我们建立自然科学现象学和自然现象学以进行深入的研究。

在现时代，自然科学前沿成为人类认识自然，包括微观世界和宇宙的最主要的窗口和平台。自然科学仍然拥有强大的生命力，以其高超的观察实验的方式和抽象理论的巧妙结合，为我们源源不断地呈现从浩瀚苍茫的宇宙到微观的基本粒子的现象以及信息，也为我们贡献关于自然的知识。

科学对自然的研究显示了主体与世界的先验关联以及对超越性的经验的先验主体间性的构成方式。根据主流的量子理论 测量，观察创造实在论，观察理论模型实在论。尽管借助了规范的、主体间性的客观性的方法，以及科学的实验仪器设备，科学研究仍然是以主体间性的方式构成的社会化的认知自然的方式，我们依然是基于主体性的视角和理性对世界的经验方式去认识自然包括宇宙和微观世界。虽然主体是以社会性、主体间性、技术性的方式去经验自然，但一切经验包括技术的辅助手段都是奠基于先验主体性的意识的本质结构和发生构成经验的先验形式而构成的。先验主体性只能以先验自我意识经验超越性对象的方式去经验世界。

量子理论的前沿研究可以为哲学关于先验主体、意识与宇宙的内在关联等问题的研究贡献重要的经验、信息、认知以及研究的主题。例如量子理论的解释认为，观察创造物质或物质的属性，即便对于宇宙规模的自然世界而言，其演化是遵循量子理论的所设想的概率化的潜在存在的形态，其历史和路径是相对于主体性的观察而言的，我们无法离开人类的认知方式和具体的实验观测、以形而上学式的视角去谈论宇宙的实在论问题。按照量子理论，微观对象、宏观对象和宇宙都与我们的意识或者主体性的认识形式内在相关。甚至有些量子意识研究者认为宇宙的范围也是意识所覆盖的范围。

自然科学家应用量子理论对生命的研究也对于现象学具有重要的启发意义，可以激发现象学家去通过对话而深化对生命问题的研究。生命是一个人生的重要问题，也应该成为现象学研究的重要主题。胡塞尔在其具身化的现象学研究中，把生命、死亡也看作是具身性的主体性的本质特性之一。近来还有科学家罗伯特·兰扎提出生物中心主义①的理论，对于生命和意识给出了独到的阐述。兰扎认为我们对世界的理解，对于自然科学的理解，不应该立足于所谓客观主义的、旁观者的立场去理解，这些立场是导致目前我们对于量子理论、宇宙学前沿以及很多生命问题束手无策的根本原因所在，只有我们确立了以人、意识和生命为中心的视角去理解这些，困惑我们的众多谜团才有希望被解开。量子理论的研究激发我们对具身性的主体性的本质规定性的思考。兰扎在其专著《生物中心主义》中对宇宙学的人择原理、量子之谜、多世界理论等给出新的极具有启发性的解释。兰扎还用量子理论及其多世界理论解释生命现象，对于如何理解生命和死亡，给出了令人惊异而奇异的理解，他认为死亡只是我们宏观世界中与环境耦合而退相干的身体的现象，而对于非退相干的、处于可能的概率化存在状态的意识而言，生命并未结束，甚至他认为，按照平行世界理论，在此世界中消失的生命还可以在平行世界中仍然存在，因而生命和意识是永生的。

虽然兰扎的研究的理论基础和逻辑论证未必是充分而站得住脚的，虽然量子理论对于生命尤其是意识现象的研究仍然是初步的，但随着这种研究的继续深入，对于破解生命和意识之谜具有重要的推动作用，也许某一天会获得根本性的突破。自然科学的这些富有启发性的研究和阐释，对于平静而波澜不兴的哲学的思考是具有激发效应的，哲学应该积极参与与科学的对话，参照自然科学所提供的新的视角，应对自然科学的相关研究提出的新的事实和理论的挑战，给出现象学的新的分析和阐述，为这些传统的哲学主题赋予新的生命。

———————

① 参见［美］罗伯特·兰扎《生物中心主义》，朱子文译，重庆出版社 2012 年版。

　　科学的研究能够间接地显现现象学的先验主体性。科学的第三人称的经验实证的方式并不具有现象学意义上的严格的直观明见性，但它以另外一种方式为我们呈现关于自然的经验和知识，这对于现象学的研究而言，是提供了关于自然的丰富的现象和信息。另外，每一种对自然现象的呈现，也以共现的方式显现了自然的先验维度以及与主体的意向性关联的方式，以及共现的先验主体性在这种关联中显现的本质特性、先验意识的本质结构以及具身性先验主体的先验构成功能等。

　　一方面，量子理论激发我们思考主体、意识与宇宙的先验关联；另一方面，现象学也促进对量子理论的理解、认识宇宙的方式以及宇宙的本体论问题的阐明。应该说，我们关于量子理论、科学认知以及宇宙的理解，仍然受我们日常生活中的自然态度以及各种基于宏观世界的物理理论图景而构造的各种朴素或精致的自然主义的哲学立场限制，而无法转换理解的视角去理解这一切。可以断言，只有突破自然主义的预设的理论框架和观念束缚，以现象学对自然态度的悬置和以第一人称的本质直观直面事实本身，才可能彻底解放和拓展我们的视野，获得一种可以突破传统世界图景的对科学与自然的全新理解。

*

　　另外，对于自然科学现象学的研究，除了前面所述的主题之外，另外也是把对自然科学的现象学研究作为进一步对自然的本体论分析和先验阐明的前提和主要的研究进路。限于本书的主题和篇幅，这里没有对自然的主题进行直接的现象学探索。但这并不意味着对自然的现象学研究不重要，实际上对自然的现象学研究是一种有待展开的重要主题，出于讨论的方便，在这里姑且把对自然的系统化的现象学研究称为自然现象学。在以往的现象学研究中，梅洛－庞蒂的著作《自然》是直接以自然为研究主题，这也许可以算是自然现象学研究的先期探索。而胡塞尔对于区域本体论和生活世界理论的相关阐述和海德格尔对于"物"的追问等，都可以看作是属于对自然的现象学研究。

　　在现时代的语境下，由于科学研究成为探测和研究自然的最为主要而且成功的方式，而且因为科学的观察实验提供了前所未有的显现自然的契机，对自然的显现也远超出了前科学的日常直观经验的范围，因此对自然的现象学研究的很大一部分应该被纳入自然科学现象学进行研究。尽管如此，基于生活世界的直观经验对于自然的研究仍然具有基础而不可替代的重要性，因为如果没有这种层面的自然现象学的研究，则基于科学的经验的现象学研究缺乏其关于自然的原初给予的直观明见性的经验及本质洞察的奠基。因此，自然现象学的研究对于自然科学的研究是一种奠基和范导性的学科基础。

参考文献

胡塞尔原著:

德文本和英译本:

Edmund Husserl : *Experience and judgment* : *investigations in a genealogy of logic*, revised and ed. by Ludwig Landgrebe ; translated by James S. Churchill and Karl Ameriks, London: Routledge & Kegan Paul, 1973.

——*Formal and Transcendental Logic.* Translated by Lester E. Embree, Evanston: Northwestern University Press, 1969.

——*Cartesianische Meditationen* , Hamburg: Felix Meiner Verlag, 1977.

——*Die Krisis der europaischen Wissenschaften und die transzendentale Phanomenologie* : Eine E. Husserl, Einleitung in die Phanomenologische Philosophie, Hamburg: Felix Meiner Verlag, 1977. E. Husserl,, Logische Untersuchungen , Tübingen : Niemeyer, 1993. Bd. 1, Bd. 2/Teil (1—2)

——*Logik und Allgemeine Wissenschaftstheorie Vorlesungen* 1917/18 : Mit Ergaenzenden Texten aus der Ersten Fassung von 1910/11, Dordrecht : Kluwer Academic Pub. , 1996.

——*Logical investigations*, translated by J. N. Findlay from the second German edition of Logische Logische Untersuchungen, London : Routledge, 2001.

——Husserliana13. Zur Phänomenologie der Intersubjektivität. Texte aus dem Nachlass. Erster Teil: 1905—1920. Hrsg. von Iso Kern. 1973. xlviii + 548 pp. HB. ISBN 90—247—5028—8.

——Husserliana14. Zur Phänomenologie der Intersubjektivität. Texte aus dem Nachlass. Zweiter Teil: 1921—1928. Hrsg. von Iso Kern. 1973. xxxvi + 624 pp. HB. ISBN 90—247—5029—6.

—Husserliana15. Zur Phänomenologie der Intersubjektivität. Texte aus dem Nachlass. Dritter Teil: 1929—1935. Hrsg. von Iso Kern. 1973. lxx + 742 pp. HB. ISBN 90—247—5030—X

—*Early Writings in the Philosophy of Logic and Mathematics*, tr. by Dallas Willard, Dordrecht: Kluwer Academic Pub., 1994.

—Aktive Synthesen: aus der Vorlesung "Transzendentale Logik" 1920/21: Erganzungsband zu "Analysen zur passiven Synthesis" Dordrecht; Boston: Kluwer Academic Publishers, c2000.

—*Philosophy of arithmetic: psychological and logical investigations: with supplementary texts from* 1887—1901, translated by Dallas Willard, Boston: Kluwer Academic Publishers, 2003.

[德] 埃德蒙德·胡塞尔著作中译本：

《逻辑研究》I，倪梁康译，上海译文，1994 年版。

《逻辑研究》Ⅱ/1，倪梁康译，上海译文出版社 1998 年版。

《逻辑研究》Ⅱ/2，倪梁康译，上海译文出版社 1999 年版。

《纯粹现象学通论》：《纯粹现象和现象学哲学的观念》第 1 卷，李幼蒸译，商务印书馆 1996 年版。

《现象学的构成研究》：《纯粹现象学和现象学哲学的观念》第 2 卷，李幼蒸译，中国人民大学出版社 2013 年版。

《现象学和科学基础》：《纯粹现象学和现象学哲学的观念》第 3 卷，李幼蒸译，中国人民大学出版社 2013 年版。

《形式和先验的逻辑——逻辑理性批判研究》，李幼蒸译，中国人民大学出版社 2013 年版。

《经验与判断》，邓晓芒、张廷国译，三联书店 1999 年版。

《欧洲科学的危机与超越论的现象学》，王炳文译，商务印书馆 2001 年版。

《笛卡儿式的沉思》，张廷国译，中国城市出版社 2002 年版。

《生活世界现象学》，倪梁康、张廷国译，上海译文出版社 2005 年版。

《胡塞尔选集》，倪梁康选编，上海三联书店 1997 年版。

《文章与讲演》，倪梁康译，人民出版社 2009 年版。

《纯粹现象学的一般性导论》，张再林译，陕西人民出版社 1994 年版。

《现象学的方法》，（德）克劳斯·黑尔德编、倪梁康译，上海译文出版社 2005 年版。

《哲学作为严格的科学》，倪梁康译，商务印书馆 1999 年版。

其他现象学家的著作及研究性著作：

Smith, David Woodruff, *Mind world : essays in phenomenology and ontology*, Cambridge, UK ; New York : Cambridge University Press, 2004.

Smith, David Woodruff and Thomasson, Amie L., *Phenomenology and philosophy of , mind*, New York : Oxford University Press, 2005.

Dreyfus, Hubert L., *Husserl, intentionality, and cognitive science*, Cambridge, Mass. : The MIT Pr., c1982.

Lampert, Jay, *Synthesis and Backward reference in Husserl's logical investigations Dordrecht*: Kluwer Academic Pub., 1995.

Petitot, Jea, *Naturalizing phenomenology : Issues in Contemporary Phenomenology and cognitive science*, Stanford, Calif. : Stanford University Press, c1999.

Landgrebe, Ludwig, *The phenomenology of Edmund Husserl : six essays-Ithaca*; London : Cornell University Press, 1981.

M. Merleau – Ponty, Phenomenology of Perception, translated by Colin Smith, New Jersey: The Humanities, 1979.

Merleau – Ponty, M., 1964a, Sense and Non – Sense, Evanston, IL: Northwestern University Press.

Ricoeur, Paul, A *key to Husserl's Ideas* 1, tr. by Bond Harris, Jacqueline Bouchard Spurlock Milwaukee : Marquette Univ. Pr., 1997.

Sokolowski, Robert, Presence and Absence : A philosophical investigation of language and being, Bloomington : Indiana University Press, c1978.

—The Formation of Husserl's Concep of Constitution, Martinnus Nihoff: Thehague, 1970.

Crowel, t, S., "The Cartesianism of phenomenology", Continental Philosophy Review, Volume 35, Number 4, December 2002, pp. 433—454 (22).

Nenon, Thomas, Embree, Lester, *Issues in Husserl's ideas II*, Dordrecht : Kluwer, 1996.

Almäng, Jan., Intentionality and Intersubjectivity, Acta Universitatis Gothoburgensis, 2007.

Sartre, J. - P., *Being and Nothingness*, London: Routledge, 2003.

Scheler, M., The Nature of Sympathy, London: Routledge & Kegan Paul, 1954.

Zahavi, Dan, "Horizontal Intentionality and Transcendental Intersubjectivity". Tijdschrift voor Filosofie59/2, 1997, 304—321, 1997.

Zahavi, Dan., *Husserl and transcendental Intersubjectivity*, Athens: Ohio University Press, 2001.

Zahavi, Dan, "Intersubjectivity." In S. Luft & S. Overgaard (eds.): Routledge Companion to Phenomenology. London: Routledge, 2011.

［德］海德格尔:《存在与时间》, 陈嘉映、王庆节译, 三联书店 1987 年版。

［法］莫里斯·梅洛－庞蒂:《符号》, 姜志辉译, 商务印书馆 2005 年版。

［德］伽达默尔:《真理与方法》, 洪汉鼎译, 上海译文出版社 2004 年版。

［德］K. 黑尔德:《世界现象学》, 倪梁康等译, 三联书店 2003 年版。

［法］Y. 德里达:《胡塞尔〈几何学的起源〉引论》, 方向红译, 南京大学出版社 2004 年版。

［丹麦］丹·扎哈维:《胡赛尔现象学》, 世纪出版股份有限公司, 上海译文出版社 2007 年版。

［美］道恩·威尔顿:《另类胡塞尔——先验现象学的视野》, 靳希平译, 复旦大学出版社 2012 年版。

［美］赫伯特·施皮格伯格:《现象学运动》, 王柄文、张金言译, 商务印书馆 1995 年版。

张祥龙：《朝向事情本身》：现象学导论七讲，团结出版社 2003 年版。

倪梁康：《现象学的始基——对胡塞尔〈逻辑研究〉的理解与思考》，广东人民出版社 2004 年版。

倪梁康：《现象学及其效应》，三联书店 1994 年版

《中国现象学与哲学评论》第一辑，上海译文出版社 1995 年版。

《中国现象学与哲学评论》特辑，上海译文出版社 2000 年版.

《中国现象学与哲学评论》第八辑，上海译文出版社 1995 年版。

张廷国：《重返经验世界》，华中科技大学出版社 2004 年版。

汪文圣：《胡塞尔与海德格尔》，远流出版事业股份有限公司 1997 年版。

熊伟编：《现象学与海德格》，远流出版事业股份有限公司 1994 年版。

吴增定：《胡塞尔的判断学说研究》，博士论文，北京大学，1999 年。

陈志远：《胡塞尔直观概念的起源》博士论文，中国社会科学院研究生院，2003 年。

方向红：《Idee 的现象学分层》，《南京大学学报》，2004 年第 5 期。

现象学与科学的哲学研究著作和论文：

研究著作：

Patrick A. Heelan, *Space – perception and The Philosophy of Science*, London：Unversity of California Press.

Lee. Hardy, *Penomenology of Natural Science*, Dordrecht/Boston/London：Kluwer Academic Publishers, 1992.

Elisabeth Stroker , *The Husserlian foundations of science*, Boston ：Kluwer Academic Publishers, c1997.

Joseph. J. Kockelmans, *Ideas for a Hermeneutic Phenomenology of the Natural Sciences.* , Dordrecht/Boston/London：Kluwer Academic Publishers, 1993.

Richard. Feist, *Husserl and the science*, Ottawa：University of Ottawa Press, 2004.

Richard. Tieszen, *Phenomenology*, logic, the philosophy of mathematics, Cambridge；New York ：Cambridge University Press, 2005.

汪文圣:《现象学与科学哲学》，五南图书出版公司 2001 年版。

吴国盛:《技术与形而上学》:沿着海德格尔的"思""路"，博士论文，中国社会科学院研究生院，1998 年。

曹志平:《理解与科学解释》:解释学视野中的科学解释研究，社会科学文献出版社 2005.

研究论文:

Bower, E. Marya, "Phenomenology and the Formal Sciences; Phenomenology of Natural Science", The Philosophical Quarterly, Vol. 43, No. 173, Special Issue: Philosophers, and Philosophies (Oct. 1993), 574—576.

Fauvel, J. G. , "Towards a Phenomenological Mathematics", Philosophy and Phenomenological Research, Vol. 39, No. 1 (Sep., 1975), 16—24.

Gutting, Gary, "Husserl and Scientific Realism", Philosophy and Phenomenological Research, Vol. 39, No. 1 (Sep., 1978), 42—56.

Heelan, Patrick A, "Husserl's Later Philosophy of Natural Science", Philosophy of Science, Vol. 54, No. 3 (Sep., 1987), 368—390. Kersten, Fred, "Phenomenology and the Theory of Science", Philosophy and Phenomenological Research, Vol. 36, No. 1 (Sep., 1975), 129—131.

Heelan, P, A, "The Scope of Hermeneutics in Natural Science", Studies in History and Philosophy of Science Vol. 29, No. 2

Larrabee, Mary Jeanne, "Time and Spatial Models: Temporality in Husserl", Philosophy and Phenomenological Research, Vol. 39, No. 1 (Mar., 1989), 373—392. Levin, David. Michael, "Induction and Husserl's Theory of Eidetic Variation", Philosophy and Phenomenological Research, Vol. 29, No. 1 (Sep., 1968), 1—15

Margenau, Henry, "Phenomenology and Physics", Philosophy and Phenomenological Research, Vol. 5, No. 2, A Frist Symposium on Russian Philosophy and Psychology (Dec, 1944), 269—280.

Mormann, Thomas, "Husserl's Philosophy of Science and the Semantic Approach", Philosophy of Science, Vol. 59, No. 2 (Mar., 1991), 61—83.

Pitte, M. M. Van De ," Schlick's Critique of Phenomenological Propositions", Philosophy and Phenomenological Research, Vol. 39, No. 1 (Dec.,

1984）, 195—225.

Pivcevic, E, " Husserl versus Frege", Mind, New Series, Vol. 76, No. 302 (Apr. , 1967), 155—165.

Ruja, Harry, "Intuition and Science", Philosophy and Phenomenological Research, Vol. 23, No. 3 (Mar. , 1963), 459—460.

Sinha, D, "Phenomenology and Positivism", Philosophy and Phenomenological Reserch, Vol, 23, No. 4 (Jun, 1963), 562—577. Winthrop, Henry, "Phenomenological Method from, the Standpoint of the Empircistic Bias", The Journal of Philosophy, Vol, 46, No. 3 (Feb. 3, 1949), 57—74.

Spiegelberg, Herbert, "Phenomenology of Direct Evidence", Philosophy and Phenomenological Research, Vol. 2, No. 4 (Jun. , 1942), 427—456.

Tieszen, Richard, "Mathematical Intuition and Husserl" s Phenonenology", Noû s, Vol. 18, No. 3 (Sep. , 1984), 395—421.

Tieszen, Richard, "Kurt Godel and Phenomenology", Philosophy of Science, Vol. 59, No. 2 (Jun. , 1992), 176—194.

倪梁康:《作为先天综合判断的本质直观是可能的吗?——对石里克、维根斯坦与胡塞尔之间争论的追思》,《哲学与文化月刊》, 第 381 期。

汪文圣:《描述与解释——胡赛尔现象学作为科学哲学之一探讨》,《哲学杂志》, 季刊第 20 期。

科学哲学和科学史著作:

Callebaut, Werner, *Taking the naturalistic turn or how real philosophy of science is done*, Chicago : Univ. of the Pr. , c1993.

Curd, Martin , Cover , J. A. , *Philosophy of science : the central issues*, New York : W. W. Norton, c1998.

Mario Augusto Bunge , Philosophy of science. vol. 2, From explanation to justification , New Brunswick, N. J. : Transaction Publishers, c1998.

［美］R. 卡尔纳普等:《科学哲学和科学方法论》, 江天骥等译, 华夏出版社 1990 年版。

——《科学哲学导论》, 张华夏译, 中山大学出版社 1987 年版。

［德］M. 石里克：《普通认识论》，李步楼译，商务印书馆 2005 年版。

［英］波普尔：《猜想与反驳》，沈恩明缩编，浙江人民出版社 1989 年版。

［美］O. 内格尔：《科学的结构》，徐向东译，上海译文出版社 2004 年版。

［德］赖欣巴哈：《科学哲学的兴起》，伯尼译，商务印书馆 1991 年版。

［美］托马斯·库恩：《必要的张力》，范岱年、纪树立等译，北京大学出版社 2004 年版。

［美］托马斯·库恩：《科学革命的结构》，金吾伦、胡新和译，北京大学出版社 2003 年版。

［美］B. C. 范·弗拉森：《科学的形象》，郑祥福译，上海译文出版社 2002 年版。

［美］托马斯·库恩《哥白尼革命》，吴国盛等译，北京大学出版社 2003 年版。

［法］昂利·彭加勒：《科学与假设》，李醒民译，辽宁教育出版社 2001 年版。

［英］罗姆·哈瑞：《科学哲学导论》，邱宗仁译，辽宁教育出版社 1998 年版。

［英］伊·拉卡托斯：《科学研究纲领方法论》：哲学论文第 1 卷，欧阳绛、范建年译，商务印书馆 1992 年版。

［美］E. 爱因斯坦：《爱因斯坦文集》第三卷，许良英等编译，商务印书馆 1979 年版。

［美］史蒂文·夏平：《科学革命》：批判性的综合，徐国强、袁江洋、孙小淳译，上海科技教育出版社 2004 年版。

［美］罗伯特·兰扎：《生物中心主义》，朱子文译，重庆出版社 2012 年版。

［瑞士］J. 皮亚杰：《态射与范畴——比较与转换》，刘明波等译，华东师大出版社 2005 年版。

——《发生认识论原理》，王宪钿等译，商务印书馆。

————《心理发生和科学史》，姜志辉译，华东师大出版社 2005 年版。

［美］布鲁斯·罗森布鲁姆：《量子之谜—物理学遇到意识》，向真译，湖南科技出版社 2014 年版。

江天骥主编：《科学哲学名著选读》，湖北人民出版社 1988 年版。

罗嘉昌：《从物质实体到关系实在》，中国社会科学出版社 1996 年版。

洪谦主编：《逻辑经验主义》，商务印书馆 1989 年版。

洪谦：《论逻辑经验主义》，商务印书馆 1999 年版。

其他著作：

［美］W. 蒯因：《语词与对象》，陈启伟等译，人民大学出版社 2005 年版。

————《真之追求》，王路译，三联书店 1999 年版。

［美］J. R. 塞尔：《心灵的再发现》，王巍译，中国人民大学出版社 2005 年版。

［德］G. 弗雷格：《弗雷格哲学论著选辑》，王路编译，商务印书馆 2001 年版。

高新民主编：《心灵哲学》，商务印书馆 2002 年版。

陈嘉映：《语言哲学》，北京大学出版社 2003 年版。

后　记

　　本书是从现象学视角对科学的哲学问题的基本思考，我试图从先验现象学的视角对自然科学给出不同于传统科学哲学的新的思考。在博士期间，我对这个主题进行了初步的研究。在工作之后，继续研究这个主题并通过一些论文写作来深化这个主题研究。在鲁汶大学胡塞尔档案馆访问期间，得益于档案馆的手稿、资料以及相关的学者对胡塞尔手稿的解读性研究的帮助，使我能够在一种新的现象学视野和框架内重新思考和深化原先的思考，原来很多不确定的论断找到了理论的根据和论证的支持，很多悬而未决的问题，得到了澄清或者解决的思路。现在这本书，立足于这种理论视野和观念框架，建立了新的分析框架和论证方式，对很多问题可以以现象学的原则和思路一以贯之地思考和论证。当初，由于这个主题对现象学而言是一个新领域，和研究主题直接相关的研究资料和成果相当缺乏，研究的思路和一些重要论断，是在现象学的基本思路和理论基础上的推论，并没有得到理论上的充足理由的支持。值得欣慰的是，即使在现在看来，当时对胡塞尔理论的整体把握和理论推论和延展的方向和思路是合理的，论文的基本思路和论证框架仍然是成立的，只不过具体的分析和论证需要充实和改进。这本书算是我之前对"现象学与科学"这个主题的研究的一个初步总结报告。

　　回想这本书写作的漫长、艰难而充实的过程，有很多的师长、亲人、同事和朋友在学习、工作和生活上帮助过我，没有他们的支持和帮助，这本书的出版是无法完成的。

　　首先要感谢的是我的博士导师罗嘉昌研究员。先生淡泊名利、思想深邃、治学严谨、视野开阔，他对我的学习和研究给予很多的指导。先生数十年来，一直精诚于思想，专注于学术研究，对于哲学问题一直保持着令人惊叹的热忱和敏锐。至诚之道，可以通神，这种超然于功利之外，对于哲学的纯粹的热爱和专注的思考，对我而言，永远是无声的激励和无言的教诲。多年以来，他在生活上也给予我很多关心和帮助。

同时也要感谢吴国盛老师、朱葆伟老师、江怡老师、张祥龙老师、张廷国老师、范岱年老师等在我的论文写作和研究工作等方面的帮助和指导。

2012 年至 2013 年我在鲁汶大学胡塞尔档案馆访问期间，研究中心主任 Ullrich Melle 教授以及 Thomas Vongehr 博士对我的学习和研究给予热忱的帮助，并在查阅资料方面予以指导，使我能够顺利完成预定的研究工作计划。

在我的学习和研究过程中，单位良好的学术氛围给予我安心工作的条件。一直以来，研究所的领导和很多老师对我给予多方面的帮助和关心。研究室的同人一直关心我的研究，给予很多帮助和鼓励，尤其是段伟文老师一直关心我的研究进度，如果没有他的反复督促，这本书的进度也许还要被推迟。

在研究和生活中，得到过很多老师和朋友们的关心和帮助，对此我一直心存感恩。

特别要感谢国家留学基金委访问学者项目和社科基金青年项目的资助，使我的研究工作在关键的阶段得到重要的支持。

还要感谢我的家人亲友的关心和支持，虽然他们不能给予我专业上的帮助，但他们的关爱和支持一直激励着我前进。特别感谢我的妻子巍，没有她的支持和默默付出，很难想象我能够按期顺利完成最后的写作。

最后要感谢中国社会科学出版社的老师们的辛勤工作，尤其是要感谢本书的责任编辑冯凤春老师，没有她的热忱帮助和尽心而负责的工作，这本书没有可能这么快和读者见面。

哲学是一种纯粹的爱智慧的活动，它要求悬置人的所有的杂念，只留下一种对智慧的纯粹的追求。时代永不停步，哲学生生不息！